Digitalitätsforschung / Digitality Research

Reihe herausgegeben von

Sybille Krämer, Institut für Kultur und Ästhetik Digitaler Medien, Leuphana Universität Lüneburg, Lüneburg, Deutschland

Jörg Noller, Lehrstuhl I für Philosophie, Ludwig-Maximilians-Universität München, München, Deutschland

Malte Rehbein, Lehrstuhl für Digital Humanities, Universität Passau, Passau, Deutschland

Das Phänomen der Digitalisierung ist erst seit kurzem in den Fokus der geistes- und kulturwissenschaftlichen Forschung gerückt, nachdem es in breiten Teilen der Gesellschaft Fuß gefasst hat. Philip Specht, Autor des Buches „Die 50 wichtigsten Themen der Digitalisierung", vertritt die These, die Digitalisierung werde uns „mit der wohl größten zivilisatorischen Herausforderung konfrontieren, die es je zu bewältigen galt." (Specht 2018, 10) Sollte dies zutreffen – und vieles spricht dafür –, dann dürfen gerade auch die Geistes- und Kulturwissenschaften dazu nicht schweigen. Bislang gibt es noch keine Reihe, die das Phänomen der Digitalisierung aus dezidiert geistes- und kulturwissenschaftlicher Perspektive behandelt. Hierfür soll der Begriff der „Digitalität" im Gegensatz zum rein technischen Begriff der „Digitalisierung" verwendet werden. Während die Digitalisierung das technische Phänomen der Umwandlung analoger in digitale Information betrifft, reflektiert die Digitalität von einer Metaebene auf diese Transformation. Sie befragt diese Transformation nach ihrer kulturellen, ästhetischen, ontologischen und ethischen Bedeutung. Die neue Metzler-Reihe soll ein Forum für Analysen dieses Phänomens aus unterschiedlichen Perspektiven der Kultur- und Geisteswissenschaften bieten.

Wissenschaftlicher Beirat:
Daniel Martin Feige (Stuttgart), Luciano Floridi (Oxford), Markus Gabriel (Bonn), Gabriele Gramelsberger (Aachen), Ruth Hagengruber (Paderborn), Uta Hauck-Thum (München), Gerhard Lauer (Basel), Janina Loh (Wien), Christoph Lütge (München), Sebastian Ostritsch (Stuttgart), Arno Schubbach (Zürich/Basel), Walther Ch. Zimmerli (Berlin)

Markus Bohlmann

Bildung – Philosophie – Digitalisierung

Eine Curriculumtheorie

 J.B. METZLER

Markus Bohlmann
Philosophisches Seminar
Westfälische Wilhelms-Universität
Münster, Deutschland

ISSN 2730-6909   ISSN 2730-6917 (electronic)
Digitalitätsforschung / Digitality Research
ISBN 978-3-662-65791-1   ISBN 978-3-662-65792-8 (eBook)
https://doi.org/10.1007/978-3-662-65792-8

Die Deutsche Nationalbibliothek verzeichnet diese Publikation in der Deutschen Nationalbibliografie; detaillierte bibliografische Daten sind im Internet über http://dnb.d-nb.de abrufbar.

© Der/die Herausgeber bzw. der/die Autor(en), exklusiv lizenziert an Springer-Verlag GmbH, DE, ein Teil von Springer Nature 2022
Das Werk einschließlich aller seiner Teile ist urheberrechtlich geschützt. Jede Verwertung, die nicht ausdrücklich vom Urheberrechtsgesetz zugelassen ist, bedarf der vorherigen Zustimmung des Verlags. Das gilt insbesondere für Vervielfältigungen, Bearbeitungen, Übersetzungen, Mikroverfilmungen und die Einspeicherung und Verarbeitung in elektronischen Systemen.
Die Wiedergabe von allgemein beschreibenden Bezeichnungen, Marken, Unternehmensnamen etc. in diesem Werk bedeutet nicht, dass diese frei durch jedermann benutzt werden dürfen. Die Berechtigung zur Benutzung unterliegt, auch ohne gesonderten Hinweis hierzu, den Regeln des Markenrechts. Die Rechte des jeweiligen Zeicheninhabers sind zu beachten.
Der Verlag, die Autoren und die Herausgeber gehen davon aus, dass die Angaben und Informationen in diesem Werk zum Zeitpunkt der Veröffentlichung vollständig und korrekt sind. Weder der Verlag, noch die Autoren oder die Herausgeber übernehmen, ausdrücklich oder implizit, Gewähr für den Inhalt des Werkes, etwaige Fehler oder Äußerungen. Der Verlag bleibt im Hinblick auf geografische Zuordnungen und Gebietsbezeichnungen in veröffentlichten Karten und Institutionsadressen neutral.

Planung/Lektorat: Frank Schindler
J.B. Metzler ist ein Imprint der eingetragenen Gesellschaft Springer-Verlag GmbH, DE und ist ein Teil von Springer Nature.
Die Anschrift der Gesellschaft ist: Heidelberger Platz 3, 14197 Berlin, Germany

Für Anja und Tizian

Vorwort

Welchen Beitrag kann philosophische Bildung zur Digitalisierung leisten? Was sind die Inhalte der Philosophie, die uns die Digitalität verstehen und beurteilen helfen? Welche Formen der philosophischen Kritik an der Digitalisierung sind heute didaktisch noch sinnvoll? Und wie kann philosophische Bildung dabei helfen, digitale Technologien zu hinterfragen?

Das sind die Fragen dieses Buches. Es sind auch die Fragen, die viele Lehrer:innen der Philosophie zur Zeit umtreiben. Der zunehmende Einsatz digitaler Technologie in den Bildungssystemen der Welt und die digitalen Antworten auf die Herausforderungen der Coronapandemie sind Zeitzeichen, die auch eine neue inhaltliche Auseinandersetzung mit der Digitalisierung im Philosophieunterricht erfordern. Digitalisierung ist nicht ein Prozess der Gesellschaft, auf den Bildung und Philosophie erst noch reagieren, sondern diese drei, *Bildung – Philosophie – Digitalisierung,* stehen in einem nicht zu trennenden Spannungsverhältnis. Das sieht man allein schon daran, dass Digitalisierung nicht nur einen gesellschaftlichen Transformationsprozess, sondern auch eine noch in den Anfängen steckende Bildungsreform darstellt. Jede Bildungsreform geht mit einer Revision des Curriculums einher, wie wir seit Saul B. Robinsohns frühen Forschungen am Max-Plank-Institut für Bildungsforschung in Berlin wissen (zuerst: Robinsohn 1967). Das Curriculum als die „sprachlich definierte Form, in der ein planvoller Ablauf eines Lehr-/Lernprozesses beschrieben und meist auch als Norm für das Handeln der Lehrprofession und in Bildungseinrichtungen politisch oder administrativ gesetzt wird" (Tenorth und Tippelt 2007, S. 137 f.), kennen wir vor allem aus Lehrplänen, aber seit der Begriff in der Pädagogik des Barockzeitalters entstand, sind auch die Bildungsziele und -inhalte hiermit gemeint. Seit den 70er Jahren wird in Deutschland, anders als im angloamerikanischen Raum, die Gefahr einer *Curriculumtheorie* in solch einer Revision betont, die „unkontrolliert technologischer Inanspruchnahme und technokratischer Beliebigkeit der Verwendung" (Michel 1974, S. 226) ausgesetzt ist, wenn es allein darum geht, politisch gesetzte Bildungsinhalte nachträglich zu legitimieren. Schon Erich Weniger hat 1930 in seiner „Theorie der Bildungsinhalte und des Lehrplans" gesehen, dass Curricula politisch bestimmt werden und von den Interessen gesellschaftlicher Akteure abhängen (Weniger 1930). Eine Curriculumtheorie läuft dann immer Gefahr willfährig gegenüber gegenwärtigen Machtkonstellationen zu sein. Tatsächlich bietet aber jede Reform auch die Möglichkeit diskursiver Überprüfung, die Robinsohn vor allem in den demokratischen Verfahren der Curriculumrevision verwirklicht sah. Sie seien, so Robinsohn, wesentlich dafür verantwortlich, dass „die Wahl der Curriculuminhalte als verantwortbar und begründbar gilt" (Robinsohn 1973, S. 166). Seit im 21. Jahrhundert Bildungsreform zunehmend durch Wissenschaft mitgestaltet wird, gibt es daneben auch verstärkt den Anspruch, Bildungsinhalte durch fachdidaktische Forschung zu begründen. In den Fachdidaktiken gibt es ein Forschungsformat, das als die *Rekonstruktion von Lerngegenständen* bezeichnet wird und Bildungsinhalte fachdidaktisch begründet. Riegel und Rothgangel schreiben: „Bei diesem Forschungsstrang spielt unterrichtspraktische Erfahrung ebenso eine zentrale Rolle wie die Kenntnis der theoretischen Hintergründe des jeweiligen Unterrichtsgegenstands" (Riegel und Rothgangel 2020, S. 12; vgl. auch die möglichen Methodologien der Forschung in: Riegel und Rothgangel 2021, S. 8). Wenn eine solche fachdidaktische Rekonstruktion einen ganzen Themenbereich umfasst, kann man von einer Curriculumtheorie sprechen, insbesondere wenn eine solche Rekonstruktion im Zuge einer Bildungsreform geschieht. Ich verwende den Begriff der Curriculumtheorie hier philosophiedidaktisch selbstbewusst. Ein solches Projekt musste auf der Ebene Allgemeiner Didaktik scheitern, auf der Ebene thematisch begrenzter Fachdidaktik stellt eine Curriculumtheorie aber ein praktikables Forschungsformat dar (zur Diskussion des Forschungsformats: Lenhard und Zimmermann 2020). Solche thematisch begrenzten Theorien der Bildungsinhalte sind in der Philosophiedidaktik recht gängig. Christa Runtenberg hat bereits 2001 eine „Rekonstruktion und Systematisierung des genEthischen Diskurses" zur „Gewinnung von relevanten Lerngegenständen und Bestimmung von Kompetenzen" vorgelegt, die sehr ähnlich gearbeitet war (Runtenberg 2001, S. 153). Kinga Golus begründete die „Erweiterung einer der Grunddisziplinen des Faches, nämlich der Anthropologie" in der Absicht den Menschen als „geschlechtliches Wesen" im Philosophieunterricht thematisieren zu können (Golus 2015, S. 180). Und Volker Steenblock argumentierte für Lerngegenstände aus einem Dialog zwischen Religion und Philosophie „zu den ‚letzten Fragen' von Selbst- und Weltverhältnis" (Steenblock 2018, S. 132). In der Philosophiedidaktik liefen solche Theorien in der Regel unter der Bezeichnung einer Bildungstheorie. Der Begriff der Curriculumtheorie scheint mir hier aber genauer, weil es in all diesen Fällen nicht um theoretische Überlegungen zu Lehr-Lern-Prozessen geht, sondern um die Möglichkeiten neuer Inhalte des Unterrichts. Die hier angelegte Forschungsmethode ist die Rekonstruktion von Lerngegenständen. Auch für die Digitalisierung brauchen wir eine philosophiespezifische Curriculumtheorie als Anfang einer Diskussion in der Wissenschaft, der Bildungspolitik und der didaktischen Praxis bis in den Unterricht hinein.

   Dieses Buch kann man auf drei verschiedene Weisen lesen. Erstens ist es auf einer konzeptuellen Ebene eine Revision der philosophiespezifischen Medienkompetenzen „Analysieren und Reflektieren" (z. B. MSB NRW 2018). Durch die fortschreitende Digitalisierung sind die vorhandenen Inhalte des Philosophieunterrichts zu einer kritischen Medientheorie und zur Technikphilosophie fraglich geworden. Den ersten Teil des Buches „Die Digitalisierung kritisch reflektieren" kann man als Revision der bisherigen Einheiten zur Medienkritik im Philosophie- und Ethikunterricht fassen und den zweiten Teil „Digitale Technologien philosophisch analysieren" als eine Revision der Einheiten zur Technikphilosophie. Zweitens kann man dieses Buch auch als eine umfassend theoretisch untermauerte Diskussion konkreten didaktischen Materials zur Digitalisierung im Philosophieunterricht begreifen. In den Kapiteln werden insgesamt 23 didaktische Materialien vorgestellt, die direkt im Unterricht eingesetzt werden können. Sie sind alle erprobt. Am Ende stelle ich noch einige Beispiele technikphilosophischer Empirie zur Reflexion technologischer Prozesse in Schule als Forschungsvorlage für das Praxissemester im Philosophieunterricht vor. Das ist konkret und praktisch. Das didaktische Material ergibt sich nicht aus einer vorgelagerten philosophischen Theorie, sondern die Theorie wird direkt am Material entwickelt. Drittens ist diese Curriculumtheorie auf einer abstrakten Ebene eine Analyse des Spannungsfelds Bildung – Philosophie – Digitalisierung. In der dritten Lesart kann man also dieses Buch von vorne bis hinten als Auseinandersetzung mit den eingangs genannten Fragen begreifen. Das ist die Lesart, in der dieses Buch auch für einen weiteren Leser:innenkreis von Interesse sein kann. Hier ist das Einleitungskapitel von besonderer Bedeutung, in dem die philosophische und didaktische Problematik der Digitalisierung eingegrenzt wird. Das soll nicht im Sinne klassischer Bildungstheorie Orientierung bieten, dadurch, dass ein spezifischer Bildungsbegriff in der Digitalisierung durch die gesellschaftlichen Einflüsse erst noch entwickelt oder negativ diesen abgerungen wird. Vielmehr wird hier durchgehend *Bildung – Philosophie – Digitalisierung* als ein gegenseitig abhängiges Spannungsfeld begriffen, in dem sich Fragen anders stellen. Das nun folgende erste Kapitel stellt also eine Exposition der Probleme dar, die sich ergeben, wenn man Bildung, Philosophie und Digitalisierung zusammendenkt.

Münster Markus Bohlmann
Juli 2022

Literatur

Golus, Kinga. 2015. *Abschied von der Androzentrik. Anthropologie, Kulturreflexion und Bildungsprozesse in der Philosophie unter Genderaspekten. Philosophie und Bildung 17.* Hrsg. Ekkehard Martens und Volker Steenblock. Berlin: LIT.

Lenhard, Hartmut, und Mirjam Zimmermann. 2020. „(Re-)Konstruktion von Lerngegenständen in der Religionsdidaktik" – ein fachdidaktisches Forschungsformat?! *Theo-Web. Zeitschrift für Religionspaedagogik* 19(1):163–191.

Michel, Gerhard. 1974. Lehrplan und Curriculum: Eine begriffsgeschichtliche Untersuchung zur Legitimation curricularer Unterrichtsorganisation. *Archiv für Begriffsgeschichte* 18:207–226.

MSB NRW. 2018. Medienkompetenzrahmen NRW. https://medienkompetenzrahmen.nrw/. Zugegriffen: 9. Aug. 2021.

Riegel, Ulrich, und Martin Rothgangel. 2020. Das „Format fachdidaktischer Forschung" als heuristischer Begriff und seine religionsdidaktische Bedeutung. *Theo-Web. Zeitschrift für Religionspaedagogik* 19:2–16.

Riegel, Ulrich, und Martin Rothgangel. 2021. Research designs of subject-matter teaching and learning. *Research in Subject-matter Teaching and Learning* 4:1–36.
Robinsohn, Saul B. 1967. *Bildungsreform als Revision des Curriculum*. Berlin: Luchterhand.
Robinsohn, Saul B. 1973. *Erziehung als Wissenschaft*. Stuttgart: Klett.
Runtenberg, Christa. 2001. *Didaktische Ansätze einer Ethik der Gentechnik. Produktionsorientierte Verfahren im Unterricht über die ethischen Probleme der Gentechnik*. München: Alber.
Steenblock, Volker. 2018. *Religion und Philosophie im Diskurs. Bochumer Beiträge zur bildungswissenschaftlichen und fachdidaktischen Theorie und Forschung Band 10*. Hrsg. Gabriele Bellenberg et al. Freiburg: Projektverlag.
Tenorth, Heinz-Elmar, und Rudolf Tippelt. 2007. *Beltz Lexikon Pädagogik*. Weinheim: Beltz.
Weniger, Erich. 1930. Didaktik als Bildungslehre, Teil 1: Theorie der Bildungsinhalte und des Lehrplans. In *Handbuch der Pädagogik,* Hrsg. Herman Nohl, 1–55. Langensalza: Beltz.

Inhaltsverzeichnis

1 Einleitung: Analyse des Spannungsfeldes Bildung – Philosophie – Digitalisierung 1

Teil I Die Digitalisierung kritisch reflektieren

2 Probleme bisheriger Digitalisierungskritik im Philosophieunterricht 35

3 Was ist Digitalisierungskritik? Eine Heuristik. 45

4 Soziologische Tiefendeutungen der Digitalisierung 65

5 Digitalisierungskritik mit Platon 81

6 Digitalisierungskritik auf der Basis eines *Open Marxism* 93

7 Digitalisierungskritik mit Walter Benjamin 119

Teil II Digitale Technologien philosophisch analysieren

8 Probleme bisheriger Technikdidaktik im Philosophieunterricht 139

9 Analysen mit der Technikphilosophie nach dem *Empirical Turn* 151

10 Analysen mit dem Critical Constructivism und der Postphänomenologie 171

11 Fallstudie: Die Digitalisierung von Schule 2011 bis 2021 189

12 Konklusion: Digitalisierung als soziale Praxis 205

Einleitung: Analyse des Spannungsfeldes Bildung – Philosophie – Digitalisierung

Zusammenfassung

Die Frage nach der Digitalisierung ist eine offene Frage im Sinne Floridis und damit eine philosophische Frage. Die Digitalisierung wird in der Regel als ein gesellschaftlicher Transformationsprozess verstanden, im Bildungsbereich ist sie aber auch ein Projekt. Sie wird hier als Reform mit offenem Ausgang begriffen, in der Lehrkräfte selbst die Inhalte mitgestalten. Vor dem Hintergrund bisheriger Bildungsreformen ergibt sich für die Philosophie die Möglichkeit einer impliziten und expliziten Reflexion auf die Digitalisierung für den Unterricht und im Unterricht. Die Geschichte der Philosophie als Geschichte der Technologiekritik und die Gegenwart der Technologien im Unterricht sind jeweils Imperative an diesen Unterricht. Die kritische Reflexion auf technologische Praxen und die technikphilosophische Analyse konkreter Technologien sind die zentralen philosophischen Fähigkeiten, auf die eine Curriculumrevision abzielen kann.

Schlüsselwörter

Luciano Floridi · Digitalisierung · Digitalität · Bildungsreform · Kritik · Technikphilosophie

1.1 Die Frage nach der Digitalisierung als philosophische Frage für die Didaktik

Zu Beginn der Analyse des Spannungsfeldes Bildung – Philosophie – Digitalisierung ist erst einmal zu klären, ob die Frage nach der Digitalisierung überhaupt eine philosophisch beantwortbare Frage sein kann. Seit Bertrand Russells *The Problems of Philosophy* ist jedem philosophischen Lösungsvorschlag, jedem Versuch der Synthese einer Antwort, erst einmal eine Analyse der Frage vorgeschaltet:

> „Philosophy is to be studied, not for the sake of any definite answers to its questions, since no definite answers can, as a rule, be known to be true, but rather for the sake of the questions themselves; because these questions enlarge our conception of what is possible, enrich our intellectual imagination and diminish the dogmatic assurance which closes the mind against speculation." (Russell 1912, S. 249 f.)

Russell schrieb jene letzten Worte des knappen Bändchens über die philosophischen Probleme im Jahr 1912. Das war eine Zeit, in der einige Philosoph:innen, die man heute der Tradition der Analytischen Philosophie zuschlagen würde, auf die Geschichte der Philosophie zurückblickten. Sie meinten, dass viele Fragen, deren Antworten man einst mit den Mitteln der Philosophie suchte, im Kern gar keine philosophischen Fragen waren. Die Fragen, die sich einst die Naturphilosophie stellte, wurden in dieser Zeit von der Naturwissenschaft beantwortet. Die Frage nach dem Zusammenhang von Raum und Zeit etwa wurde seit der Antike durchgängig von der Philosophie beantwortet. Spätestens mit Einsteins *annus mirabilis* 1905 war diese Frage aber auch zu einer Frage der Physik geworden. Bei vielen metaphysischen Fragen wurde von Russell und anderen Philosoph:innen vermutet, dass diese entweder falsch gestellt oder gar nicht beantwortbar waren. Seitdem ist die Analyse philosophischer Fragen nicht allein ein eliminatives Programm, sondern auch immer ein didaktisches. Schon Russell richtet sich in *The Problems of Philosophy* an Lernende, die gerade erst mit der Philosophie beginnen, er legt ihnen im Anhang des Bändchens sogar noch einige Klassikertexte, persönliche Lieblinge, ans Herz (Russell 1912, S. 251). Die Analyse, ob eine Frage eine philosophische Frage ist, ist einer der ersten Schritte jeder Didaktik. Schon 1986 schrieb Hartmut Engels, dass Philosophie wesentlich ein „Bestand von Fragen" (Engels 1986, S. 392) sei und der Philosophieunterricht Lernende dazu ermutigen sollte „selbst relevante Fragen zu stellen" (Engels 1986, S. 394). Die Relevanz ist hier aber bereits doppelt zu verstehen, so ist neben der Relevanz als philosophische Frage hier auch immer die Relevanz in der Lebenswelt der Lernenden gemeint, deren Ausformung in der Debatte um die Problemorientierung im Philosophieunterricht stattfand. Je praktischer der Philosophieunterricht wurde, desto seltener stellten Didaktiker:innen noch Russells Ausgangsfrage, ob es sich bei einer Frage überhaupt um eine *philosophische* Frage handelt.

Bei der Frage nach der Digitalisierung brauchen wir die lebensweltliche Relevanz der Frage nicht weiter beleuchten, hier ist vielleicht eher die Frage, was die wirklich problematischen Teile der Digitalisierung in der Lebenswelt sind. *Dass* die Digitalisierung Teil der Lebenswelt ist, ist unstrittig. Russells Relevanzfrage aus den Anfängen der Analytischen Philosophie ist hier aber durchaus diskutierbar: Ist die Frage nach der Digitalisierung eigentlich überhaupt eine *philosophische* Frage? Es ist immer noch eine unter Lehrer:innen weit verbreitete Position, dass sie das nicht sei. Sie sei eher ein modisches Thema, während jene überzeitlichen Fragen die wirklich wichtigen Fragen der Philosophie darstellen würden. Eine andere Position geht davon aus, dass die Probleme der Digitalisierung durch die Informatik oder die Soziologie behandelt werden müssten – nicht aber durch die Philosophie. Ich bin mir tatsächlich nicht sicher, ob Russell sich die Frage nach der Digitalisierung gestellt hätte, auch er hatte wohl auch eher überzeitliche Fragen im Blick. Christian Thein weist hingegen darauf hin, dass die Antwort darauf, ob eine Frage eine philosophische Frage ist, von unterschiedlichen Kulturen in der akademischen Philosophie unterschiedlich beantwortet wird. Er macht das an den divergierenden Methoden der philosophischen Richtungen fest (Thein 2020, S. 39). Es gibt heute ein prominentes Verständnis des philosophischen Fragens, nach dem die Frage nach der Digitalisierung nicht nur mit Sicherheit eine philosophische Frage ist, sondern geradezu eine der bedeutendsten philosophischen Fragen unserer Gegenwart. Die Bedeutsamkeit als philosophische Frage ergibt sich diesem Verständnis nach nicht über die esoterische Bedeutung innerhalb einer philosophischen Schule, sondern über die exoterische Bedeutung für die Gesellschaft der Gegenwart. Die nun folgende Definition des philosophischen Fragens wurde von dem Oxforder Informationstheoretiker Luciano Floridi speziell für das Informationszeitalter entwickelt. Dass die Frage nach der Digitalisierung dann selbst auch eine zentrale philosophischen Frage ist, ergibt sich aus dieser Definition zwangsläufig. Es für die weitere Argumentation an dieser Stelle aber ganz instruktiv, an der Definition einmal nachzuvollziehen, warum die Frage nach der Digitalisierung nach Floridi eine philosophische Frage ist:

> „philosophical questions are in principle open, ultimate but not absolute questions, closed under further questioning, possibly constrained by empirical and logico-mathematical resources, which require noetic resources to be answered" (Floridi 2013b, S. 215).

Die Frage „Was ist Digitalisierung?" erfüllt alle Kriterien Floridis. Es macht bei der Digitalisierung auch nach reichlichen empirischen Studien und technischer Information weiterhin Sinn, darüber nachzudenken und zu argumentieren, was Digitalisierung denn nun sei – und insbesondere sein soll. Die deskriptive und die normative Ebene der Frage sind beide philosophisch zugänglich. So ist die Frage nach der Digitalisierung im doppelten Sinn eine *offene* Frage. Sie ist außerdem das, was Floridi eine *ultimative* Frage nennt. Wenn man sich einzelne Fragen zu spezifischen Technologien oder kulturellen Praktiken in der Digitalisierung stellt, landet man irgendwann bei dieser letzten Frage: „Was ist denn dann eigentlich Digitalisierung?". Weiter ist diese Frage aber nicht *absolut*. Auch wenn die Digitalisierung für manch einen Technikjünger quasireligiöse Züge annehmen kann, ist sie nichts Metaphysisches im klassischen Sinn. Wir wissen auch, dass nicht alles Digitalisierung ist und einige gewichtige Dinge niemals digital sein werden. Der Fragenkreis der Digitalisierung kann prinzipiell *geschlossen* werden, er besteht aber in der Regel aus einer Vielzahl kleinerer ebenfalls philosophischer Fragen, die mit der ultimativen Frage nach der Digitalisierung zusammenhängen. Diese weiteren Fragen sind in den meisten Fällen philosophische Fragen nach der Gesellschaft und der Technik, manchmal sind sie aber auch ästhetische, erkenntnistheoretische oder ethische Fragen – die Digitalisierung ist mittlerweile in vielen Bereichen der Philosophie interessant. Die grundlegende philosophische Frage „Was ist Digitalisierung?" wird man zeitgemäß nur beantworten können, wenn man auch beachtet, wie Digitalisierung empirisch unsere Lebenswelt bestimmt und welche technischen Bedingungen sich hier tatsächlich etabliert haben. Daher ist diese Frage empirisch und logisch-mathematisch *eingegrenzt*, was für Floridi keine notwendige Bedingung darstellt, aber einen zumindest häufigen Fall philosophischer Fragen in der Moderne. Als finales Kriterium der Definition nennt Floridi die Möglichkeit, Antworten auf diese Frage mit Hilfe sogenannter *noetischer Ressourcen* zu gewinnen. Das sind eben gerade keine empirischen oder logisch-mathematischen Daten, sondern „well-formed, meaningful, and truthful data" (Floridi 2013b, S. 211). Floridis noetische Ressourcen haben eine semantische Struktur, sie gehen aber über Sprache hinaus: „We rely on semantic artefacts to formulate, discuss, and make sense" (Floridi 2013b, S. 211). Den Akt des Argumentierens machen noetische Ressourcen erst sinnvoll. Ein „informed, rational, and honest disagreement about significant questions" (Floridi 2013b, S. 211) ist nämlich auf der Grundlage von empirischen oder logisch-mathematischen Daten gar nicht möglich, weil man über sie, wenn man hinreichend informiert, rational und ehrlich ist, eben nicht unterschiedlicher Ansicht sein kann. Für Floridi wird nicht zuletzt durch die Digitalisierung der Satz an Fragen, die man nur mit *noetischen Ressourcen* beantworten kann, in unserer Welt sowohl absolut als auch relativ zu den eindeutig beantwortbaren Fragen immer größer.

Die Frage nach der Digitalisierung ist Floridis Definition folgend dann nicht nur eindeutig eine philosophische Frage, sie ist eine *zentrale* philosophische Frage. Es gäbe immer wieder makroskopische Strukturen in der Gesellschaft, so Floridi, die eine ganze Reihe neuer offener Fragen mit sich bringen, die dann mit philosophischen Mitteln beantwortet werden können. Er nennt neben der Digitalisierung auch die ökologische Krise als eine solche Quelle neuer Fragen für die Philosophie (Floridi 2013b, S. 215). Philosophie ist demnach also nicht unabhängig von der Gesellschaft und beantwortet auch nicht zeitlose Fragen, sie leistet einen aktiven und progressiven Beitrag zur Transformation der Gesellschaft. Das tut sie Floridi zufolge durch die Entwicklung von Konzepten. Das nennt er „Conceptual Design" (Floridi 2013b, S. 215).

Mittlerweile hat der von Floridi schon 2013 erfasste Wandel des philosophischen Fragens in der akademischen Philosophie Spuren hinterlassen. So werden in der Ethik Regeln für Gesichtserkennungssoftware aufgestellt, in der Rechtsphilosophie Eigentumsrechte an digitalen Objekten modelliert, in der Metaphysik und Ontologie über den Status virtueller Realität diskutiert usw. (Capurro 2017; z. B.: Berr und Franz 2019; Hauck-Thum und Noller 2021a). In all diesen Fällen arbeitet die Philosophie in Bezug auf die Digitalisierung. Ihre Konzepte gestalten so auch gelegentlich die digitale Welt mit, Forschende befinden sich immer öfter im Austausch mit der technologischen Praxis. In den Tech-Firmen im Silicon Valley sind Philosoph:innen selbst bereits Teil der Entwicklungsteams

(Vertesi et al. 2017, S. 172). Bei dieser sehr konkreten Arbeit, bei der es um einzelne Soft- oder Hardware geht, wird die Frage nach der *Digitalisierung im Ganzen* nicht beantwortet. Es macht an vielen Stellen Sinn, philosophische Fragen in kleinere, beherrschbare Fragen aufzuteilen. Ich werde in diesem Buch ebenfalls dieser diokletianischen Strategie folgen. Nichtsdestotrotz wurde in der Philosophie aber auch die generelle Frage „Was ist Digitalisierung?" bereits angegangen. Als Näherung vom Großen zum Kleinen möchte ich diese Ansätze hier zu Beginn zumindest kurz skizzieren, bevor ich dann die Frage nach der Digitalisierung mit Blick auf die Didaktik der Philosophie in zwei Schritten weiter eingrenze. Ich werde die deutlich bestimmteren Fragen „Was ist Digitalisierung in Schule?" und „Was ist Digitalisierung im Philosophieunterricht?" stellen. Das wird im Vergleich zu der Frage: „Was ist Digitalisierung?", der man nach Floridi den Status einer metaphilosophischen Frage geben kann, deutlich begrenzter ausfallen. Jetzt folgen aber dennoch ein paar Worte zu der ganz großen Frage nach der Digitalisierung, die ich aber zumindest unter philosophiedidaktischen Vorzeichen behandele.

1.2 Was ist Digitalisierung aus philosophiedidaktischer Sicht?

Es gibt heute für gewöhnlich drei Verständnisse dessen, was gemeint ist, wenn wir von Digitalisierung sprechen: Digitalisierung als *technischer Prozess des Medienwandels,* als *Umstellung von analogen auf digitale Strukturen* und als *technologiebezogener gesellschaftlicher Transformationsprozess.* Sie finden sich auch in der philosophischen und pädagogischen Diskussion; Felix Stalder nennt sie die Digitalisierung im „engen" und „erweiterten" Sinn (Stalder 2021, S. 3). Manchmal wird auf die englische Sprache verwiesen in denen die Begriffe „digitization", „digitalization" und „digital transformation" in etwa diese drei Verständnisse beschreiben (Mergel et al. 2019). Für gewöhnlich wird ihr Nebeneinander betont. Wir sind aber in der bisherigen Entwicklung der Digitalisierung an einem Punkt angekommen, an dem die ersten beiden Bedeutungen zunehmend in den Schatten der dritten Bedeutung treten. Sie ist dann auch die hauptsächlich philosophiedidaktisch relevante Bedeutung, wie ich zeigen werde.

Mit Digitalisierung meinen wir erstens einen *technischen Prozess des Medienwandels,* in dem analoge Informationen oder physische Objekte, die in kontinuierlichen Spektren – meist in Form elektromagnetischer Wellen – vorliegen, in jene diskreten Zustände, die für binärer Schaltstrukturen notwendig sind, konvertiert werden. Diese Art der Digitalisierung haben wir betrieben, als wir in den 00er Jahren unsere Magnetkassettenaufnahmen oder – wer so etwas noch besaß – Schallplatten in MP3-Dateien umwandelten. Noch heute werden für die Philosophie interessante Drucke und Handschriften in großen Projekten aufwendig gescannt, durch Schrifterkennung erfasst und so digitalisiert. Ergänzt werden die so digital vorliegenden Texte durch Indizes, Links, Zitations- und Korrespondenznetzwerke. Mit den *Digital Humanities* gibt es eine eigene Wissenschaft zur Digitalisierung in diesem Sinn, an der auch die Philosophie ihren Anteil hat

(Heßbrüggen-Walter 2018). Diese Bedeutung von Digitalisierung ist heute im Alltag aber kaum noch gemeint, wenn man von Digitalisierung spricht. Ein großer Teil unserer Kulturprodukte wird nämlich bereits digital erstellt und muss so nicht erst noch aus einem analogen Medium umgewandelt werden. Das gilt zunehmend auch für die didaktischen Materialien, die in Schule verwendet werden.

In einer zweiten Bedeutung, die sich vor allem in Unternehmen entwickelt hat, meint Digitalisierung die *Umstellung von analogen auf digitale Technologien* und deren Einsatz in Arbeits- und Verwaltungsprozessen. Statt eine Reisekostenabrechnung als physisches Formular aufzunehmen und handschriftlich in ein Buch einzutragen, läuft die Buchhaltung bereits lange über eine Software. Solch eine Digitalisierung hat das Bildungssystem mittlerweile ebenfalls erfahren und nicht unwesentlich waren hier auch die Verwaltungsstrukturen ein Motor. Wurde der Stundenplan bis in die 00er Jahre hinein noch mit einer Stecktafel erstellt, war er eines der ersten Dinge, die jede Schule in dieser zweiten Bedeutung digitalisierte. Die Bedeutung von Digitalisierung als Umstellung der Arbeits- und Verwaltungsprozesse verschleiert ein wenig, dass mit der erstmaligen Ersetzung eines analogen durch eine digitale Technologie die technologische Entwicklung nicht abgeschlossen ist. Eine digitale Technologie kann durch eine andere ersetzt werden. In Schule sind heute im didaktischen Betrieb an vielen Stellen gleich mehrere digitale Technologien eingesetzt. Mittlerweile zeichnet sich deutlich ab, dass Digitalisierung in dieser zweiten Bedeutung allein nicht hinreichend ist, um auch das Lernen in Schule zu verändern (vgl. z. B.: Pettersson 2021, S. 187 f.).

Die ersten beiden Bedeutungen von Digitalisierung, die Umwandlung der Medien und die Umstellung der Prozesse, werden oft als Bedingung für die Etablierung der dritten Bedeutung gesehen (z. B.: Stalder 2021, S. 4). Diese dritte Bedeutung bezeichnet den *technologiebezogenen gesellschaftlichen Transformationsprozess,* von dem seit 2015 international sehr viel stärker die Rede ist, wenn wir von Digitalisierung sprechen (Zhao et al. 2020, S. 304). In der verbreiteten Bedeutung der gesellschaftlichen Transformation hat diese sich als Prozess und Produkt mit zunehmender Verbreitung der Medien und der Technologien eingestellt, indem sich nach dem Wandel der Medien und Prozesse bestimmte kulturelle Gehalte, Sozialformen und schließlich auch die Strukturen der Gesellschaft veränderten. In einer Welt, in der es nicht zuerst die Medien und Technologien gegeben hätte, wäre – diesem Verständnis folgend – Digitalisierung in ihrer gesellschaftlichen Reichweite gar nicht entstanden. Die gesellschaftliche Transformation, die wir als Digitalisierung bezeichnen, hätte dann also notwendige technologische Bedingungen. Felix Stalder unterscheidet deshalb den technologiebezogenen Transformationsprozess, den er „Digitalisierung" nennt, von dem kulturellen Möglichkeitsraum, den diese Transformation eröffnet, das nennt er die „Digitalität". Seit dem Jahr 2000 sei diese Digitalität „der dominante kulturelle Raum, in dem wir uns bewegen" (Stalder 2021, S. 4). Von Armin Nassehi wurde gerade der umgekehrte Wirkungszusammenhang stark gemacht. Erst der kulturelle Wandel der Gesellschaft löste für Nassehi den technologischen Prozess als Antwort aus. Nassehi folgend ist die digitale Transformation der

Gesellschaft ein Prozess, der bereits weit vor dem medialen und technologischen Wandel und zeitgleich mit der soziologischen Selbstbeobachtung der Gesellschaft einsetzte. Die Menschen lernten, ihre Welt zu quantifizieren und virtuell zu reproduzieren und erst auf dieser Grundlage konnten sich Technologien der Digitalisierung durchsetzen. In einer Welt, in der nicht zuerst die gesellschaftlichen Strukturen sich verändert hätten, wären die digitalen Technologien nie entwickelt worden. Nassehi verwendet denselben Begriff wie Stalder, „Digitalität", für diese kulturelle Voraussetzung der Digitalisierung (Nassehi 2019, S. 30). Sie setzen für ihn bereits in der „Frühzeit der Moderne" ein (Nassehi 2019, S. 63). Stalder bezeichnet also die kulturellen Folgen, Nassehi hingegen die kulturellen Voraussetzungen der Digitalisierung als *Digitalität*. Beide gehen aber in strukturfunktionalistischer Sicht von einer Wechselwirkung von Prozess und Produkt der Digitalisierung aus; die Produkte der Digitalisierung beeinflussen immer wieder den Prozess und der Prozess schafft neue Produkte. Allein schon wegen der hohen Dynamik dieser Wechselwirkung sind Digitalisierung und Digitalität, Prozess und Produkt, schwer zu trennen. Die philosophische Debatte entfaltet sich derzeit eher am Produkt der Digitalisierung, eben ihrer *Digitalität* im Sinne Stalders (Hauck-Thum und Noller 2021b, S. V). Das führt dazu, die digitale Lebenswelt als eher abgeschlossen transformiert zu begreifen, was eine philosophische Analyse in Form einer Deskription deutlich leichter macht. Mit Blick auf Lehr-Lern-Prozesse ist aber in der soziologischen Debatte zur Digitalisierung betont worden, dass diese gerade als gesellschaftlicher Transformationsprozess in besonderem Maße aktiv mitgestaltet werden kann und ihren Doppelcharakter als Prozess und Produkt auch auf längere Zeit nicht aufgeben wird. Dirk Baecker nennt die Digitalisierung in Hinblick auf Schule deshalb auch nicht Prozess oder Produkt, sondern ein *Projekt* (Baecker 2018, S. 157). Wenn man Digitalisierung/Digitalität als *Projekt* begreift, sind nur die Signifikanten unterschiedlich, das damit Bezeichnete, das Signifikat, ist gleich. Ich spreche im Folgenden, um keine allzu funktionalistische Sprache verwenden zu müssen, durchgängig von *Digitalisierung,* weil es der gebräuchlichere Begriff im pädagogischen Kontext ist, meine aber damit immer dieses Projekt der Digitalisierung/Digitalität.

1.3 Intension und Extension der Digitalisierung aus didaktischer Sicht

Bis hierhin war die analytische Eingrenzung des Spannungsfelds Bildung – Philosophie – Digitalisierung unproblematisch. Wenn man sich heute die Frage nach der Digitalisierung aus philosophiedidaktischer Sicht stellt, fragt man wesentlich nach einem *technologiebezogenen, gesellschaftlichen Transformationsprojekt*. Ab hier ist die Frage aber nur noch schwer weiter einzugrenzen. In der Analytischen Philosophie wird zwischen der Intension, das meint ganz grob den Inhalt eines Begriffes, und dessen Extension, das meint ebenfalls grob den Begriffsumfang, unterschieden. In seiner Intension ist der Terminus der Digitalisierung aber nur noch schwer näher zu bestimmen. Das hat er mit anderen epochemachenden

Projekten wie „Aufklärung" oder „Moderne" gemeinsam. Es gibt dennoch einige bekannte Versuche der näheren Charakterisierung und ich will hier drei von ihnen ohne Anspruch auf Vollständigkeit kurz beleuchten. Ein sehr bekanntes Beispiel für eine weitere intensionale Bestimmung stammt von dem eingangs bereits erwähnten Informationstheoretiker Luciano Floridi. Floridi fasst die Digitalisierung als Projekt des Ausbaus von Informations- und Kommunikationstechnologien (engl.: ICTs). Dies führe dann zu revolutionär veränderten Lebensbedingungen in der sog. *Infosphäre*. Die Charakterisierung der Digitalisierung führt bei Floridi letztlich auf den Informationsbegriff (Floridi 2015, S. 67–83). Eine zweite, ebenfalls stark verbreitete, intensionale Bestimmung stammt von Manuel Castells. Castells führt die Digitalisierung auf den Begriff des *Netzwerks* zurück. Diesen Bezug auf eine soziologisch zu begreifende Struktur hat Castells zusammen mit dem Kommunikations- und Raumtheoretiker François Bar entwickelt. Die zentrale Eigenschaft der Digitalisierung ist dann ihre Struktur aus expandierenden Knoten, die sich durch alle Gesellschaftsbereiche zieht (Castells 2017a, S. 567–577). Eine dritte, aktuelle philosophische Bestimmung nähert sich der Digitalisierung ontologisch. Jörg Noller sieht die Digitalisierung vor allem in einer Etablierung von *Virtualität* in der Lebenswelt verwirklicht. Virtualität sei wie physikalische und mentale Realität ein weiterer Realitätsmodus und klar von Modi der Irrealität wie Fiktion, Simulation und Illusion abzugrenzen (Noller 2021, S. 44–46). Die Liste der Versuche, die Digitalisierung als gesellschaftlichen Transformationsprozess intensional näher zu bestimmen, ließe sich noch um einiges erweitern. All diese Versuche heben durch Konkretion der Digitalisierung einen bestimmten Aspekt besonders hervor. Sie führen weiter in spezifische Felder, sei es die Informationstheorie, die Netzwerkssoziologie oder die Ontologie. Das geschieht vielleicht nicht immer ohne Verluste, verspricht aber in der Tiefe einige Trennschärfe. Für speziellere Verständnisse im Philosophieunterricht können diese Bestimmungen themenspezifisch relevant werden. In dem Gesamtprojekt der Digitalisierung von Schule wird aber die Intension der Digitalisierung bewusst nicht weiter betrieben, um die Gestaltbarkeit des Projekts durch die Akteure zu gewährleisten.

In dem gesellschaftlichen Projekt der Digitalisierung, das sich wesentlich in Schule verwirklichen soll, findet keine der intensionalen Verfeinerungen bisher einen Nachhall im alltäglichen Sprachgebrauch. Die Präambeln zu politischen Initiativen in der Digitalisierung sind an dieser Sprachlosigkeit nicht unschuldig. Sie kommen in aller Regel mit minimalen Bestimmungen dessen aus, was Digitalisierung meint, betonen aber die Tragweite der Digitalisierung. Insbesondere in den politischen Initiativen im pädagogischen Feld findet sich die Digitalisierung ohne nähere Bestimmung. Die damalige Vorsitzende der Kultusministerkonferenz, Claudia Bogedan, begann in 2016 das Vorwort der seitdem viel zitierten KMK-Strategie *Bildung in der Digitalen Welt* mit den Worten: „die fortschreitende Digitalisierung ist zum festen Bestandteil unserer Lebens-, Berufs und Arbeitswelt geworden" (KMK 2017, S. 3). Die Präambel der ersten Landesstrategie, derjenigen von Nordrhein-Westfalen, *Lernen im Digitalen Wandel* beginnt sehr ähnlich: „Der digitale Wandel ist Teil unserer Lebenswirklichkeit.

Wir befinden uns in einem tiefgreifenden Transformationsprozess, der unsere Art zu kommunizieren, zu lernen, zu wirtschaften und zu arbeiten verändert" (Landesregierung Nordrhein-Westfalen 2016, S. 2). Und auch noch der Orientierungsrahmen, den das Schulministerium NRW in 2020 zur zukünftigen Organisation der Lehrkräfteaus- und -fortbildung in der Digitalisierung verfasst hat, geht lediglich von „den gesellschaftlichen Entwicklungen im Zuge der Digitalisierung" aus (Eickelmann und Medienberatung NRW 2020, S. 6). Die fehlende sprachliche Bestimmung dessen, was Digitalisierung ist, ist nicht unabhängig von der inhaltlichen Offenheit der Digitalisierung in dieser politischen Steuerung. So lässt man einen Deutungsraum der Digitalisierung offen, um den im Projekt der Digitalisierung dann handelnden Akteuren einen Spielraum des Digitalisierens zu geben. Armin Nassehi hat diese generelle Sprachlosigkeit im Alltag die „Digitalisierungsvergessenheit des Redens über die Digitalisierung" genannt (Nassehi 2019, S. 15). Intensionale Bestimmungen der Philosophie konnten dieses Schweigen bisher nicht brechen.

Wenn eine intensionale Bestimmung schwierig ist, hilft oft eine extensionale Näherung. Man kann sich der Bedeutung des Terminus Digitalisierung auch über eine Beschreibung aller Phänomene nähern, denen für gewöhnlich das Prädikat der Digitalisierung zugesprochen wird. Floridi und Castells liefern deshalb beide umfängliche Beschreibungen der Digitalisierung, die jeweils mehrere Bände umfassen. Castells Trilogie der *Information Age Series* besteht aus drei Bänden, die jeweils die Phänomene des Netzwerks in der Ökonomie, Gesellschaft und Kultur beschreiben (Castells 2017a, b, c). Floridis noch unvollendete Tetralogie *Principia Philosophiae Informationis* beschreibt die Philosophie, Ethik, Logik und Politik der Information (Floridi 2011, 2013a 2019). Der schiere Umfang dieser Kompendien deutet bereits auf die Schwierigkeit einer solchen extensionalen Bestimmung hin. Es wird eine kaum noch zu überblickende Zahl an Medien, Artefakten, soziotechnologischen Strukturen und Kulturprodukten mit dem Prädikat der Digitalisierung versehen. Die Ränder werden diffus.

Die Unübersichtlichkeit der Extension der Digitalisierung gilt insbesondere für die Schule. Lange konnte man die Extension der Digitalisierung auf die Mediennutzung der Lernenden in ihrer Freizeit begrenzen und über Mediennutzungsstudien wie die KIM- und JIM-Studien empirisch eingrenzen. Mittlerweile kann man durchaus Zweifel haben, ob selbst die vorsichtige Rede von der „digital mediatisierten Welt" noch den Kern trifft (Rath und Marci-Boehncke 2019, S. 6). Zunehmend verlieren digitale Objekte ihren Charakter als Medium (Hui 2016, S. 47). Die Extension der Digitalisierung wird immer schwieriger zu bestimmen. So ist heute der QR-Code, den selbst noch der konservativste Schulbuchverlag auf Arbeitsblätter druckt, ein Teil der Digitalisierung. Der Vertretungsplan in Form einer App auf meinem Smartphone ist es ebenfalls. Der digitale Schlüssel, mit dem ich die Klassenzimmertür per Berechtigungscode aufschließe, ist Teil der Digitalisierung. Die auf den Smartphones meiner Schüler:innen laufende Plattform *TikTok* auch, ebenso wie die Kultur, sog. „Haul"-Videos aufzunehmen. Selbst die Antwort auf die Frage, was denn nun ein „Haul"-Video sei, ist Teil der

Digitalisierung, wenn man diese Frage einem digitalen Sprachassistenten stellt. Die Anzahl der Klassen digitaler Objekte nimmt zu, so dass die Suche nach Extension ausufernd wird. Die Bewertung von Bezügen als zum Inhalt der Digitalisierung zugehörig ist an den Rändern diffus. So sind die *Google-* oder *Tripadvisor-* Empfehlungen eines Cafés, das ich für die Klassenfahrt heraussuche, Teil der Digitalisierung. Ist es der Besuch im Café aber auch? Sicherlich wäre es ohne die Bewertungen nicht so gut besucht, ohne das Online-Feedback wären manche Spezialitäten nicht auf der Karte und im Schaufenster würden die Aufkleber der Plattformen nicht als Referenz hängen. Wo Digitalisierung anfängt bzw. aufhört, ist nur noch schwer zu fassen. Das mag auch der Grund für die ubiquitäre Rede von der digitalen Gesellschaft sein (Thiel 2021). Eine extensionale Bestimmung der Frage „Was ist Digitalisierung?" ist komplex und diffus und heute kaum noch zu leisten und kann deshalb für den Kontext Schule auch kaum instruktiv sein.

Damit ist der Versuch einer generellen Bestimmung dessen, was Digitalisierung aus philosophiedidaktischer Sicht ist, an sein Ende gelangt. Wir bleiben bei der Definition, dass die Digitalisierung in diesem Zusammenhang grundsätzlich als ein *technologiebezogenes gesellschaftliches Transformationsprojekt* verstanden werden kann. Über die Digitalisierung *en gros* lässt sich nicht viel mehr darüber hinaus sagen. Das ändert sich jedoch, wenn man den Deutungsrahmen weiter einschränkt. Das will ich jetzt in zwei Schritten tun. So will ich Digitalisierung in Schule als Projekt in der spezifischen Form einer *Bildungsreform* skizzieren (1.4 und 1.5) und dann noch näher beschreiben, wie man Digitalisierung weiter als spezifisches *Projekt im Philosophieunterricht* begreifen kann (1.6 und 1.7). Wegen der generellen Abhängigkeit im Spannungsfeld Bildung – Philosophie – Digitalisierung kann man inzwischen nämlich nicht mehr so tun, als sei jenes Transformationsprojekt etwas der Schule und dem Philosophieunterricht Äußerliches.

1.4 Die Bildungsreform der Digitalisierung

Digitalisierung meint im Bildungssystem nicht nur das technologiebezogene gesellschaftliche Transformationsprojekt, sondern auch und wesentlich die Bildungsreform mit demselben Namen, die aber nicht von dem gesamtgesellschaftlichen Projekt zu trennen ist. Wenn man Digitalisierung als in der Gestaltung offenes gesellschaftliches Projekt begreift, dann wird sich erst performativ zeigen, was Digitalisierung sein wird. Der Bildungsbereich wird in der Regel als das größte Handlungsfeld dieser Transformation begriffen. Digitalisierung ist dann Ziel und Prozess der Realisierung eines heutigen Potentials zur Reform, dessen gegenwärtige Aktualität nur als Ausgangspunkt derjenigen Transformation interessant ist, die noch gar nicht stattgefunden hat. Dabei gibt es zwei Verständnisse der Realisierung der Digitalisierung als Reform in Schule. Die Reform wird einerseits als *nachholende Entwicklung* und andererseits als *offenes Projekt* verstanden. In keinem Fall ist sie ein Selbstläufer.

1.4 Die Bildungsreform der Digitalisierung

Das Verständnis der Reform als *nachholende Entwicklung* ist eine Folge internationaler Vergleiche zum Stand der Digitalisierung von Schule. In dieser Sicht auf die Bildungsreform wird angenommen, dass Digitalisierung ein Transformationsprozess ist, den man zwar anstrengen und betreiben muss, der aber auf schon vorgegebenen Bahnen läuft, wie ein Zug, bei dem man lediglich genug Kohlen in Form von Ausstattung und digitalem Mindset der Lehrenden nachschütten muss. Bedeutend in dieser Argumentationslinie waren die Schlüsse, die die Gruppe um Birgit Eickelmann aus den Ergebnissen der begleitenden Lehrkräfte- und Schulleitungsbefragung der ICILS Studie 2018 zog, einer internationalen Vergleichsstudie zu computer- und informationsbezogenen Kompetenzen von Achtklässlern. Eickelmann et al. identifizierten neben einigen Lücken in der Ausstattung vor allem Rückstände in der Lehreraus-, -fort- und -weiterbildung. Nur etwa ein Drittel der befragten Lehrkräfte sahen „Potenziale der Verbesserung schulischer Leistungen durch den Einsatz digitaler Medien", während es im internationalen Mittelwert 71 % waren (Eickelmann et al. 2019, S. 18). Aufgrund dieser Daten wurde von dem federführend am Deutschen Institut für pädagogische Forschung (DIPF) erstellten Bildungsbericht in 2020 ein „Entwicklungsbedarf in der Professionalisierung von Lehrkräften" festgestellt (Autorengruppe Bildungsberichterstattung 2020, S. 270). In der deutschen Presse wurde in einer von der Coronapandemie bereits erfassten Reaktion auf den Bildungsbericht die „Haltung" der Lehrkräfte zum nationalen Problem in der Digitalisierung erklärt (Munzinger 2020; Schmoll 2020). Die nachholende Entwicklung ist aber – anders als noch bei den PISA-Studien – nicht das vorherrschende Verständnis der Bildungsreform Digitalisierung.

Häufiger findet man ein Verständnis der Reform als *notwendigerweise gestaltungsoffenes Projekt*. Im Umfeld der Förderlinie in der Qualitätsoffensive Lehrerbildung zur Digitalisierung, die das BMBF am 5.11.2018 bekanntmachte, wurde solch eine „offene Haltung" und eine „reflektierte Flexibilität" in der Digitalisierung veranschlagt (van Ackeren et al. 2019, S. 106). Neben dem Lernen „mit" den digitalen Mitteln wurde hier in Bezug auf den Informatikdidaktiker Beat Döbeli Honegger auch die Dimension eines Lernens „über" und „trotz" der digitalen Medien angedacht (Döbeli Honegger 2017, S. 46; van Ackeren et al. 2019, S. 115). Ausgehend von der Strategie der Kultusministerkonferenz von 2016 *Bildung in der digitalen Welt* (KMK 2017) wurden inzwischen eine Reihe normativer Vorgaben gemacht, die insbesondere bei der Lehrkräfteaus-, -fort- und -weiterbildung ansetzen und den Projektcharakter der Digitalisierung progressiv als Aufgabe zur Ausgestaltung durch Lehrkräfte setzen. Mit den 2019 erlassenen *Ländergemeinsamen inhaltlichen Anforderungen für die Fachwissenschaften und Fachdidaktiken in der Lehrerbildung* der KMK ist den universitären Fächern und Fachdidaktiken in der ersten Phase der Lehrkräftebildung das Projekt der Digitalisierung als eine Gestaltungsaufgabe gegeben. Die KMK hat in diesem Papier an jedes in die Lehrkräfteausbildung eingebundene Universitätsfach folgende Kompetenzerwartung gestellt:

„Die Studienabsolventen und -absolventinnen […] sind in der Lage, Entwicklungen im Bereich Digitalisierung aus fachlicher und fachdidaktischer Sicht angemessen zu rezipieren sowie Möglichkeiten und Grenzen der Digitalisierung kritisch zu reflektieren. Sie können die daraus gewonnenen Erkenntnisse in fachdidaktischen Kontexten nutzen sowie in die Weiterentwicklung unterrichtlicher und curricularer Konzepte einbringen. Sie sind sensibilisiert für die Chancen digitaler Lernmedien hinsichtlich Barrierefreiheit und nutzen digitale Medien auch zur Differenzierung und individuellen Förderung im Unterricht." (KMK 2019a, S. 47)

Aufbauend auf der *Neufassung der bildungswissenschaftlichen Standards für die Lehrerbildung,* die von der KMK 2019 verabschiedet wurden (KMK 2019b), ist in Nordrhein-Westfalen ein neues Kerncurriculum für das Lehramtsreferendariat erlassen worden, in dem eine „Perspektive Digitalisierung" alle Handlungsfelder der zweiten Phase der Lehrkräftebildung gestaltungsoffen durchzieht (MSB NRW 2021, S. 7 ff.). Und auch für die dritte Phase der Lehramtsausbildung, die Fortbildung, gibt es mit dem Orientierungsrahmen *Lehrkräfte in der digitalisierten Welt* eine Anleitung, die das Projekt der Digitalisierung offen gestaltet (Eickelmann und Medienberatung NRW 2020).

Die Bildungsreform der Digitalisierung wird mit diesen normativen Vorgaben also eher als *offenes* und nicht als *nachholendes Projekt* begriffen. Gleichzeitig ergibt sich aber aus dieser Offenheit ein Aufruf zur Gestaltung durch die Lehrkräfte. Diese Gestaltung durch Lehrkräfte und die wissenschaftliche Begleitung der Reform sind Charakteristika, die die Digitalisierung mit den andern beiden Bildungsreformen des 21. Jahrhunderts teilt.

1.5 Die Digitalisierung als dritte große Bildungsreform des 21. Jahrhunderts

Die Digitalisierung stellt nach der *Neuen Steuerung* und der *Inklusion* die dritte weltweite Reform der Bildungssysteme im 21. Jahrhundert dar. Die Coronapandemie hat dieser dritten Reform einen Schub gegeben, der viele schon vorher angelegte Entwicklungen beschleunigte und einige neue erst in Gang brachte. Die Digitalisierung schlägt so zu einem Zeitpunkt ins Kontor, an dem die beiden anderen Reformen noch deutlich Arbeit von den Lehrkräften erfordern. Sie sind daher auch nicht abgeschlossen und werden Auswirkungen auf die Digitalisierung haben, auch wenn sie als Reformen ganz anders als die Digitalisierung politisch gesteuert und wissenschaftlich begleitet wurden.

Die Bildungsreform der *Neuen Steuerung* funktionierte über die Installation eines kybernetischen Prozesses von Leistungstests der Lernenden und vorauseilender Optimierung in der konkreten Schule. Dieses System setzte die Outputorientierung der Bildungssysteme voraus (Bellmann und Weiß 2009, S. 286), die man oft auch mit dem Begriff der Kompetenzorientierung umschreibt. Leistungen von Lernenden werden seitdem regelmäßig in internationalen Monitorings wie PISA oder TIMSS und einer Vielzahl nationaler und regionaler Vergleichsstudien erhoben. Hinzu kommen zahlreiche Maßnahmen zur Qualitätssicherung

1.5 Die Digitalisierung als dritte große Bildungsreform des 21. Jahrhunderts

des Bildungssystems, etwa die regelmäßigen Qualitätsanalysen an Schulen durch speziell hierfür eingerichtete Landesagenturen. Der Effekt solcher Messungen von Qualität stellt sich, so die These Bellmanns, bereits ab Ankündigung der Messung ein (Bellmann 2018). Man muss gar nicht auf die Auswertung der Ergebnisse warten; die Performanz der Testung erzielt schon die erhoffte Wirkung. Lehrkräfte machen natürlich schon im Vorfeld Gedanken, wie ihr Unterricht den Qualitätsstandards entsprechen kann. Die Reform wurde von psychometrischer Forschung zu den Testmaßstäben begleitet, die in Programmen wie dem DFG „Schwerpunktprogramm Kompetenzmodell" gefördert wurde (Klieme und Leutner 2006). Die *Neue Steuerung* hat insofern deutliche Auswirkungen auf die Digitalisierung, dass durch diese Vorgeschichte digitale Kompetenzen von Lehrenden und Lernenden definiert und gemessen werden. Die Wissenskomponente in den Kompetenzen von Lehrkräften ist in Modellen des professionellen technologiebezogenen Wissens erfassbar. Das bekannteste Modell hierfür ist das TPACK-Modell (Koehler und Mishra 2009).

In der *Inklusion* wirkte die Bildungsreform durch die Installation einer diese Themen und Formate bedienenden Lehrkräfteausbildung. Die politische Steuerung funktionierte durch direkte Forschungsförderung durch das Bundesministerium für Bildung und Forschung (BMBF). Die Teilhabe der Menschen mit Behinderung am Bildungssystem begann als Umsetzung der UN-Behindertenrechtskonvention von 2006. Die Inklusion wurde dann aber in einem weiten Verständnis des Begriffes auf jede Form der Diversität ausgedehnt. Als Bildungsreform funktionierte sie einerseits, weil die Gesellschaft insgesamt sehr viel sensibler für Phänomene der Exklusion und Diskriminierung wurde. Andererseits gab es auch hier eine deutliche politische Steuerung der Reform, diesmal direkt durch die Forschungsförderung des BMBF. Das geschah insbesondere in der *Qualitätsoffensive Lehrerbildung,* einer Förderlinie an Universitäten, in der insbesondere Projekte zur Inklusion gefördert wurden. Jürgen Budde, Julie Panagiotopoulou und Tanja Sturm schreiben in einer deutlichen Kritik dieser Art von Steuerung der Bildungsreform:

> „Insgesamt wird durch die BMBF-Programme nicht nur das Feld und die Forschungs- und Hochschullandschaft mitstrukturiert, sondern auch die theoretische und methodologische Perspektive mit modelliert, unter der Heterogenität und Inklusion in den Blick geraten sollen. Dabei werden potenzielle erziehungswissenschaftliche Fragen und auch implizite Antwortdimensionen bereits vorformuliert" (Budde et al. 2020, S. 33)

Auch die Inklusion hat deutliche Auswirkungen auf die Digitalisierung als Bildungsreform. So gibt es im pädagogischen Diskurs einige Hoffnung, dass durch die sog. „Diklusion", die Zusammenschau von Digitalisierung und Inklusion, die weiterhin offenen Probleme der Inklusion mit den Mitteln der Digitalisierung technisch gelöst werden können (Schulz 2021).

Schon jetzt ist absehbar, dass die Digitalisierung nicht dieselben Pfade der politischen Steuerung und wissenschaftlichen Begleitung beschreiten kann, wie die *Neue Steuerung* und die *Inklusion*. Sie wird über die Lehrkräfteaus-, -fort- und -weiterbildung in allen drei Phasen der Lehrerbildung bei gleichzeitiger technologischer Ausstattung operieren müssen. Es kann gut sein, dass die Fachdidaktiken dabei mehr in die Verantwortung genommen werden als bei den bisherigen Reformen. Schon in der KMK-Strategie heißt es: „Ziel ist es, dass jedes einzelne Fach mit seinen spezifischen Zugängen zur digitalen Welt seinen Beitrag für die Entwicklung der in dem nachfolgenden Kompetenzrahmen formulierten Anforderungen leistet" (KMK 2017, S. 15 f.). Die fachdidaktischen Möglichkeiten der Digitalisierung und ihre spezifischen Potentiale wurden in Reaktion auf das KMK-Papier in einer Stellungnahme der Gesellschaft für Fachdidaktik (GFD) herausgestellt (GFD 2018). In Nordrhein-Westfalen wurden aufbauend auf dem Medienkompetenzrahmen NRW in Reaktion auf die KMK die digitalen Kompetenzen fachspezifisch in die Lehrpläne aller Fächer eingebunden (MSB NRW 2018). Das ist ein Paradigmenwechsel, weil erstmals Medienkompetenzen nicht fächerübergreifend oder an das Fach Informatik gebunden verstanden wurden. Die NRW-Qualitätssicherung hat entsprechend im Sommer 2019 eine Liste fachbezogener Kompetenzen in Bezug auf die Digitalisierung erstellt (QUALIS NRW 2019).

Fassen wir noch einmal zusammen, was die bisherige Analyse des Spannungsfelds Bildung – Philosophie – Digitalisierung ergeben hat: Digitalisierung ist nicht nur ein technologiebezogenes gesellschaftliches Transformationsprojekt, sondern auch eine *Bildungsreform*. Sie wird abhängig von den noch unabgeschlossenen Reformen der *Neuen Steuerung* und *Inklusion* sein. Als Projekt in Schule wird sie derzeit vor allem in der Lehrerkräfteaus-, -fort-, und -weiterbildung verwirklicht. Wegen der Fachgebundenheit digitaler Kompetenzen wird dies eine Aufgabe der Fachdidaktiken sein.

Eine besondere Aufgabe kommt in diesem Zuge der Philosophiedidaktik zu. Im Philosophieunterricht stellt sich die Frage nach der Digitalisierung als Frage nach der *Reflexion auf die Digitalisierung*.

1.6 Die Reflexion auf die Digitalisierung im Philosophieunterricht

Der Philosophieunterricht hatte immer schon die besondere Aufgabe in der Digitalisierung, eine reflexive Perspektive einzunehmen. Bisher wurden hier drei unterschiedliche Reflexionsfiguren eröffnet, die heute aber alle problematisch geworden sind.

Da ist erstens die *Reflexion auf die technische Form des Mediums der Philosophie*. Die hier diskutierten Qualitätsverluste durch Medieneinsatz stellen eine sehr alte Sorge dar. Berger und Huber stellten schon 1981 mit Blick auf die Anfänge des Medieneinsatzes im Unterricht die Frage, wie die Philosophie „*mediensprachlich* am Leben bleibt, ohne abzusacken in einen gesellschaftlichen small talk" (Berger und Huber 1981, S. 18). In der damaligen Debatte wurden aber auch schon die Chancen der technischen Medien gesehen. So formulierte Eckard Nodhofen schon 1981: „Visuelle Objektivationen und solche in Handlungsstrukturen sind keine Vor- oder Degenerationsform der Philosophie" (Nordhofen 1981, S. 13).

1.6 Die Reflexion auf die Digitalisierung im Philosophieunterricht

Diese Debatte kehrte als Kontroverse um die sog. diskursiven und präsentativen Symbole zu Beginn der 2010er Jahre zurück. Hier wurde der Konflikt zwischen Text und Gespräch auf der einen Seite und medialer Darstellung auf der anderen Seite auf die Ebene des Modus der Symbole gehoben (Gefert und Tiedemann 2012). Die neuere Diskussion entfaltete sich schon deutlich vor dem Hintergrund der Digitalisierung, die viele neue Möglichkeiten mit sich brachte, einen philosophischen Gedanken, ein *Philosophem,* neu zu symbolisieren. Die Debatte zwischen Tiedemann und Gefert wurde in der Folge in Fragen der Anschaulichkeit und des Verstehens überführt.

Die zweite Reflexion des Philosophieunterrichts in der Digitalisierung war die *Reflexion auf die Wirkung von Medien in der Gesellschaft.* Hier folgte der Philosophieunterricht einem frühen medienpädagogischen Verständnis von Medienkompetenz als „Medienkritik, Medienkunde, Mediennutzung und Mediengestaltung" mit dem Ziel den „Diskurs der Informationsgesellschaft" selbst zu informieren, wie Baacke 1997 formulierte (Baacke 2013, S. 99). Im Philosophieunterricht wurde der Medienkonsum vor dem Hintergrund einer Theorie des guten Lebens verhandelt und die Medienkritik vor dem Hintergrund politischer Theorie, wie etwa der Theorie der Öffentlichkeit von Jürgen Habermas (Roellecke 2006, S. 184). Die medienethische Reflexion ist heute in eine informationsethische Reflexion eingebettet, in der auch reflektiert wird, dass Medien heute durch die Lernenden nicht nur rezipiert, sondern auch produziert werden (Heesen 2019, S. 69).

Drittens fand im Philosophieunterricht die *Reflexion auf den Mehrwert digitaler Medien für den Unterricht* statt. Matthias Tichy formulierte hierzu in 2008 noch, dass „die didaktischen Grundlagen des Ethik- und Philosophieunterrichts" von den „neuen Medien" nicht berührt werden, kommt aber letztlich dabei aus, dass jede Lehrkraft in der Praxis erproben solle, welche „Vor- und Nachteile" der Einsatz neuer Medien biete (Tichy 2008, S. 90 und 102). Donat Schmidt hingegen ging von „der Stärkung der philosophischen Basiskompetenzen" durch den Einsatz des Computers und Internets aus (Schmidt 2008, S. 115). Die Position von Schmidt und Schütze findet sich auch in gegenwärtigen Handbüchern der Philosophiedidaktik in den Passagen zum Medieneinsatz im Philosophieunterricht (Schmidt und Schütze 2015, 2016).

In allen diesen drei Reflexionsfiguren ist aber die Warte, von der die Reflexion ansetzt, von Digitalisierung noch unberührt. In der ersten Reflexion ist der philosophische Text noch analog. In der zweiten Reflexion ist die Lebenswelt frei von Mediennutzung und eine politische Öffentlichkeit ohne mediale Verzerrungen. In der dritten Reflexion wird der Mehrwert auf Basis des vordigitalen Unterrichts berechnet.

Axel Krommer hat im Umfeld dieser Reflexionsfiguren die Prämisse der Existenz dieser unberührten Warte der Reflexion als falsch ausgewiesen. Der mediale „Paradigmenwechsel" habe sich bereits vollzogen und es könne heute keine jenseitige Position mehr geben (Krommer 2021, S. 66). Die bisherigen Reflexionen im Philosophieunterricht schlügen deshalb einseitig „bewahrpädagogisch" (Krommer 2019b, S. 115) oder in eine „palliative Didaktik" aus, die eine sterbende Medienform künstlich am Leben halte (Krommer 2021, S. 69). Krommer geht davon aus, dass man wegen des umfassenden Wandels in der Digitalisierung neu über den Philosophieunterricht nachdenken müsse. Die Reflexion muss dann aus einer schon durch die Digitalisierung bestimmten Warte erfolgen. Das Fach Philosophie ist aber auch für Krommer unter den Schulfächern dazu prädestiniert „über die Folgen des Paradigmenwechsels nachzudenken, der mit der Digitalisierung verbunden ist" (Krommer 2019a, S. 4). Wie das geschehen soll, ist derzeit jedoch eine wichtige offene Frage der Fachdidaktik. Gegenwärtig sieht man Versuche, neue Reflexionspotentiale für den Philosophieunterricht aus den neuen *Beständen* der Fachphilosophie oder den neuen *Anforderungen* an die Philosophiedidaktik zu schöpfen.

1.7 Neue Reflexionspotentiale für den Philosophieunterricht

Oft ist es der erste Weg, neue Reflexionspotentiale für den Philosophieunterricht von den neuen *Beständen* der Fachphilosophie aus zu bestimmen. Diese neuen Bestände beschäftigen sich oft mit faszinierenden Fragen unserer Gegenwart, etwa der Frage nach künstlicher Intelligenz, nach einer Ethik für Pflegeroboter oder der in der deutschen Autobauer:innen- und -fahrer:innennation heiß diskutierten Frage nach dem autonomen Fahren. Es gibt Ansätze sich über diese neuen Bestände der Fachphilosophie der Digitalisierung im Philosophieunterricht zu nähern (Rösch und Rösch 2019; Urbansky 2021; Zimmermann und Stelzer 2021). Ob diese Fragen Lernenden in ihrer Lebenswelt tatsächlich als Problem und nicht nur als ferne Vision begegnen, ist wohl fraglich. Bedeutender im Hinblick auf die eingangs mit Floridi vollzogene Näherung ist aber, dass diese Fragen im Philosophieunterricht nur schwer mit den dort zur Verfügung stehenden *noetischen Ressourcen* beantwortet werden können. Oft ist reichlich technisches und rechtliches Know-How notwendig, um sich diesen Fragen dann schließlich ethisch überhaupt nähern zu können. Dennoch kann es gelegentlich Sinn machen, auch solche neuen Fragen aus den gegenwärtigen Beständen der Fachphilosophie für den Unterricht zu adaptieren.

Die Bestimmung von Reflexionspotentialen des Philosophieunterrichts kann auch aus den neuen *Anforderungen* an die Didaktik heraus erfolgen, das ist ein anderer Weg, der aktuell in der Didaktik begangen wird. Hierzu bieten die politischen Vorgaben, insbesondere die Verteilung der Aufgabenfelder an die Fächer durch KMK und GFD erste Orientierungen. So leitet Klaus Feldmann aus dem Kompetenzkatalog des KMK-Papiers „Bildung in der digitalen Welt" die Kompetenz „Analysieren und Reflektieren" (KMK 2017, S. 18 f.) als spezifisch philosophisch ab. Feldmann schreibt: „Insgesamt stellt der zentrale Beitrag philosophischer Bildung eine kritische Außenperspektive auf die digitale Welt dar, die letztlich auf allen Ebenen als bloßes Werkzeug für den Menschen als Zweck an sich selbst dienstbar zu machen ist." (Feldmann 2019) Axel Krommer gewinnt das Anforderungsprofil an die Philosophiedidaktik aus dem

GFD-Papier des Folgejahres. In diesem Papier liegt die Aufgabe der Philosophie insbesondere im Bereich der „digitalen personalen Bildung"; dort soll die „fachspezifische Reflexions- und Kritikfähigkeit über digitale Medien" verankert sein (GFD 2018, S. 3), weiter heißt es: „im Philosophie-, Religions- bzw. Ethikunterricht lassen sich medienethische Aspekte fokussieren" (GFD 2018, S. 3). Darüber hinaus ist das Anforderungsprofil allerdings durch institutionelle Vorgaben kaum weiter zu schärfen. Feldmann versucht eine weiterführende Anbindung über die didaktischen Prozesse „Verstehen und Urteilen" im Sinne der fachdidaktischen Lehr-Lern-Theorie Theins (Thein 2020). Krommer findet in den gegenwärtigen Handbüchern der Philosophiedidaktik hingegen keine weitere Orientierung bei der Frage nach den Potentialen der Philosophiedidaktik in der Digitalisierung. Er nennt aber zumindest folgenden möglichen Themenkatalog: „Raum, Zeit, (personale) Identität, (Selbst-)Bewusstsein, Lernen, Wissen, Bildung, (künstliche) Intelligenz, Medien, Politik, Umwelt, Ethik" (Krommer 2019a, S. 4).

Die Suchbewegungen von Feldmann und Krommer deuten auf die Leerstelle einer *Curriculumtheorie der Digitalisierung für den Philosophieunterricht* hin. Es fehlt eine Antwort auf die Frage, wie heute im Philosophieunterricht Digitalisierung als Projekt kritisch weiterentwickelt werden kann.

Ich gehe bei der Beantwortung dieser Frage im Folgenden davon aus, dass der Weg nach den *Anforderungen* der Digitalisierung zu fragen, wie ihn Krommer und Feldmann gehen, um die Reflexionspotentiale der Philosophie auszuloten, noch nicht vollständig begangen worden ist. Wenn man das tut, zeigen sich bereits die Konturen einer Curriculumtheorie der Digitalisierung. Man kann zwei weitere Anforderungsdimensionen eröffnen. Erstens ist die Digitalisierung, wie ich gezeigt habe, auch eine Bildungsreform und wird daher an die Fachdidaktik der Philosophie Anforderungen stellen, die ähnlich strukturiert sind, wie in den bisherigen Reformen. Zweitens gibt es Imperative aus der Existenz philosophisch relevanter Dinge in der digitalisierten Lebenswelt, die schon von sich aus Anforderungen an den Philosophieunterricht stellen. Diese Anforderungsdimensionen zeige ich nun in den Abschnitten 1.8 und 1.9, bevor ich dann die Konturen einer Curriculumtheorie der Digitalisierung in Abschnitt 1.10 darstelle.

1.8 Explizite und implizite Reflexion als Anforderung in Bildungsreformen

In der Bildungsreform der Inklusion wurde in der Fachdidaktik Philosophie ein *expliziter* und ein *impliziter* Modus der Reflexion über die philosophischen Gehalte etabliert, in dem mit dem Nachdenken auch ein aktiv reformerisches Handeln einherging. Blesenkemper etablierte dieses Modell anhand der Gerechtigkeitstheorie, die er in beiden Modi verankert sah: „‚Gerechtigkeit für alle!' ist hier das Motto *für* und *in* inklusivem Ethikunterricht" (Blesenkemper 2015, S. 250, Hervorhebung im Original). „Für" den Unterricht meinte die *implizite* Arbeit an Inklusion, „in" inklusivem Unterricht die *explizite*. Während ein Verständnis von Gerechtigkeitstheorien bei Lehrenden einerseits implizit dazu befähige, die

„konstitutiven Bedingungen" des inklusiven Unterrichts zu reflektieren, könnten Gerechtigkeitstheorien aufgrund dieses Verständnisses aber auch explizit „zum gemeinsamen Gegenstand des inklusiven Ethikunterrichts" gemacht werden (Blesenkemper 2015, S. 251). Blesenkemper sah hier insbesondere Amartya Sens und Martha Nussbaums „Capability Approach" als philosophische Grundlage in beiden Modi der Reflexion, eine philosophische Theorie, die bereits in den Anforderungen der UN-Behindertenrechtskonvention von 2006 nahegelegt sei (Blesenkemper 2017, S. 14). Seit Beginn der Inklusion im Fach wurde aber auch ein weiteres Verständnis von Inklusion bespielt. Diesem Verständnis folgend wurde Inklusion als Projekt der Reflexion von Antinomien wie „Selektion/Chancengleichheit" und „Empowerment/Ohnmacht" (Golus 2017, S. 37) auf Themenfelder wie „Geschlecht", „Rassismus" oder „Religion" ausgedehnt. Diese Themenfelder konnten explizit im Philosophieunterricht behandelt werden. Beim Thema Geschlecht etwa konnten so vorher bereits geforderte „Impulse zur geschlechtergerechten Kanonmodifizierung" (Albus 2014, S. 18) und bereits vorliegende explizite Unterrichtsentwürfe, etwa zur Frage „Ist Geschlecht Kultur oder Natur?" (Thein 2014, S. 27) im inklusiven Unterricht umgesetzt werden. So wurde Inklusion in einem weiteren Sinn als Projekt im Philosophieunterricht *explizit* zum Gegenstand des Unterrichts gemacht. Auf der anderen Seite wurde der Bezugsrahmen einer *impliziten* philosophischen Reflexion der ethischen und sozialtheoretischen Grundlagen der Inklusion schnell weit über die von Blesenkemper veranschlagte Theorie der Gerechtigkeit hinaus erweitert. Die Auseinandersetzung der Fachphilosophie mit der Inklusion machte den Studierenden in der Lehramtsausbildung eine Reflexion der Inklusionspraktiken an Schule vor dem Hintergrund von Theorien der Kategorisierung, Subjektivierung oder Anerkennung möglich, an denen die Fachphilosophie in Bezug auf die Inklusion arbeitete (z. B. die Beiträge in: Quante et al. 2018; Behrendt 2020). Diese philosophische Reflexion erreichte dann schnell einen Komplexitätsgrad, der es nicht mehr möglich machte, diese Theorien selbst zum Thema des Unterrichts zu machen, wie Blesenkemper es noch für die Gerechtigkeitstheorien vorsah. Sie dienten dann ausschließlich einer *impliziten* Reflexion der normativen Grundlagen der Inklusion. Philosophielehrkräfte konnten ihr eigenes reformerisches Handeln in Schule vor dem Hintergrund dieser Theorien hinterfragen.

In der Digitalisierung bieten sich ebenfalls die beiden Reflexionsebenen einer *impliziten und expliziten Bearbeitung der Digitalisierung im Philosophieunterricht* an. Schon heute wird die Digitalisierung in Unterrichtseinheiten wie z. B. „Medienwelten", „Virtualität und Schein" und „Quellen der Erkenntnis" im Fragenkreis 6, der „Frage nach Wahrheit, Wirklichkeit und Medien", oder der Unterrichtseinheit „Technik – Nutzen und Risiko" im Fragenkreis 5, der „Frage nach Natur, Kultur und Technik" des Faches Praktische Philosophie in NRW thematisiert (MSB NRW 2008). Es liegt nahe, *explizit* hier anzusetzen. Andererseits gibt es angesichts der umfassenden „Kultur der Digitalität" (Stalder 2016) und der Relevanz in allen philosophischen Teilgebieten gute Gründe, die Digitalisierung *explizit* eher als Querschnittsthema zu behandeln. Dann bedarf es einer gesellschaftstheoretischen Leitlinie, mit der die Verortung der Digitalisierungsproblematik über die Themenfelder hinweg gelingt. Es ist nicht alles Digitalisierung. Der „dominante kulturelle Raum" (Stalder 2021, S. 4) unserer Gegenwart ist an manchen Stellen dichter als an anderen verwoben und die Reflexion im Philosophieunterricht hat nicht an allen Stellen die Ressourcen, diese Knoten im Denken zu lösen. Erster Ausgangspunkt scheint eine gesellschaftskritische Perspektive zu sein, um überhaupt die Stellen zu finden, an denen eine „fachspezifische Reflexions- und Kritikfähigkeit" (GFD 2018, S. 3) in der Digitalisierung ansetzen kann.

Bei der *impliziten* Bearbeitung der Digitalisierung bedarf es nicht der Reflexion der normativen Grundlagen wie noch in der Inklusion. Normative Grundlagen sind, wie beschrieben, in der Digitalisierung nicht mehr der Motor der Reform. Stattdessen ist es das technologische Handeln. Dadurch, dass sie digitale Technologien in Schule einsetzen, modifizieren und weiterentwickeln, sind Lehrkräfte und Lernende selbst nicht nur „Produser" (sic!) neuer didaktischer Inhalte (Bruns 2006), sie „co-konstruieren" Technologie selbst (Pinch und Bijker 2020). Eine implizite Reflexion auf die Digitalisierung in Schule kann hier entsprechend nicht nur durch produktiv gestaltende philosophische Digitalisierungskritik, sondern auch durch neuere pragmatische *Philosophy of Technology* erfolgen. Diese neuere Technikphilosophie zeigt erst einmal, dass Technologien in Schule nicht neutrale, rein methodische Werkzeuge sind und dass es Sinn macht, sie in bestimmte Richtungen zu verändern.

Die *impliziten* und *expliziten* Möglichkeiten der Bearbeitung korrespondieren mit zwei *Imperativen* der Digitalisierung an den Philosophieunterricht. Diese Imperative stellen sich selbst, sie stehen als Imperative im Raum. Sie sind der Grund, warum keine Lehrkraft im Philosophieunterricht – selbst wenn man sich die Bildungsreform der Digitalisierung wegdenken könnte – an einer Bearbeitung der Digitalisierung vorbeikommt.

1.9 Zwei Imperative der Digitalisierung an den Philosophieunterricht

Es gibt zwei Imperative in der Kultur der Digitalität selbst, die einen philosophischen Bezug im Unterricht direkt anfordern. Der erste Imperativ ist gesellschaftlich, aber auch fachkulturell, ich nenne diesen Imperativ den *Imperativ der Kritik*. Er wird im ersten Teil dieses Buches verhandelt. Technologische Prozesse werden mit den Mitteln der Philosophie kritisch begleitet. Das ist nicht erst seit der Deutung der NS-Zeit als Technokratie, dem Ende der positivistischen Utopien des Raumfahrtzeitalters und den großen technologischen Katastrophen der 80er Jahre wie Tschernobyl und Bhopal so. In der Philosophie sind Modelle einer Wirkungskritik an Technologie seit der Antike etabliert. In der klassischen Moderne entwickelten sich dann Modelle der Technologiekritik in Sorge um die Gesellschaft. Diese Kritikmodelle existieren in unserer Gesellschaft, sie begegnen den Lernenden unabhängig vom Philosophieunterricht noch in den digitalen Medien selbst, wie ich im ersten Buchteil zeigen werde. Der Philosophieunterricht steht nicht nur durch die Gegenwart der Kritik unter diesem Imperativ, sondern auch durch die Kulturgeschichte der Philosophie. Insbesondere die Frankfurter Schule, die Kritische Theorie im engeren Sinne, hat weltweit das Gesicht der Technologiekritik geprägt. Umso verwunderlicher mag es sein, dass die durchaus florierende Kritische Theorie in Deutschland in vierter Generation die Problematik der Technologie vollständig in soziale oder politische Deutungsbestände aufgelöst hat und so kaum noch einen Blick auf Technologie als materiales Artefakt pflegt. „The exclusion of technology is indefensible", schreibt Andrew Feenberg über die deutsche Kritische Theorie seit Habermas (Feenberg 2017b, S. 44). Dass man auf die direkten Wirkungen auf die Gesellschaft, die Frankfurter Intellektuelle wie Herbert Marcuse noch hatten, nicht mehr bauen kann, macht den Imperativ der Kritik an die Fachdidaktik der Philosophie nur noch stärker. Dadurch, dass sich in der deutschen Fachphilosophie kaum noch mit Technologiekritik beschäftigt wird, fehlt es vor allem an einem Überblick über die verfügbaren Kritikmodelle. Die in den digitalen Medien, in populärer Philosophie, Teilen der Sozialphilosophie und Teilen der Fachdidaktik gegenwärtigen Kritikmodelle bedürfen einer Ordnung aus didaktischer Sicht. Die philosophiedidaktisch zentrale Frage hier lautet: *Welche Digitalisierungskritik?* Kritik ist hier nicht negativ zu verstehen, sondern als einer der wichtigsten Motoren des Projektes der Digitalisierung (Baecker 2018, S. 157 ff.). Im ersten Teil des Buches, „Die Digitalisierung kritisch reflektieren", werde ich zunächst die bisher im Unterricht stattfindende Form der Kritik in Frage stellen (Kap. 2), um dann eine Heuristik von Digitalisierungskritik in der Lebenswelt von Lernenden zu entwickeln (Kap. 3). Ich diskutiere zwei mögliche sozialtheoretische Hintergrundtheorien, den Strukturfunktionalismus und die Kritische Theorie (Kap. 4). In der Folge stelle ich dann insgesamt sechs Modelle der Technologiekritik vor, die alle im Philosophieunterricht ihren Platz haben können. Das sind der *Testbericht*, die *Mediennutzungskritik* und die *Kritik am verpassten Medienwandel*, die bis auf Platons Medienkritik zurückgehen (Kap. 5). Das sind weiter die *Kritik an den ökonomischen Folgen*, die *Künstler- und Sportlerkritik* und die *Kritik an konkreten soziokulturellen Verschiebungen durch Technologie* in der Tradition des sog. Open Marxism (Kap. 6). Das sechste Kritikmodell, die Sozial- und Kulturkritik, existiert dabei in Varianten mit unterschiedlichen Effektstärken. Eine Kritik unter der Annahme mittlerer Effektstärke geht auf Walter Benjamins Philosophie zurück. Es spricht einiges dafür, diese Form der Digitalisierungskritik zur Standardform einer *impliziten Grundlegung* und *expliziten Thematisierung* der Digitalisierungskritik im Philosophieunterricht zu machen. Ich werde dann auch einige beispielhafte Themen und Materialien für diesen Ansatz einer Digitalisierungskritik mit Walter Benjamin vorstellen (Kap. 7).

Der zweite Teil dieses Buches, „Digitale Technologien philosophisch analysieren", ist eine Reaktion auf den zweiten Imperativ der Digitalisierung von Schule, den ich den *Imperativ der Technologie* nenne. In den vergangenen Jahren wurden in der unterrichtlichen Praxis eine Vielzahl digitaler Technologien etabliert. Kaum ein Klassenzimmer ist mehr ohne Projektionstechnologie und Wifi, an vielen Stellen wird mit Tablets und Cloudsystemen gearbeitet, fast jede Schule hat eine Schulserverlösung. Weil die Technologie da ist, muss man sich zu ihr verhalten. Jedes Verhalten führt zu einer mehr oder minder bewussten Veränderung der Technologie. Die Technikphilosophie kann einen impliziten Zugang zur Reflexion dieser Technologien bieten, die weit über den Einsatz als „Methoden" hinausgeht. In aller Regel werden digitale Technologien in Schule frei von allen normativen Gehalten und unbeeinflusst vom institutionellen Rahmen verstanden. In den vergangenen Jahren habe ich selbst an Schulen an der Entwicklung solcher Technologien mitgearbeitet und so erlebt, wie gestaltungsoffen – aber auch normativ – diese Technologien sind. Vor diesem Hintergrund kann auch eine neuere Technikphilosophie eine *explizite und implizite* Bedeutung für den Philosophieunterricht erhalten. Technikphilosophie wird bisher entweder mit einem verantwortungsethischen oder mit einem anthropologisch-differenzierenden Ansatz im Unterricht der Philosophie und Ethik behandelt. Die Frage „Was ist Technologie?" wurde damit nie wirklich gestellt, es wurden hingegen nur ethische Fragen in Bezug auf Technik verhandelt. So schlage ich auch im zweiten Teil eine Reform des Curriculums vor, diesmal eine Reform der technikphilosophischen Inhalte. Auch in diesem Teil kritisiere ich zunächst die bisherige Technikdidaktik im Philosophieunterricht (Kap. 8). Im weiteren Verlauf entwickele ich dann Philosopheme zur Technologie am konkreten didaktischen Material, die heute einen begrenzten Konsens der Technikphilosophie nach dem *Empirical Turn* darstellen. Philosophische Technologiestudien haben sich aus einer Entwicklung der Technikphilosophie seit Heidegger über postmoderne, konstruktivistische Ansätze hin zu neueren pragmatischen Verständnissen von „Technology in the Making" entwickelt. Sie suspendieren die Frage nach der Technik durch die empirische Untersuchung konkreter Technologie. Der heutige Konsens umfasst, dass Technologien jeweils *Teil einer Praxis in der Lebenswelt* sind, dass *instrumentalistische und substantialistische Technologieverständnisse falsch* sind, dass Technologien *von sozialen Akteuren mitkonstruiert werden* und dass sie *intrinsisch normativ* sind (Kap. 9). Danach stelle ich mit dem Critical Constructivism (Feenberg 2017a) und der Postphänomenologie (Rosenberger und Verbeek 2015) zwei Theorien vor, die noch einmal jeweils weitere, aber theoriespezifische für den Unterricht nutzbare Philosopheme der Technikphilosophie bereitstellen. Das ist die Analyse von *Rationalität und Rationalisierung* auf der einen Seite und die Untersuchung von Technologie in lebensweltlichen Relationen, insbesondere ihre *Ausbildung von Multistabilitäten* in technologischen Praxen, auf der anderen Seite (Kap. 10). Das kann im Unterricht explizit gemacht werden, um die Frage nach der Technik zu stellen. Die neue Technikphilosophie nach dem Empirial Turn hat aber auch eine implizite Bedeutung für Lernende und Lehrende, die aktuell stark in technologische Schulentwicklungsprozesse eingebunden sind. Sie können mit diesen Mitteln auch die Technologien ihres eigenen Lehrens und Lernens analysieren. So hat die empirisch arbeitende Technikphilosophie ebenfalls eine explizite und implizite Bedeutung für den Philosophieunterricht. Ich stelle am Ende des zweiten Teils (Kap. 11) exemplarisch eine empirische Fallstudie vor, in der einige wichtige edukative Technologien der jüngeren Zeit mit den zuvor dargestellten philosophischen Methodologien aufgeschlüsselt werden: *zweckentfremdete Apps, Classroom-Management-Clouds, Präsentationstechnologien, Schulmailing- und -serversysteme, Videokonferenz- und -immersionstechnologien.*

1.10 Konturen einer Curriculumtheorie

Bevor ich in den beiden Buchteilen diese Argumentation nun aufnehme, möchte ich noch zwei Konturen meines Vorhabens schärfen, um Irrwege des Lesens zu vermeiden. Hierzu werde ich die hier vorgelegte *Curriculumtheorie* der Digitalisierung von einer *Lehr-Lern-Theorie* unterscheiden und das Wissensmodell des *technologisch-pädagogisch-inhaltlichen Wissens (TPACK)* von dem in der Fachdidaktik der Philosophie etablierten und von Johannes Rohbeck vertretenen *Transformationsmodell* abgrenzen. Dabei geht es mir wesentlich darum, dass die hier vorgestellten Ausführungen nicht als Beitrag zur Bildungsphilosophie oder als inhaltlicher Beitrag zu Fragen innerhalb einer der gegenwärtigen Strömungen der Fachphilosophie verstanden werden. Ausgangspunkt, Material und Ziel dieser Arbeit sind rein fachdidaktischer Natur. Das wird im Folgenden allein durch das Lesen sicher schon deutlich, weil ich alle Theorie immer *in Bezug auf konkretes didaktisches Material* erst noch entwickele und nicht durch bildungsphilosophische oder fachphilosophische Studien im Vorfeld bestimme. Ich will dennoch diese Unterscheidungen hier einmal vorwegschicken, um Missverständnisse zu vermeiden.

Die wichtige Unterscheidung von *Curriculumtheorie* und *Lehr-Lern-Theorie* geht auf Herwig Blankertz zurück und stammt noch aus den großen Zeiten allgemeindidaktischer Theorie (Blankertz 1969). Blankertz unterschied eine Theorie der Unterrichtsinhalte von einer Theorie, die beschreibt, wie gelehrt und gelernt wird. Er plädierte dafür, dass es didaktisch immer instruktiver sei, vom Lehren und Lernen auszugehen als von den gesetzten Inhalten und Methoden im Curriculum. Ich lege hier jedoch bewusst eine Curriculumtheorie und keine Lehr-Lern-Theorie zur Digitalisierung vor. Natürlich hat die Digitalisierung auch etliche Auswirkungen darauf, wie sich Lernen, Bildung und Erziehung als Prozesse verändern. Diese Veränderungen werden seit einigen Jahren in dem internationalen Diskurs der *Philosophy of Education* beobachtet (z. B.: Lewin 2016; Lundie 2016). Hier werden die erst einmal gar nicht auf didaktische Anwendung zielenden sozialphilosophischen Fragen „Was ist Erziehung, Bildung und Lernen?" behandelt. Wichtige Impulse zur Digitalisierung in diesem Diskurs stammen von dem kürzlich verstorbenen französischen Philosophen Bernard Stiegler, der insbesondere auf die durch digitale Medien veränderte Aufmerksamkeitsstruktur hinwies (Bradley und Kennedy 2020; Bradley 2021). Solche bildungsphilosophischen Überlegungen stehen insgesamt noch am Anfang. Der bildungs- und erziehungsphilosophische Diskurs zur Digitalisierung, der auch in der deutschen Erziehungswissenschaft geführt wird, ist in den vergangenen Jahren von der Gegenüberstellung von Bildung und Medialität abgekehrt. Der Bildungstheoretiker Olaf Sanders geht im *Handbuch Bildungs- und Erziehungsphilosophie* davon aus, dass es keine Grenze von Bildung und Medialität geben kann, weil Bildung sich immer nur medial ereignet (Sanders 2020, S. 562). Bildungsphilosophische Überlegungen zur Digitalisierung bezögen sich heute vielmehr darauf, „den Blick auf die Nebenwirkungen von Medien" zu lenken und „philosophisch spekulativ in die Zukunft zu denken" (Sanders 2020, S. 562). In der zweiten Kategorie könnten, so

Sanders, auch Visionen wie „Big Data" oder „Posthumanismus" in ihren möglichen Auswirkungen auf den Bildungsbegriff spekulativ beleuchtet werden (Sanders 2020, S. 568). Solch eine Bildungsphilosophie kann Krassimir Stojanov zufolge generell auch instruktiv für Philosophiedidaktik sein, um „den normativen Topos, den »Soll-Zustand« der Vermittlung von Philosophie insgesamt im Rahmen von institutionalisierten Bildungsprozessen zu bestimmen" (Stojanov 2017, S. 61). Die Bildungsphilosophie ist aber heute nicht mehr alleinige Bezugsquelle fachdidaktischer Lehr-Lern-Theorien. Die Lehr-Lern-Theorien der Philosophiedidaktik schöpfen sich inzwischen aus den drei philosophischen Ressourcen der Bildungsphilosophie, der einschlägigen Fachphilosophie und der lehr-lerntheoretischen Überlegungen in der Fachdidaktik selbst. Das geschieht heute meist jeweils unter den empirischen Begrenzungen der Lehr-Lern-Forschung, der experimentellen Philosophie und der fachspezifischen empirischen Bildungsforschung in der Didaktik selbst, etwa dort, wo fachspezifische Lerntheorien Schülervorstellungen (Thein 2019, 2020, S. 68 ff.), Kompetenzdiagnostik (Geiß 2017, S. 85 ff.) oder kognitive Prozesse wie das „Critical Thinking" schneiden (Pfister 2020). Wie sich philosophiedidaktische Lehr-Lern-Theorien in der Digitalisierung verändern werden, ist dabei aktuell noch recht offen. Ich möchte mich hier auf ein paar wenige Beobachtungen beschränken. Es gibt einige Anzeichen, dass digitale Technologien in vielerlei Hinsicht Lehren und Lernen sichtbar machen können, etwa durch simultane Feedbacks, interaktive Lernprogressionen, oder Concept- und Argumentmaps (Hoffmann 2015). Philosophische Gehalte können durch neue Möglichkeiten der Visualisierung und Interaktion anschaulicher gestaltet werden (zur Anschaulichkeit: Tichy 2015). Auch können digitale Technologien die erklärende Funktion philosophischer Lehre unterstützen, wie es etwa im *Wireless Philosophy* Projekt betrieben wird (Vazirani 2022). Die für das Lernen im Fach Philosophie zentrale Kulturtechnik des Lesens wird entgegen einiger Befürchtungen nicht obsolet, es wird sogar mehr gelesen und es zeigt sich dass das „immersive Lesen in der digitalen Moderne an Bedeutung zunimmt" (Lauer 2020, S. 125). Einen besonderen Zugang zu einer Lehr-Lern-Theorie des Digitalen können auch die neuen Möglichkeiten eines spielerischen Lernens bieten. Patrick Maisenhölder hat in der deutschen Philosophiedidaktik bereits Ansätze zur Gamification diskutiert (Maisenhölder 2019) und Computerspiele als Träger von philosophischen Gehalten, etwa zur Ethik, analysiert (Maisenhölder 2018). Computerspiele als Träger philosophischer Gehalte werden international in der sog. Game Philosophy diskutiert, deren bedeutendster Vertreter Stefano Gualeni ist (Gualeni 2015, 2020). Einige philosophische Ansätze zu einer Lehr-Lern-Theorie mit einem hochschuldidaktischen Fokus liefert Jörg Noller, der insbesondere aus ontologischer Sicht die „Topologie" dieser neuen virtuellen Lehr- und Lernräume erforscht, die von „Transsubjektivität" geprägt sein werden (Noller 2021a, b, S. 53). Nollers voraussichtlich 2023 erscheinende Monografie unter dem Titel *Philosophie der Digitalität* könnte auch instruktiv für eine philosophiedidaktische Lehr-Lern-Theorie mit dem Fokus Schule sein. Insgesamt gibt es aktuell noch nicht genügend belastbare philosophiedidaktische Grundlagen, um eine halbwegs belastbare Lehr-Lern-Theorie zu formulieren. Entsprechend ist eine didaktische

Theorie der Digitalisierung im Fach derzeit auf eine Curriculumtheorie zurückgeworfen. Das ist auch nicht weiter tragisch, weil sich in der Digitalisierung, wie in jeder Bildungsreform, die curricularen Inhalte zuerst verändern. Erst danach wird sich eine Lehr-Lern-Theorie an den neuen Gegenständen konstituieren. Ich werde mich in diesem Buch ausschließlich damit befassen, *was* im Philosophieunterricht zur Digitalisierung explizit und implizit an Inhalten und Technologien unterrichtet werden kann. Die Frage *wie* Philosophieunterricht unter den Bedingungen der Digitalität stattfinden kann – das betrifft dann auch alle näheren methodischen Fragen des Unterrichts –, ist die Frage einer in Zukunft noch zu entwickelnden Lehr-Lern-Theorie.

Als zweite wichtige Konturierung möchte ich darauf verweisen, dass die folgenden Ausführungen nicht im Sinne irgendeines inhaltlichen Beitrags zur Fachphilosophie gedeutet werden können. Die hier rekonstruierten Lerngegenstände und Bildungsinhalte besitzen die Form eines immer bereits schon zusammengesetzten technologisch-pädagogisch-inhaltlichen Wissens im Sinne des TPACK-Modells aus der Professionsforschung (Koehler et al. 2013). Die Bildungsinhalte und Lerngegenstände in beiden Teilen des Buches werden von mir direkt am didaktischen Material entwickelt. Dabei ist immer schon ein pädagogisch-technologisch-fachliches Verständnis der verwendeten Texte von Platon bis zu Rosenberger vorausgesetzt. Das wird im Folgenden durchgängig dadurch gekennzeichnet, dass ich diese Texte in der Form von Unterrichtsmaterialien mit der Kennzeichnung „M" diskutiere und eben *nicht* als fachphilosophische Texte. Im ersten Teil ist es in keiner Weise mein Ziel, einen systematischen Beitrag zur Frage „Was ist Technologiekritik?" zu leisten oder einen historischen Beitrag zur Benjaminforschung. Im zweiten Teil des Bandes werden der Critical Contructivism und die Postphänomenologie als Schulen der heutigen Technikphilosophie ebenfalls nur mit einem Blick darauf vorgestellt, was hier an technologisch-inhaltlichem Wissen auch pädagogisch instruktiv sein kann. Die pädagogische Dimension in dem hier angelegten Wissensmodell muss auch den Reformkontext der Digitalisierung und hier auch die Bezüge zu den beiden noch nicht abgeschlossenen Reformen der Kompetenzorientierung und der Inklusion fassen. So ist das TPACK-Modell hier prinzipiell als gängiges Modell der Professionsforschung ein nachprüfbares Kompetenzmodell, Inklusionsaspekte sind Teil der pädagogischen Dimension dieses Wissens. Ich werde nun kurz darstellen, wie sich ein *fachdidaktisches Wissen nach diesem TPACK-Modell* zu den bisherigen Modellierungen in der Philosophiedidaktik, insbesondere zu Rohbecks *Transformationsmodell*, verhält. Es ist in der Fachdidaktik der Philosophie nämlich üblich, auch die konzeptionelle Arbeit der Rekonstruktion von Lerngegenstände auf der Grundlage fachphilosophisch und fachdidaktischen Wissens zu leisten und nicht auf der Grundlage eines zusammengesetzten und emergenten technologisch-pädagogisch-inhaltlichem Wissen, wie es das TPACK-Modell vorsieht.

Das TPACK-Modell ist die um technologisches Wissen erweiterte Modellierung des Lehrerwissens durch Shulman als „Paedagogical Content Knowledge" (PCK), das pädagogisch-inhaltliche Wissen (Shulman 1986, 1987).

So kommt das „T" über das technologische Wissen in die Abkürzung, das „A" in TPACK hat hingegen keine Bedeutung und dient nur der leichteren Aussprache (Koehler et al. 2013, S. 13). Bereits in Shulmans erstem Ansatz ist PCK nicht nur ein empiriebezogenes Wissenskonstrukt, sondern auch ein fachdidaktisches Emanzipationsprogramm. PCK ist dabei nicht nur eine Zusammensetzung aus pädagogischem und fachlichem Wissen, sondern emergiert erst aus dem Wissen um beide. Rainer Bromme schreibt:

> „‚Pedagogical content knowledge' wird dabei vor allem in den didaktischen Mitteln der Lehrer gesucht, der Art und Weise, wie sie den Stoff präsentieren und wie sie Schüleräußerungen und Schülervorkenntnisse im Unterricht berücksichtigen. Dazu gehören weiterhin die Auswahlkriterien für exemplarische Unterrichtsinhalte, Vereinfachungen komplexer Zusammenhänge und der Umgang mit didaktischen Materialien." (Bromme 1995, S. 106)

Shulman wandte sich mit dieser Definition gegen ein Verständnis der didaktischen Reduktion als bloßes Herunterbrechen auf Schulniveau und gegen ein diminutives Verständnis des Lehrerwissens überhaupt. „He who can, does. He who cannot, teaches" war das allgemeine Pejorativ des Lehrerwissens dieser Zeit, das durch den Literaten George Bernard Shaw schlagkräftig auf den Punkt gebracht wurde (Shulman 1986, S. 4). PCK war von Anfang an auch das Programm der Konstruktion und empirischen Erforschung eines Wissens, das gerade nicht addierbar aus pädagogischem und fachlichem Wissen war, sondern ein Wissensbestand im eigenen Recht. Dasselbe gilt für TPACK: „Technological Pedagogical Content Knowledge (TPACK) is an emergent form of knowledge that goes beyond all three ‚core' components" (Koehler et al. 2013, S. 16). In den Fachdidaktiken sind solche Wissensbestände reflexiv und lehrbar geworden.

In der Fachdidaktik Philosophie gab es zwar auch eine Emanzipation des fachdidaktischen Wissens, diese hat aber bisher nicht zur Idee von Wissensbeständen im eigenen Recht wie in PCK und TPACK geführt. Vor dem Hintergrund der marginalen Institutionalisierung der Fachdidaktik innerhalb der akademischen Philosophie entstanden drei Modelle, die das fachdidaktische Wissen sehr nah am fachlichen Wissen modellierten. Johannes Rohbeck beschrieb die Geschichte dieser Modelle und setzte sein eigenes sog. Transformationsmodell als neuen Schlussstein. Das erste von Rohbeck dargestellte Wissensmodell war die polemisch so genannte „Abbilddidaktik" (Rohbeck 2019, S. 53). Nach ihr benötigte die Fachphilosophie gar keine Didaktik, da sie selbst ihre Vermittlung immer schon enthalte, sie sei als Philosophie immer schon selbsterklärend und könne nicht weiter reduziert werden. Als Reaktion auf dieses Modell begreift Rohbeck das eher an historischen Formen der Philosophie, insbesondere der sokratischen Gesprächsführung, orientierte Modell der „Konstitutionsthese" der Philosophie durch die Didaktik bei Ekkehard Martens (Rohbeck 2019, S. 54). In diesem Modell war die Fachphilosophie immer selbst in Form eines Dialogs begriffen. Somit ist nach der Konstitutionsthese die Fachphilosophie selbst immer bereits didaktisch. Hier wird die Vermittlungsproblematik von Fachphilosophie und Fachdidaktik entsprechend von der anderen Seite unterlaufen; die

Philosophie ist immer bereits Didaktik, nicht umgekehrt. Mit Rohbecks eigenem Modell, der sog. *didaktischen Transformation,* wurden diese beiden Identitätsthesen verworfen. Fachdidaktik und Fachphilosophie sind seitdem als unterschiedliche Diskurse begriffen, die beide mit philosophischen Mitteln geführt werden. Aufgabe der Fachdidaktik ist dann nicht die Reduktion der Fachphilosophie auf ein didaktisch brauchbares Niveau im Sinne einer „Didaktischen Reduktion" oder „Elementarisierung" (Rohbeck 2019, S. 55), sondern die Transformation spezifischer Inhalte der Fachphilosophie. Das geschieht von der Expertise der Fachdidaktik aus. Sie soll einerseits zentrale Theorien der Fachphilosophie didaktisch umformen, andererseits randständige Philosopheme erst noch finden, die von besonderem didaktischem Interesse sind. Rohbecks Konzept strebt eine „Synthese von Philosophie und ihrer Didaktik" (Rohbeck 2019, S. 70) an, erreicht das aber dadurch, dass Fachdidaktiker:innen – hier sind sowohl fachdidaktisch Forschende als auch (angehende) Lehrende gemeint – in *beiden* Diskursen umfassend bewandert sein müssen. Dieses Modell stößt zusehends an seine Grenzen. Mit der weiteren Ausdifferenzierung der Fachphilosophie, der Umsetzung mehrerer Bildungsreformen, der Etablierung einer fachspezifischen empirischen Bildungsforschung und nun auch noch den technologischen Kenntnissen, die die Digitalisierung erfordert, sind die für das Lehramt in Philosophie nötigen Wissensbestände deutlich erweitert. Es ergeben sich neue Wissensbestände im eigenen Recht, etwa technologisch-fachliches Wissen durch die empirische Technologieforschung in der Philosophie wie sie Feenberg, Rosenberger oder Verbeek praktizieren oder technologisch-pädagogisches Wissen durch die empirische Technologieforschung im Kontext Schule. Den Fachdidaktiker:innen wird es auf lange Sicht nicht gelingen, allen Bezugskontexten in ihrem *jeweiligen* Recht gerecht zu werden, wie es Rohbeck noch vorsieht. So braucht es ein emergierendes genuin fachdidaktisches Wissen, das alle Komponenten – das fachliche Wissen, das pädagogische Wissen, das technologische Wissen und ihre Kombinate und Emergenzen – *im eigenen Recht* enthält. Der Rekonstruktion der Lerngegenstände in den folgenden beiden Buchteilen ist also das weitere TPACK-Modell des Professionswissens zugrunde gelegt.

Zu guter Letzt sei hier noch eine offene, erweiterte und freie Lesart dieses Buches nahegelegt. Dies ist ein didaktischer Band. So kann dieses Buch auch für ein weites Publikum von Interesse sein, das einfach etwas über Digitalisierung und über den wichtigen Kontext der Digitalisierung in Schule aus einer gegenwärtigen philosophischen, pädagogischen und technologischen Sicht erfahren will. Am Ende wird man sicher mehr Fragen als Antworten haben. Das war aber auch schon Bertrand Russells Verständnis dessen, was das Philosophieren wesentlich ausmacht. Nach der Analyse des Grundproblems, der Struktur Bildung – Philosophie – Digitalisierung in dieser Einleitung, folgt nun die eigentliche Arbeit der Curriculumtheorie, die Reform der beiden philosophiespezifischen Medienkompetenzen „Analysieren und Reflektieren" (MSB NRW 2018) in den beiden Teilen *Die Digitalisierung kritisch reflektierten* und *Digitale Technologien philosophisch analysieren.*

Literatur

van Ackeren, Isabell, et al. 2019. Digitalisierung in der Lehrerbildung. *Die Deutsche Schule (DDS)* 111:103–119.

Albus, Vanessa. 2014. Philosophieren mit Männern zwischen Küchenherd und Wochenbett. Wertekanon und Geschlechterstereotype im Philosophieunterricht. *Zeitschrift für Didaktik der Philosophie und Ethik* 36:14–18.

Autorengruppe Bildungsberichterstattung. 2020. *Bildung in Deutschland 2020. Ein indikatorengestützter Bericht mit einer Analyse zu Bildung in einer digitalisierten Welt*. Bielefeld: wbv.

Baacke, Dieter. 2013. *Medienpädagogik. Grundlagen der Medienkommunikation. Band 1*. Repr. 1997. Hrsg. Erich Straßner. Tübingen: Niemeyer.

Baecker, Dirk. 2018. *4.0 oder die Lücke die der Rechner lässt*. Leipzig: Merve-Verlag.

Behrendt, Hauke. 2020. Diskriminierung und das Kriterium der Gruppenzugehörigkeit. *Zeitschrift für Praktische Philosophie* 7(1):155–190.

Bellmann, Johannes. 2018. Selbstregulation im ständigen Abgleich von Sein und Sollen. Ansätze zu einer Theorie der Wirkungen und Nebenwirkungen datengetriebener Steuerung. In *Does „What works" work? Bildungspolitik, Bildungsadministration und Bildungsforschung im Dialog*, Hrsg. Kerstin Drossel und Birgit Eickelmann, 55–70. Münster: Waxmann.

Bellmann, Johannes, und Manfred Weiß. 2009. Risiken und Nebenwirkungen Neuer Steuerung im Schulsystem. Konzeptualisierung und Erklärungsmodelle. *Zeitschrift für Pädagogik* 55(2):286–308.

Berger, Wilhelm, und Jakob Huber. 1981. Einige Anmerkungen zum Verhältnis von Philosophie und technischen Medien. *Zeitschrift für Didaktik der Philosophie und Ethik* 3:16–18.

Berr, Karsten, und Jürgen. H. Franz. 2019. *Zukunft gestalten – Digitalisierung, Künstliche Intelligenz (KI) und Philosophie*. Berlin: Frank&Timme.

Blankertz, Herwig. 1969. *Theorien und Modelle der Didaktik*. München: Juventa.

Blesenkemper, Klaus. 2015. „Gerechtigkeit für alle!" – Inklusion als Thema im inklusiven Ethikunterricht. In *Inklusiver Fachunterricht in der Sekundarstufe*, Hrsg. Oliver Musenberg und Judith Riegert, 250–262. Stuttgart: Kohlhammer.

Blesenkemper, Klaus. 2017. Inklusive Bildung als besondere Chance für den philosophischen Unterricht?! *Zeitschrift für Didaktik der Philosophie und Ethik* 38(4):3–22.

Bradley, Joff. 2021. Bernard Stiegler, Philosopher of Reorientation. *Educational Philosophy and Theory* 53(4):323–326.

Bradley, Joff, und David Kennedy. 2020. Stiegler as Philosopher of Education. *Educational Philosophy and Theory* 52(4):332–336.

Bromme, Rainer. 1995. Was ist „pedagogical content knowledge"? Kritische Anmerkungen zu einem fruchtbaren Forschungsprogramm. In *Didaktik und/oder Curriculum. Grundprobleme einer international vergleichenden Didaktik. Zeitschrift für Pädagogik, Beiheft; 33*, 105–113. Weinheim [u. a.]: Beltz.

Bruns, Axel. 2006. Towards Produsage: Futures for User-Led Content Production. In *Proceeding of the 5th International Conference on Cultural Attitudes towards Technology and Communication*, Hrsg. Herbert Hrachovec, Fayt Sudweeks und Charles Ess, 275–284. Perth: School of Information Technology.

Budde, Jürgen, Julie A. Panagiotopoulou, und Tanja Sturm. 2020. Bildungspolitische Steuerung des erziehungswissenschaftlichen Diskurses zu schulischer Inklusion. In *Inklusionsforschung im Spannungsfeld von Erziehungswissenschaft und Bildungspolitik*, Hrsg. Jürgen Budde et al., 19–38. Opladen [u.a.]: Barbara Budrich.

Capurro, Rafael. 2017. *Homo Digitalis. Beiträge zur Ontologie, Anthropologie und Ethik der digitalen Technik*. Wiesbaden: Springer Fachmedien.

Castells, Manuel. 2017a. *Der Aufstieg der Netzwerkgesellschaft. Das Informationszeitalter. Wirtschaft, Gesellschaft, Kultur. Band 1*. Wiesbaden: Springer VS.

Castells, Manuel. 2017b. *Die Macht der Identität. Das Informationszeitalter. Wirtschaft, Gesellschaft, Kultur. Band 2*. Wiesbaden: Springer VS.
Castells, Manuel. 2017c. *Jahrtausendwende. Das Informationszeitalter. Wirtschaft, Gesellschaft, Kultur. Band 3*. Wiesbaden: Springer VS.
Döbeli Honegger, Beat. 2017. *Mehr als 0 und 1: Schule in einer digitalisierten Welt. 2. durchges. Auflage*. Bern: hep.
Eickelmann, Birgit, und Medienberatung NRW. 2020. Lehrkräfte in der digitalisierten Welt. Orientierungsrahmen für die Lehrerausbildung und Lehrerfortbildung in NRW. https://www.medienberatung.schulministerium.nrw.de/_Medienberatung-NRW/Publikationen/Lehrkraefte_Digitalisierte_Welt_2020.pdf. Zugegriffen: 7. Okt. 2020.
Eickelmann, Birgit, Wilfried Bos, und Amelie Labusch. 2019. Die Studie ICILs 2018 im Überblick. Zentrale Ergebnisse und mögliche Entwicklungsperspektiven. In *ICILS 2018 #Deutschland. Computer- und informationsbezogene Kompetenzen von Schülerinnen und Schülern im zweiten internationalen Vergleich und Kompetenzen im Bereich Computational Thinking*, Hrsg. Birgit Eickelmann et al., 7–31. Münster [u. a.]: Waxmann.
Engels, Hartmut. 1986. Frage. In *Handbuch des Philosophie-Unterrichts*, Hrsg. D. Wulff und Rehfus und Horst Becker, 392–394. Düsseldorf: Schwann.
Feenberg, Andrew. 2017a. A Critical Theory of Technology. In *The Handbook of Science and Technology Studies*, 4. Aufl., Hrsg. Ulrike Felt, Rayvon Fouché, Clark A. Miller und Laurel Smith-Doerr, 635–664. Cambridge, MA: MIT Press.
Feenberg, Andrew. 2017b. *Technosystem: The Social Life of Reason*. Cambridge, Mass. [u. a.]: Harvard University Press.
Feldmann, Klaus. 2019. Digitalisierung und philosophische Bildung. *Praefaktisch – Ein Philosophieblog*. https://www.praefaktisch.de/bildung/digitalisierung-und-philosophische-bildung/. Zugegriffen: 9. Mai 2020.
Floridi, Luciano. 2011. *The Philosophy of Information*. Oxford [u. a.]: Oxford University Press.
Floridi, Luciano. 2013a. *The Ethics of Information*. Oxford [u. a.]: Oxford University Press.
Floridi, Luciano. 2013b. What is A Philosophical Question? *Metaphilosophy* 44(3):195–221.
Floridi, Luciano. 2015. *Die 4. Revolution. Wie die Infosphäre unser Leben verändert. Aus dem Englischen von Axel Walter*. Berlin: Suhrkamp Verlag.
Floridi, Luciano. 2019. *The Logic of Information: A Theory of Philosophy as Conceptual Design*. Oxford [u. a.]: Oxford University Press.
Gefert, Christian, und Markus Tiedemann. 2012. Diskursive und präsentative Symbole. Eine Kneipendiskussion. *Zeitschrift für Didaktik der Philosophie und Ethik* 34(2):152–159.
Geiß, Paul Georg. 2017. *Fachdidaktik Philosophie. Kompetenzorientiertes Unterrichten und Prüfen in der gymnasialen Oberstufe*. Opladen [u. a.]: Verlag Barbara Budrich.
GFD. 2018. Fachliche Bildung in der digitalen Welt. Positionspapier der Gesellschaft für Fachdidaktik. https://www.fachdidaktik.org/wordpress/wp-content/uploads/2018/07/GFD-Positionspapier-Fachliche-Bildung-in-der-digitalen-Welt-2018-FINAL-HP-Version.pdf. Zugegriffen: 8. Mai 2020.
Golus, Kinga. 2017. Inklusion als Gegenstand des Forschenden Lernens im Praxissemester Philosophie – ein Beitrag zur Lehrerprofessionsforschung. *Zeitschrift für Didaktik der Philosophie und Ethik* 38(4):35–41.
Gualeni, Stefano. 2015. *Virtual Worlds as Philosophical Tools: How to Philosophize with a Digital Hammer*. Basingstoke, UK: Palgrave Macmillan.
Gualeni, Stefano. 2020. *Virtual Existentialism: Meaning and Subjectivity in Virtual Worlds*. Basingstoke, UK: Palgrave Pivot.
Hauck-Thum, Uta, und Jörg Noller. 2021a. *Was ist Digitalität? Philosophische und pädagogische Perspektiven*. Berlin: J.B. Metzler.
Hauck-Thum, Uta, und Jörg Noller. 2021b. Zur Einführung. In *Was ist Digitalität? Philosophische und pädagogische Perspektiven*, V–VII. Berlin: J.B. Metzler.

Heesen, Jessica. 2019. Medien- und Informationsethik. *Zeitschrift für Didaktik der Philosophie und Ethik* 40(1):69–74.

Heßbrüggen-Walter, Stefan. 2018. Philosophie als digitale Geisteswissenschaft Hrsg. Martin Huber und Sybille Krämer. *Wie Digitalität die Geisteswissenschaften verändert: Neue Forschungsgegenstände und Methoden. Sonderband der Zeitschrift für digitale Geisteswissenschaften* 3.

Hoffmann, Michael H. G. 2015. Changing Philosophy Through Technology: Complexity and Computer-Supported Collaborative Argument Mapping. *Philosophy & Technology* 28(2):167–188.

Hui, Yuk. 2016. *On the Existence of Digital Objects. Electronic Mediations*. Minnesota: University of Minnesota Press.

Klieme, Eckhard, und Detlev Leutner. 2006. Kompetenzmodelle zur Erfassung individueller Lernergebnisse und zur Bilanzierung von Bildungsprozessen. Beschreibung eines neu eingerichteten Schwerpunktprogramms der DFG. *Zeitschrift für Erziehungswissenschaft* 52(6):876–903.

KMK. 2017. *Strategie der Kultusministerkonferenz „Bildung in der digitalen Welt". Beschluss der Kultusministerkonferenz vom 08.12.2016 in der Fassung vom 07.12.2017*. https://www.kmk.org/fileadmin/Dateien/pdf/PresseUndAktuelles/2018/Digitalstrategie_2017_mit_Weiterbildung.pdf. Zugegriffen: 9. Aug. 2021.

KMK. 2019a. *Ländergemeinsame inhaltliche Anforderungen für die Fachwissenschaften und Fachdidaktiken in der Lehrerbildung (Beschluss der Kultusministerkonferenz vom 16.10.2008 i. d. F. vom 16.05.2019a)*. Berlin. https://www.kmk.org/fileadmin/veroeffentlichungen_beschluesse/2008/2008_10_16-Fachprofile-Lehrerbildung.pdf.

KMK. 2019b. *Standards für die Lehrerbildung: Bildungswissenschaften. Beschluss der Kultusministerkonferenz vom 16.12.2004 i. d. F. vom 16.05.2019b*. Berlin. https://www.kmk.org/fileadmin/veroeffentlichungen_beschluesse/2004/2004_12_16-Standards-Lehrerbildung-Bildungswissenschaften.pdf.

Koehler, Matthew J., und Punya Mishra. 2009. What is Technological Pedagogical Content Knowledge? *Contemporary Issues in Technology and Teacher Education* 9(1):60–70.

Koehler, Matthew J., Punya Mishra, und William Cain. 2013. What is Technological Pedagogical Content Knowledge (TPACK)? *Journal of Education* 193(3):13–19.

Krommer, Axel. 2019a. Philosophiedidaktik und digitale Medien. Eine kritische Bestandsaufnahme. *Ethik & Unterricht* 30(1):4–7.

Krommer, Axel. 2019b. Wider den Mehrwert! Argumente gegen einen überflüssigen Begriff. In *Routenplaner #DigitaleBildung. Auf dem Weg zu zeitgemäßem Lernen. Eine Orientierungshilfe im digitalen Wandel*, Hrsg. Axel Krommer, Dejan Mihajlovic, Jöran Muuß-Merholz, Martin Lindner und Philippe Wampfler, 115–123. Hamburg: ZLL21.

Krommer, Axel. 2021. Mediale Paradigmen, palliative Didaktik und die Kultur der Digitalität. In *Was ist Digitalität? Philosophische und pädagogische Perspektiven*, Hrsg. Uta Hauck-Thum und Jörg Noller, 57–72. Berlin: J.B. Metzler.

Landesregierung Nordrhein-Westfalen. 2016. *Lernen im Digitalen Wandel. Unser Leitbild 2020 für Bildung in Zeiten der Digitalisierung*. https://www.land.nrw/sites/default/files/asset/document/leitbild_lernen_im_digitalen_wandel.pdf. Zugegriffen: 20. Jan. 2021.

Lauer, Gerhard. 2020. *Lesen im digitalen Zeitalter*. Darmstadt: Wiss. Buchges.

Lewin, David. 2016. The Pharmakon of Educational Technology: The Disruptive Power of Attention in Education. *Studies in Philosophy and Education* 35(3):251–265.

Lundie, David. 2016. Authority, Autonomy and Automation: The Irreducibility of Pedagogy to Information Transactions. *Studies in Philosophy and Education* 35(3):279–291.

Maisenhölder, Patrick. 2018. Philosophieren lernen mit digitalen Spielen. Die Nutzung digitaler Spiele zur Vermittlung philosophisch-ethischer Inhalte und Kompetenzen am Beispiel des Kontraktualismus und Minecraft. In: *Digitale Spiele im Diskurs*. Hrsg. Thorsten

Junge und Claudia Schumacher. 1–36. https://ub-deposit.fernuni-hagen.de/receive/mir_mods_00001392.

Maisenhölder, Patrick. 2019. Goal reached! Die Übernahme von Quantifizierungs- und Belohnungssystemen digitaler Spiele in Nichtspielkontexte. In *Die Zukunft im Spiel. Wie Spielen unsere Welt verändert*, Hrsg. Christian Klager, 141–162. Göttingen: Cuvillier Verlag.

Mergel, Ines, Noella Edelmann, und Nathalie Haug. 2019. Defining Digital Transformation: Results From Expert Interviews. *Government Information Quarterly* 36(4):101385.

MSB NRW. 2008. *Kernlehrplan Sekundarstufe I in Nordrhein-Westfalen. Praktische Philosophie*. Düsseldorf: Ritterbach.

MSB NRW. 2018. Medienkompetenzrahmen NRW. https://medienkompetenzrahmen.nrw/. Zugegriffen: 9. Aug. 2021.

MSB NRW. 2021. *Kerncurriculum für die Lehrerausbildung im Vorbereitungsdienst Verbindliche Zielvorgabe der schulpraktischen Lehrerausbildung in Nordrhein-Westfalen*. Düsseldorf. https://www.schulministerium.nrw/system/files/media/document/file/Kerncurriculum_Vorbereitungsdienst.pdf.

Munzinger, Paul. 2020. An der Digitalkompetenz mangelt's. *Süddeutsche Zeitung*, 23. Juni https://www.sueddeutsche.de/bildung/bildungsbericht-digitalisierung-schule-1.4945079.

Nassehi, Armin. 2019. *Muster. Theorie der digitalen Gesellschaft*. München: C. H. Beck.

Noller, Jörg. 2021. Philosophie der Digitalität. In *Was ist Digitalität? Philosophische und pädagogische Perspektiven*, Hrsg. Uta Hauck-Thum und Jörg Noller, 39–54. Berlin: J.B. Metzler.

Nordhofen, Eckard. 1981. Armut und Reichtum. Ein Vorschlag zur Spracherweiterung in didaktischer Absicht. *Zeitschrift für Didaktik der Philosophie und Ethik* 3(1):6–13.

Pettersson, Fanny. 2021. Understanding Digitalization and Educational Change in School by Means of Activity Theory and the Levels of Learning Concept. *Education and Information Technologies* 26(1):187–204.

Pfister, Jonas. 2020. *Kritisches Denken*. Ditzingen: Reclam.

Pinch, Trevor J., und Wiebe E. Bijker. 2020. Die soziale Konstruktion von Fakten und Artefakten, oder: Wie Wissenschafts- und Techniksoziologie voneinander profitieren können. In *Science and Technology Studies. Klassische Positionen und aktuelle Perspektiven*, Hrsg. Susanne Bauer, Torsten Heinemann, und Thomas Lemke, 123–169. Frankfurt a. M.: Suhrkamp.

QUA-LIS NRW. 2019. Integration der Ziele des Medienkompetenzrahmens NRW (MKR) in die Kernlehrpläne für die Sekundarstufe I des Gymnasiums. Übersicht nach Fächern geordnet. Stand: Online-Fassung Inkraftsetzung, 23.06.2019. https://www.schulentwicklung.nrw.de/lehrplaene/upload/klp_SI/GY19/KLP_SI_MKR_Formulierungen_finalb_docx.pdf. Zugegriffen: 7. Juli 2020.

Quante, Michael, Silvia Wiedebusch, und Heidrun Wulfekühler. 2018. *Ethische Dimensionen Inklusiver Bildung*. Weinheim: Beltz.

Rath, Matthias, und Gudrun Marci-Boehncke. 2019. Philosophieunterricht unter den Bedingungen der digital-medialisierten Welt. *Zeitschrift für Didaktik der Philosophie und Ethik* 40(1):6–15.

Roellecke, Gerd. 2006. Medienethik. *Zeitschrift für Didaktik der Philosophie und Ethik* 27(3):181–186.

Rohbeck, Johannes. 2019. Der transformative Ansatz. In *Moderne Philosophiedidaktik – Basistexte*, Hrsg. Jörg Peters und Martina Peters, 53–70. Hamburg: Meiner.

Rösch, Anita, und Thilo Rösch. 2019. *Automatisierung und Digitalisierung. Ethische Problemfelder*. Magdeburg: Militzke.

Rosenberger, Robert, und Peter-Paul Verbeek. 2015. A Field Guide to Postphenomenology. In *Postphenomenological Investigations: Essays on Human–Technology Relations*, Hrsg. Robert Rosenberger und Peter-Paul Verbeek, 9–42. Lanham, Md.: Lexington Books.

Russell, Bertrand. 1912. *The Problems of Philosophy*. London: Thornton Butterworth.

Sanders, Olaf. 2020. Medium. In *Handbuch Bildungs- und Erziehungsphilosophie*, Hrsg. Gabriele Weiß und Jörg Zirfas, 561–571. Wiesbaden: Springer Fachmedien.

Schmidt, Donat. 2008. Nicht mehr zu Fuß. *Zeitschrift für Didaktik der Philosophie und Ethik* 29(2):103–115.
Schmidt, Donat, und Mandy Schütze. 2015. Digitale Medien im philosophischen Unterricht. In *Handbuch Philosophie und Ethik: Bd. 1: Didaktik und Methodik*, Hrsg. Julian Nida-Rümelin, Irina Spiegel, und Markus Tiedemann, 300–308. Paderborn: Schöningh/utb.
Schmoll, Heike. 2020. Der digitale Lernerfolg hängt vom Lehrer ab. *Frankfurter Allgemeine Zeitung*, Juni 23 https://www.faz.net/2.1652/bildungsbericht-der-digitale-lernerfolg-haengt-vom-lehrer-ab-16828286.html.
Schulz, Lea. 2021. Diklusive Schulentwicklung: Erfahrungen und Erkenntnisse der digital-inklusiven Multiplikatorinnen- und Multiplikatorenausbildung in Schleswig-Holstein. *MedienPädagogik: Zeitschrift für Theorie und Praxis der Medienbildung* 41:32–54.
Schütze, Mandy. 2016. Digitale Medien. In *Neues Handbuch des Philosophie-Unterrichts*, Hrsg. Peter Zimmermann und Jonas Pfister, 353–374. Bern: Haupt.
Shulman, Lee S. 1986. Those Who Understand: Knowledge Growth in Teaching. *Educational Researcher* 15(2):4–14.
Shulman, Lee S. 1987. Knwolege and Teaching: Foundations of the New Reform. *Harvard Educational Review* 57(1):1–22.
Stalder, Felix. 2016. *Kultur der Digitalität*. Frankfurt a. M.: Suhrkamp.
Stalder, Felix. 2021. Was ist Digitalität? In *Was ist Digitalität? Philosophische und pädagogische Perspektiven*, Hrsg. Uta Hauck-Thum und Jörg Noller, 3–7. Berlin: J.B. Metzler.
Stojanov, Krassimir. 2017. Was kann Bildungsphilosophie leisten? In *Bildungsphilosophie: Disziplin – Gegenstandsbereich – Politische Bedeutung*, Hrsg. Michael Spieker und Krassimir Stojanov, 51–64. Baden-Baden: Nomos.
Thein, Christian. 2014. Ist Geschlecht Kultur oder Natur? – Die Gender-Debatte als anthropologisches Thema im Philosophie- und Ethikunterricht. *Zeitschrift für Didaktik der Philosophie und Ethik* 35(3):27–39.
Thein, Christian. 2019. Präkonzepte und Gründe im lebensweltorientierten Philosophieunterricht – Zur Relevanz der Gegenwartsphilosophie für die fachdidaktische Grundbildung. In *Was ist eine gute Lehrerausbildung im Fach Philosophie?*, Hrsg. René Torkler, 1–20. Wiesbaden: VS Verlag.
Thein, Christian. 2020. *Verstehen und Urteilen im Philosophieunterricht*. Zweite erweiterte Auflage. Opladen [u.a.]: Barbara Budrich.
Thiel, Thorsten. 2021. *Digitale Gesellschaft zur Einführung*. Hamburg: Junius.
Tichy, Matthias. 2008. Mediennutzung, Medienkompetenz und Philosophieunterricht. Versuch einer Klärung aus unterrichtspraktischer Sicht. *Zeitschrift für Didaktik der Philosophie und Ethik* 29(2):90–102.
Tichy, Matthias. 2015. Anschaulichkeit und Abstraktion. In *Handbuch Philosophie und Ethik. Band 1: Didaktik und Methodik*, Hrsg. Markus Tiedemann, Irina Spiegel, und Julian Nida-Rümelin, 95–104. Paderborn: Schöningh.
Urbansky, Eva. 2021. Kann KI als menschlich betrachtet werden? *Ethik und Unterricht* 31(2):46–49.
Vazirani, Gaurav. 2022. Wireless Philosophy. https://www.wi-phi.com/about-us/. Zugegriffen: 20. Febr. 2022.
Vertesi, Janet, David Ribes, Laura Forlano, Yanni Loukissas, und Marisa Leavitt Cohn. 2017. Engaging, Designing, and Making Digital Systems. In *The Handbook of Science and Technology Studies*, Hrsg. Ulrike Felt, Rayvon Fouché, Clark A. Miller und Laurel Smith-Doerr, 169–194. Cambridge, MA: MIT Press.
Zhao, Man, Han-Teng Liao, und Si-Pan Sun. 2020. An Education Literature Review on Digitization, Digitalization, Datafication, and Digital Transformation. In *Proceedings of the 6th International Conference on Humanities and Social Science Research (ICHSSR 2020)*, 301–305. Atlantis Press.
Zimmermann, Monika, und Hubertus Stelzer. 2021. Roboter in der Pflege. Und wo bleibt der Mensch? *Ethik und Unterricht* 31(2):30–35.

Teil I
Die Digitalisierung kritisch reflektieren

Probleme bisheriger Digitalisierungskritik im Philosophieunterricht

2

Zusammenfassung

Bisher wurde im Unterricht von den zu kritisierenden Phänomenen der Digitalisierung ausgegangen, oft wurden dann hieraus direkt praktische Konsequenzen gezogen. Solch ein Unterricht gerät in eine Aktualitätsfalle; die Phänomene sind schnell nicht mehr für Lernende relevant, ihre digitalen Praxen ändern sich. Außerdem wurde bisher im Unterricht zur Digitalisierung der Modus der Kritik nicht offengelegt. Erst indem die Standardmodelle philosophischer Digitalisierungskritik im Unterricht explizit behandelt werden, können Lernende selbst Digitalisierung kritisieren und bestehende Digitalisierungskritik hinterfragen. Philosophiebezogene Digitalisierungskritik ist dabei in der Lebenswelt der Lernenden allgegenwärtig, sie muss deshalb nicht erst durch die Philosophie entwickelt werden. Sie liegt aber in unklarer Form vor und muss auf die typischen philosophischen Modelle zurückgeführt werden, damit sie didaktisch sinnvoll im Unterricht stattfinden können.

Schlagwörter

Lernen · Digitalisierung · Lebenswelt · Phänomen · Kritik

Der erste Imperativ an den Philosophieunterricht in der Digitalisierung ist der Imperativ der Kritik. Ich hatte bereits in der Einleitung herausgestellt, wie die politischen Vorgaben, die Arbeitsteilung unter den Fachdidaktiken und die bisherigen Beiträge im philosophiedidaktischen Diskurs alle in die Richtung von Digitalisierungskritik als Aufgabe der Philosophie im Unterricht weisen. So sprechen die KMK-Standards von der Fähigkeit von Philosophielehrkräften, „Möglichkeiten und Grenzen der Digitalisierung kritisch zu reflektieren" (KMK

2019, S. 47), die GFD sieht die „Kritikfähigkeit über digitale Medien" (GFD 2018, S. 3) als wichtiges Ziel personaler Bildung, das auch im Fach Philosophie angestrebt werden kann, und der Philosophiedidaktiker Klaus Feldmann schreibt: „Insgesamt stellt der zentrale Beitrag philosophischer Bildung eine kritische Außenperspektive auf die digitale Welt dar" (Feldmann 2019). So klar Digitalisierungskritik ein Ziel des Unterrichts ist, so unklar ist derzeit die Form, in der diese Kritik stattfinden soll. Im Fach Philosophie gibt es generell eine Vielzahl kritischer Verfahrensweisen. Christian Thein nennt diese sechs, mit denen die Liste wohl noch nicht abgeschlossen ist: „a) die Analyse von Denk-, Sprech- und Urteilsakten; b) die Analyse und Kritik von (philosophischen) Texten; c) die kritische Reflexion von Vorurteilen, Meinungen und Emotionen; d) die Bewertung und Beurteilung von Strukturen, Einstellungen, Ereignissen und Handlungen; e) die Reflexion der Beurteilungsnormen, die der kritischen Haltung zugrunde liegen; f) Kritik als Problematisierung und Distanzierung von Normen und Werten" (Thein 2020, S. 117). All diese kritischen Verfahrensweisen können in einem Unterricht zur Digitalisierung ihren Platz haben. Wenn man allerdings die relationale Struktur von Digitalisierung und Kritik näher analysiert, dann kann man sehr viel deutlicher festmachen, wie genau Digitalisierungskritik im Unterricht stattfinden kann. Nach Theins Taxonomie der Kritikformen lässt sich das dann so formulieren: die Beurteilung der Struktur der Digitalisierung (d) vor dem Hintergrund der in der Gesellschaft verbreiteten Kritikkonzepte (c) mit Hilfe philosophischer Texte (b), die klare Formen jener verbreiteten Modelle der Digitalisierungskritik bereitstellen (a), und die ihrerseits wiederum auf einer metareflexiven Ebene zu kritisieren sind (e). Die dabei zu Grunde liegenden auch landläufig verbreiteten Modelle nenne ich die *Standardmodelle philosophischer Digitalisierungskritik.* Ziel dieses Buchteils ist es, erstens eine Heuristik dessen herauszuarbeiten, was wir meinen, wenn wir heute von Digitalisierungskritik im Bildungskontext sprechen, um eben diese Modelle überhaupt finden zu können, und zweitens mit Hilfe dieser Heuristik jene Standardmodelle philosophischer Digitalisierungskritik für den Philosophieunterricht aus den lebensweltlichen Bezügen der Lernenden herauszuarbeiten. Dieses Vorgehen trägt dem Fakt Rechnung, dass Digitalisierungskritik eine einfache soziale Praxis ist, die in den digitalen Medien selbst abläuft. Und es trägt dem Fakt Rechnung, dass es eine lange Tradition philosophischer Medien- und Technologiekritik gibt, hinter die man im Unterricht nicht zurückfallen kann, weil sie den Lernenden allemal begegnen wird. Die Modelle der philosophischen Kritik spiegeln sich in der Digitalisierungskritik ihrer Lebenswelt.

In diesem Teil des Buches werde ich also zunächst eine Heuristik der Digitalisierungskritik im Philosophieunterricht entwickeln. Ich werde bestimmen, was philosophische Digitalisierungskritik heute in der Lebenswelt von Lernenden sein kann (Kap. 3) und wie sie vor dem Hintergrund der relevanten soziologischen Bezugstheorien, der Kritischen Theorie und der strukturfunktionalistischen Sicht, verstanden werden kann (Kap. 4). Dann werde ich die wesentlichen Modelle philosophischer Digitalisierungskritik vorstellen, die sich in der Lebenswelt der Lernenden finden lassen. Das sind im Kern jene Modelle, die sich auf den Mythos von Theuth und Thamus in Platons *Phaidros* zurückbeziehen lassen (Kap. 5) und eine Reihe von Modellen, die auf einen offenen Marxismus rekurrieren (Kap. 6). Im letzten Kapitel dieses ersten Teils stelle ich dann das sozial- und kulturkritische Modell, das auf Walter Benjamins Philosophie beruht, im Detail und mit einigen Beispielen vor (Kap. 7). Durchgängig stelle ich zentrale Texte aus der philosophischen Tradition als Materialien für den Unterricht zur Digitalisierungskritik zur Verfügung und zeige an ihnen die jeweiligen Modelle der Kritik. Bevor ich nun diesen Gang der Argumentation aufnehme, möchte ich darstellen, wie bisher Digitalisierungskritik in den curricularen Entwürfen der Philosophiedidaktik gedacht war und warum es sinnvoll ist, einen anderen Weg einzuschlagen; eben den Weg über die *Standardmodelle philosophischer Digitalisierungskritik*.

Bisher wird in curricularen Entwürfen zur Digitalisierungskritik stets von *den zu kritisierenden Phänomenen der Digitalisierung* ausgegangen, nicht aber von der in der Lebenswelt schon existierenden Digitalisierungskritik. Eine solche Kritik von Phänomenen gibt es *ohne* und *mit* Bezug zu philosophischen Texten. In einer ganzen Reihe curricularer Konzeptionen, insbesondere für die Fächergruppe Philosophie in der Sekundarstufe I, werden als problematisch identifizierte Technologien der Digitalisierung *ohne* Bezug in die Philosophie zur Diskussion gestellt. So hat etwa Anita Rösch einen Entwurf zur Digitalisierungskritik an Emojis vorgestellt, in dem der Zeichencharakter der Emotionsbildsprache und die politische Frage nach dem Hidschāb-Emoji diskutiert wird (Rösch 2018). Nina Köberer schlug vor, das Phänomen des „Haulings", die Produktion „kleiner Videos von ihren Einkaufserlebnissen" durch Jugendliche, zur Digitalisierungskritik im Unterricht zu nutzen, indem man „konkret mit Videobeiträgen von Influencern" arbeitet (Köberer 2019, S. 78 und 81). Alternativ hierzu gibt es curriculare Entwürfe zur Digitalisierungskritik, die ebenfalls von einem vermeintlich problematischen technologischen Phänomen ausgehen, dann aber die Brücke zu einem philosophischen Inhalt, einem Philosophem, schlagen. Eine ganze Reihe solcher Digitalisierungskritik *mit* Philosophemen hat Markus Pfeifer in seinen Unterrichtsentwürfen vorgestellt, so verbindet er etwa das Datenschutzproblem der Digitalisierung mit Otfried Höffes Rechtsphilosophie (Pfeifer 2018b, S. 43), die Partizipationsprobleme in digitalen Netzwerken mit Benjamin Barbers Konzept der Starken Demokratie (Pfeifer 2018b, S. 46) und die haptischen Möglichkeiten des iPhone mit der Philosophie des Geistes bei David Chalmers (Pfeifer 2016, S. 51). Beide Wege, der Weg *ohne* und der Weg *mit* Bezug zu Philosophemen gehen aber stets von der *Problematisierung eines Phänomens der Digitalisierung* aus. Dieser Zugang zur Digitalisierungskritik hat zwei didaktische Probleme, ein praktisches und ein theoretisches.

Das praktische Problem des Zugangs über Phänomene der Digitalisierung möchte ich die *Aktualitätsfalle* nennen. Zunächst macht gerade die vermeintliche Aktualität den curricularen Entwurf besonders attraktiv, es ist aber schwer durchschaubar, welche Bedeutung das Phänomen in der Lebenswelt der Lernenden tatsächlich hat und wie lange problematische Trends anhalten. Die Digitalisierungskritik in der Philosophiedidaktik besteht so auch zu einem nicht unerheblichen Teil aus Luftschlössern. Zum Paradebeispiel hierfür ist die

Kritik an „Second Life" geworden, einem Online-RPG, das deutlich mehr von Didaktiker:innen diskutiert als tatsächlich gespielt wurde. Die didaktische Kritik an „Second Life" vor dem Hintergrund der Gefahr des Abdriftens in virtuelle Welten, fand sich noch 2016 in der bekannten Einführung in die Philosophiedidaktik von Barbara Brüning (Brüning 2016, S. 165), wurde dann aber in der 2017er Auflage entfernt (Krommer 2019). Unbesehen davon findet sich „Second Life" immer noch als Beispiel für Computerspiele im Philosophieunterricht, etwa auch in der erst in 2020 grundlegend überarbeiteten Neuauflage eines bekannten Schulbuchs für Praktische Philosophie (Peters et al. 2020, S. 204). Ist diese Aktualitätsfalle zu vermeiden? Es ist zumindest nicht völlig unvorhersehbar, wie sich die Phänomene der Digitalisierung entwickeln werden. Tim Berners-Lee schlug im März 1989 am Kernforschungszentrum CERN in der Schweiz in einem ersten Konzeptpapier die Entwicklung einer „large hypertext database with typed links" vor (Berners-Lee und Fischetti 1999, S. 21). Aus diesem Konzept hat sich das World-Wide-Web entwickelt, wie wir es heute kennen, aber auch schon Berners-Lee´s Proposal baute auf Forschung auf, die bis in die 50er Jahre zurückreichte. Der Visionär Berners-Lee hat auch die gegenwärtige Strukturveränderung des Internets zum sog. *semantic web,* in dem Programme – einfach gesprochen – aus Daten Sinn machen können, schon um die Jahrtausendwende vorhergesagt (vgl.: Berners-Lee et al. 2001). Aktuell beschäftigt er sich am MIT mit der Dezentralisierung des Web, womöglich wird das der nächste Trend. Eine Prophetik des Digitalen, wie sie Berners-Lee immer wieder geleistet hat, ist aber für eine prospektive Digitalisierungskritik im Unterricht nicht zu verwenden. Die Kritik am Next-Big-Thing ist in Fachkreisen möglich, aber nicht in der Breite der Bildungslandschaft, in der sich Kritik auf aktuelle Technologien in der Lebenswelt der Lernenden richten muss. Die Aktualitätsfalle der Digitalisierungskritik ist dann aber für die technisch Versierten besonders offensichtlich, die schon im Moment des Entwurfs wissen, dass es die vermeintlich problematische Technologie sowieso bald nicht mehr in dieser Form geben wird.

Das theoretische Problem gegenwärtiger Digitalisierungskritik im Philosophieunterricht ist nicht so offensichtlich wie das gerade diskutierte praktische Problem, dabei ist es viel größer. Ich nenne dieses Problem den *fehlenden Modus der Kritik.* In den bisherigen didaktischen Entwürfen wird oft nur explizit gemacht, *was* kritisiert wird und nicht *wie.* Schüler:innen erlernen so den *Gegenstand* der Kritik, nicht aber den *Modus* der Kritik. Anita Rösch beginnt ihren Artikel zu den Emojis etwa mit der Feststellung: „Soziale Interaktion verlagert sich immer mehr von einer Face-to-face-Kommunikation zu medial vermittelter Kommunikation" (Rösch 2018, S. 18). Die Schüler:innen lernen so, *dass* Emojis vor diesem Hintergrund philosophisch zu kritisieren sind, aber sie lernen nicht *wie.* Auch wird gar nicht explizit gemacht, *wie* diese deskriptive Aussage überhaupt zustande gekommen ist. Noch offensichtlicher ist der Unterschied zwischen dem Gegenstand und dem Modus der Kritik, wenn die Quelle der Digitalisierungskritik tatsächlich genannt wird. Markus Pfeifer kritisiert in seinem Entwurf die sozialen Netzwerke als „eine lockere Verbindung isoliert bleibender Individuen"; er fährt fort: „Daraus erwächst die Gefahr weiterer Konflikte und zudem auch das Bedürfnis, sich wieder heimisch fühlen zu können, wieder eine Identität zu haben. Jürgen Wiebicke erkennt darin die Ursache für das Aufkeimen der Rechten und Nationalisten" (Pfeifer 2018b, S. 41). Pfeifer bezieht diese Kritik also von dem Philosophiejournalisten Wiebicke und die Lernenden erhalten in einer Arbeitsphase dann auch einen Text dieses Autors. Aus diesem Text arbeiten sie aber dann direkt Handlungsempfehlungen heraus, „inwiefern durch die Aufwertung der Stadt bzw. des Dorfes die Demokratie gestärkt werden kann" (Pfeifer 2018a, S. 44). *Wie* Wiebicke die Digitalisierung kritisiert, also der *Modus* dieser Kritik, kommt zwar im Originaltext durchaus vor, nicht aber im didaktischen Entwurf. Schüler:innen lernen so gar nicht die geforderte „Kritikfähigkeit über digitale Medien" (GFD 2018, S. 3); sie lernen nur, was aktuell gerade kritisiert wird und was man daraus für die persönliche Lebensführung folgern sollte. Sie lernen nicht, wie man kritisieren kann, und auch nicht, Digitalisierungskritik zu prüfen. Ein weiteres Folgeproblem des *fehlenden Modus der Kritik* ist es, dass Lernende kein Verständnis dafür entwickeln, dass ein und dasselbe digitale Phänomen unterschiedlich interpretiert wird. Für Felix Stalder etwa zeigt sich im Politischen in der Digitalität nicht nur, wie in dem Wiebicke-Ausschnitt, die Tendenz zu neuen Formen der „Postdemokratie", sondern auch „zu den Commons zu einer Erneuerung der Demokratie" (Stalder 2016, S. 280), so dass eine Rückbesinnung auf die analoge Agora der Stadtgemeinde wie bei Wiebicke (vgl.: Wiebicke 2017, S. 31–42) für Stalder gar nicht sinnvoll und auch nicht möglich ist. Stalder bedient sich eines ganz anderen Modells der Digitalisierungskritik, als Wiebicke es tut, und einer strukturfunktionalistischen Hintergrundtheorie.

Eine Digitalisierungskritik an den Phänomenen, wie bisher in der Didaktik üblich, kann natürlich im Nachgang noch auf die Kritikform von Texten wie Wiebickes *Zehn Regeln für Demokratie-Retter* zu sprechen kommen, dann ist diese Kritik im Unterricht aber zumindest ein Umweg. Ich werde im Folgenden zeigen, wie Digitalisierungskritik, die uns heute in der Lebenswelt – und das meint: auch in den digitalen Medien selbst – begegnet, auf bestimmte *Standardmodelle philosophischer Digitalisierungskritik* zurückzuführen ist. Erst auf Grundlage dieser meist impliziten Modelle können Kritiker:innen Phänomene wie Emojis, Haul-Videos oder soziale Netzwerke überhaupt als ein Problem identifizieren. Die Standardmodelle lassen sich direkt und ohne Umweg über die Phänomene im Unterricht behandeln. Die einzelnen Phänomene der Digitalisierung sind dann nur Beispiele, die sich mit der Zeit auch ändern können. So wird auch die Aktualitätsfalle umgangen.

Digitalisierungskritik in der Lebenswelt der Lernenden heute ist wesentlich *philosophische Kritik*, sie findet immer vor dem Hintergrund einer Geschichte der Medien- und Technologiekritik statt, die mit den Mitteln der Philosophie bestritten wurde. Jede auch noch so profane Digitalisierungskritik steht deshalb auf den Schultern von Riesen. Diese Riesen heißen Platon, Marx oder Benjamin. Man kann Bände über jeden Einzelnen von ihnen schreiben – das ist hier aber weder Ausgangspunkt noch Ziel. Ich werde Modelle der Digitalisierungskritik aufzeigen, die in der Lebenswelt der Schüler:innen relevant sind. Damit meine ich einerseits die phänomenale Lebenswelt Husserls als auch die durch kommunikatives

Handeln konstituierte Lebenswelt Habermas' in der Form, wie Christian Thein den Begriff der Lebenswelt zum Ausgangspunkt der Problemorientierung im Unterricht gemacht hat. Es ist gerade die Erweiterung des Lebensweltkonzepts durch Habermas über das sinnliche Erleben hinaus, das die „Problematisierung von artikulierbaren Geltungsansprüchen in sozialen Kontexten" ermöglicht (Thein 2020, S. 44). Solche Geltungsansprüche werden in Digitalisierungskritik verhandelt; sie strukturieren die digitale Lebenswelt selbst, indem sie bis zu einem gewissen Grad vorgeben, ob und wie Taktiken der Entnetzung, neue Formen der Arbeit oder kulturelle Praktiken, wie Hauling oder das Versenden von Emojis, in der Digitalisierung zu rechtfertigen sind. Tatsächlich kann man in dieser Struktur der digitalisierten Lebenswelt das finden, was Thein in Bezug auf Christoph Menke einen „protodiskursiven Zugang in das philosophische Feld" nennt (Thein 2020, S. 45 f.). In diesem Fall sind es aber nicht nur die argumentativ-logischen Strukturen, sondern auch deskriptive und normative Gehalte, die jene Modelle der Digitalisierungskritik durch die Lebenswelt an die Philosophie zurückbinden. Digitalisierung wird in der Lebenswelt immer bereits philosophisch kritisiert. Damit ist aber nicht gesagt, dass jedes dieser Modelle gleich gut Geltung beanspruchen kann.

Ich folge hier also ausgehend von den praktischen und theoretischen Problemen der gängigen Digitalisierungskritik im Unterricht in einer allerersten Heuristik einer einfachen, pragmatischen Definition dessen, was Digitalisierungskritik ist*: Digitalisierungskritik ist das, was Menschen tun, wenn sie Digitalisierung kritisieren.* Ich werde im Folgenden zeigen, dass Digitalisierungskritik als soziale Praxis immer Teil eines Konflikts ist, sie richtet sich an Menschen, die anders handeln, anders denken und die Welt anders sehen sollen. Das werde ich im folgenden Kapitel näher ausführen. Die Thematisierung von Digitalisierungskritik ist bedeutend, weil Schüler:innen sich in diesen Konflikten verorten müssen, wie wir alle. Insofern ist Digitalisierungskritik heute selbstverständlich Teil dessen, was Ekkehard Martens mit der „Kulturtechnik" der Philosophie umschreibt (Martens 2015). Wie alle Technik hat aber auch die Philosophie ihre Spuren hinterlassen. Damit muss die Lebenswelt, die in der Philosophiedidaktik für gewöhnlich als ein Bestand von philosophischen Problemen gefasst wird, auch als ein Bestand von philosophiebezogenen *Lösungsansätzen* begriffen werden. Markus Tiedemann hat eine instruktive Analogie für das gängige Vorgehen einer pragmatischen, problemorientierten Philosophiedidaktik: „Das Problem ist der Urgrund aller wissenschaftlichen Forschung und seine sprachliche Gestalt ist die Frage. Die Idee der Kleidung wurde aus dem Problem der Kälte geboren. Es handelt sich um die Frage: Wie beenden wir das Frieren?" (Tiedemann 2013, S. 86). In ähnlicher Weise wie die hier von Tiedemann veranschlagte Naturwissenschaft beschäftige sich auch die Philosophie im Unterricht mit den Problemen unserer Gegenwart, für die es aber keine „finale, allgemeingültige Lösung" (Tiedemann 2013, S. 89) mehr geben kann und so jeder Lernende auf seine Urteilskraft zurückgeworfen ist. Jetzt stelle man sich aber Tiedemanns Problem der Kleidung nicht in einem hypothetischen Garten Eden vor, sondern in unserer echten Lebenswelt; überall findet man nicht nur Probleme, sondern eine Palette vorgefertigter Lösungen gegen das Frieren. Neben Kleidung sind das etwa Heizung, Wohnung oder Technologien des Transports, so dass man der Kälte gen Süden entfliehen kann. Die technologische Lebenswelt ist entsprechend nicht nur voll von Problemen; sie ist auch voll von Lösungsansätzen.

Die Kulturtechnik der Philosophie hat die digitalisierte Lebenswelt also mit Modellen der Digitalisierungskritik bepflastert. So manch ein Argument, von Eltern vorgetragen, damit die Kinder das Smartphone weglegen, lässt sich auf Platon zurückführen; manche Kritik einer jungen BIPoC-Aktivistin an der Gesichtserkennungssoftware von Google folgt einem Modell, wie es sich bei Benjamin findet. Aufgabe der Fachdidaktiker:innen ist es dann, nicht die Philosoph:innen als Gesprächspartner zur Lösung der Probleme an die Lernenden heranzuführen, sondern die Strukturen ihres Denkens in der Lebenswelt freizulegen, von wo aus sich dann fachphilosophische, pädagogische und technologische Fragen ergeben. Dieser erste Teil des Buches wird hierfür eine *Typologie der Modelle philosophischer Digitalisierungskritik* vorstellen, die nicht nur eine Orientierung bieten soll, sondern auch direkt mit didaktischem Material praktisch gewendet werden kann. Im Folgenden sind die Modelle philosophischer Digitalisierungskritik nicht nur in didaktischer Absicht einfach dargestellt, sie sind es auch, weil sie in unserer digitalen Lebenswelt in simpler Form vorkommen. Hier einmal zwei Beispiele aus den digitalen Medien selbst:

> 1) In der deutschen Start-Up Show *Die Höhle der Löwen* stellten Anfang September 2020 eine Psychologin, ein Betriebswirt und ein Informatiker eine App mit dem Titel *Not Less But Better* vor. Mit ihr kann man Meditationen einüben, die dann dabei helfen sollen, die Handynutzung besser kontrollieren zu können, eine „Achtsamkeits-App" hieß es. Insbesondere der an der eigenen Fahrigkeit am Handy leidende ehemalige Formel-1 Pilot und Neuinvestor Nico Rossberg zeigte sich in der Show begeistert. Er selber habe ein Riesenproblem mit der Handynutzung gehabt, bis er ein „Digital-Detox" gemacht habe. Auf Twitter schrieb der Sender Vox im Vorfeld der Sendung noch ironisch: „Also wenn heute die neue Folge beginnt, erwarten wir volle Konzentration von euch. Um 20:15 Uhr geht's los… Und falls ihr tatsächlich übermäßig oft das Smartphone in der Hand haltet, können diese drei Gründer vielleicht helfen. Schaltet ein!" Im meistgelikten Kommentar unter dem Post schreibt maria_koelsch: „Mit dem Handy lernen, das Handy weg zu legen?! Klingt das nur für mich schizophren?" (Die Höhle der Löwen VOX 2020).
>
> 2) Seit August 2020 läuft auf dem Streamingdienst *Netflix* die Dokumentation *The Social Dilemma* über die destruktiven psychosozialen Effekte sozialer Medien. Hier erzählen Aussteiger aus der Tech-Branche aus dem Silicon-Valley von den psychosozialen Mechanismen, die im Programmcode der sozialen Medien verbaut sind. Frontmann der Fahnenflüchtigen ist Tristan Harris, der selbst einst bei Google das Mailprogramm designte, und nun das *Center for Humane Technology* leitet, eine Non-Profit Organisation, deren Ziel eben diese Aufklärung ist. Harris´ Kritik an den sozialen Medien verbreitet sich über die sozialen Medien und Streamingplattformen und bedient sich so subversiv eben dieser Mechanismen. Das sieht man etwa an den Kommentaren unter dem mit Stand von Oktober 2020 bereits 5 Millionen mal angeschauten Trailer auf You Tube. Der Algorithmus hinter dem Like-Button spült die Selbstreflexionen der Kritik an die Oberfläche der Leseordnung. So schreibt die Userin Celeste Evans im meistgelikten Post unter dem Trailer: „When Netflix tries to act like they are not part of it" und Ershard Hussein ergänzt: „look at us, complaining about social media.. on social media." (Netflix 2020)

Solche Beispiele sind für Philosoph:innen allein deshalb schon problematisch, weil sie performativ kontradiktorisch sind. Digitalisierungskritik liegt in der Lebenswelt selten in klarer Form vor. Es gibt aber in beiden Beispielen auch einen sinnvollen Kern der Kritik. Darum soll es jetzt im folgenden Kap. 3 gehen: Wie kann man Digitalisierungskritik eigentlich finden? Was ist also eine Heuristik für Digitalisierungskritik?

Ich werde dazu mit einer relationalen Denkbewegung beginnen: *Wenn die Kritik die Digitalisierung verändern soll, so muss man davon ausgehen, dass auch die Digitalisierung die Kritik schon verändert hat.* Wenn Digitalisierung tatsächlich so weitreichende Konsequenzen in der Struktur der Lebenswelt und noch im Selbstbild des Menschen zeigt, dann muss sich auch die eben angesprochene soziale Praxis der Kritik durch die Digitalisierung verändert haben. Luciano Floridi hat einen instruktiven Vergleich etabliert, den ich hier zur Illustration dieses Gedankens heranziehen möchte. Für Floridi ist die Revolution der Digitalisierung die vierte große Revolution des Selbstbildes des Menschen. Mit der kopernikanischen Revolution sei der Mensch mitsamt der Erde aus dem Mittelpunkt des Weltbilds gerückt, mit der darwinschen Revolution nicht mehr Krone der Schöpfung und mit der freudschen Revolution, der Entdeckung des Unterbewussten, nicht mehr Herr im eigenen Haus des Geistes. In der digitalen Revolution sei dann dem Menschen noch das aus seinen rationalen Fähigkeiten gewonnene Selbstbewusstsein genommen. Floridi nennt diese vierte Revolution die turingsche Revolution, benannt nach dem britischen Informationstheoretiker und Computerpionier Alan Turing: „Turing vertrieb uns aus unserer privilegierten und einzigartigen Position im Bereich des logischen Denkens, der Informationsverarbeitung und des smarten Agierens. Wir sind nicht mehr die Herren der Infosphäre" (Floridi 2015, S. 128). Wenn Floridi mit seiner Einschätzung der digitalen Revolution Recht hat, dann steht das autonome Subjekt als Ausgangspunkt jeder rationalen Kritik in Frage. Das ist aber nicht die einzige Transformation der Kritik, die allein aufgrund dieses Vergleichs mit Kopernikus, Darwin und Freud zu erwarten ist. Wenn man die anderen Kränkungen der Menschheit durch Wissenschaft historisch näher betrachtet, so muss man zu dem Schluss kommen, dass jede von ihnen mit gesellschaftlichen Transformationen einherging, in denen sich auch die Praxis der Kritik in kontingenter Weise verändert hat. Hier nur zwei kurze historische Schlaglichter. Die kopernikanische Astronomie wurde unter Zeitgenossen zunächst als problematisch gesehen, weil sie die als ewig verstandene astronomische Sphäre neu interpretierte. Das war aber nur solange der Fall, bis sich auch die Kritik veränderte und statt dem Neuen alles Alte problematisch wurde; die Menschen der frühen Neuzeit nahmen sich dann nämlich als in gewisser Weise „modern" wahr (Park und Daston 2008, S. 16). Bei Darwins 1871 erschienenem *The Descent of Man*, das unter dem Label eines Konflikts zwischen „Religion and Science" reichlich Kritik im viktorianischen England nach sich zog, waren eine Vielzahl sozialer, politischer und für die Zeit typischer Kritiken der industriellen Weltordnung mit der biologischen Frage verbunden (Moore 2009, S. 557). Anders als bei Kopernikus ebbte hier die Kritik bis heute nie ganz ab und auch die gesellschaftlichen Probleme blieben, der Modus einer szientistischen

Kritik an religiösen Weltbildern begleitet uns bis heute. Den Modus der psychotherapeutischen Kritik, der direkt mit Siegmund Freuds Revolution entstand, brauche ich nicht näher beschreiben, er ist bis heute eine der wesentlichen Sozialformen freudo-marxisitischer Gesellschaftskritik (z. B.: Wesche 2009).

Wenn Floridi also mit seiner starken These der Menschheitsrevolution nicht ganz falsch liegt, so hat die Digitalisierung sehr wahrscheinlich auch bereits das verändert, was wir unter Kritik verstehen. Ich werde nun also damit beginnen, zu zeigen, wie sich die soziale Praxis der Kritik durch die Digitalisierung bereits verändert hat, um darüber einen ersten Zugang zu der Frage „Was ist Digitalisierungskritik?" zu finden.

Literatur

Berners-Lee, Tim, und Mark. Fischetti. 1999. *Weaving the Web: The Original Design and Ultimate Destiny of the World Wide Web by its Inventor*. New York, NY: Harper Collins.

Berners-Lee, Tim, James Hendler, und Ora Lassila. 2001. The Semantic Web: A New Form of Web Content That is Meaningful to Computers Will Unleash a Revolution of New Possibilities. *Scientific American* 284(5):34–43.

Brüning, Barbara. 2016. *Ethik/Philosophie Didaktik. Praxishandbuch für die Sekundarstufe I und II*. Berlin: Cornelsen.

Die Höhle der Löwen VOX. 2020. Feed Höhle der Löwen. *Instagram*. https://www.instagram.com/p/CE1vDm6qNCJ/c/17871772030936427/?hl=de. Zugegriffen: 5. Nov. 2020.

Feldmann, Klaus. 2019. Digitalisierung und philosophische Bildung. *Praefaktisch - Ein Philosophieblog*. https://www.praefaktisch.de/bildung/digitalisierung-und-philosophische-bildung/. Zugegriffen: 9. Mai 2020.

Floridi, Luciano. 2015. *Die 4. Revolution. Wie die Infosphäre unser Leben verändert. Aus dem Englischen von Axel Walter*. Berlin: Suhrkamp.

GFD. 2018. Fachliche Bildung in der digitalen Welt. Positionspapier der Gesellschaft für Fachdidaktik. https://www.fachdidaktik.org/wordpress/wp-content/uploads/2018/07/GFD-Positionspapier-Fachliche-Bildung-in-der-digitalen-Welt-2018-FINAL-HP-Version.pdf. Zugegriffen: 8. Mai 2020.

KMK. 2019. *Ländergemeinsame inhaltliche Anforderungen für die Fachwissenschaften und Fachdidaktiken in der Lehrerbildung (Beschluss der Kultusministerkonferenz vom 16.10.2008 i. d. F. vom 16.05.2019)*. Berlin. https://www.kmk.org/fileadmin/veroeffentlichungen_beschluesse/2008/2008_10_16-Fachprofile-Lehrerbildung.pdf.

Köberer, Nina. 2019. Im Gespräch: Hauling als Herausforderung emanzipatorischer Medienkritik. *Zeitschrift für Didaktik der Philosophie und Ethik* 40(1):78–81.

Krommer, Axel. 2019. Philosophiedidaktik und digitale Medien. Eine kritische Bestandsaufnahme. *Ethik & Unterricht* 30(1):4–7.

Martens, Ekkehard. 2015. Philosophie als Kulturtechnik humaner Lebensgestaltung. In *Handbuch Philosophie und Ethik. Band 1: Didaktik und Methodik*, Hrsg. Markus Tiedemann, Irina Spiegel und Julian Nida-Rümelin, 41–47. Paderborn: Schöningh.

Moore, James. 2009. Religion and Science. In *The Cambridge History of Science: Volume 6: The Modern Biological and Earth Sciences*, Bd. 6, *The Cambridge History of Science*, Hrsg. John V. Pickstone und Peter J. Bowler, 539–562. Cambridge: Cambridge University Press.

Netflix. 2020. The Social Dilemma Official Trailer. *YouTube*. https://www.youtube.com/watch?v=uaaC57tcci0. Zugegriffen: 5. Nov. 2020.

Park, Katharine, und Lorraine Daston. 2008. Introduction: The Age of the New. In *The Cambridge History of Science: Volume 3: Early Modern Science*, Hrsg. J. Pickstone und P. Bowler, 1–18. Cambridge: Cambridge University Press.

Peters, Jörg, Martina Peters, und Bernd Rolf. 2020. *philopraktisch – Neue Ausgabe. Unterrichtswerk für Praktische Philosophie in der Sekundarstufe I. Band 1 für die Jahrgangsstufe 5/6.* Bamberg: C.C.Buchner.

Pfeifer, Markus. 2016. Homo digitalis. Digitale Medien zwischen Befreiung, Optimierung und Verblendung. *Ethik und Unterricht* 26(3):47–52.

Pfeifer, Markus. 2018a. Vom Netzwerk im Dorf zu digitalen Netzwerken. *Ethik & Unterricht* 28(1):41–46.

Pfeifer, Markus. 2018b. Vom Netzwerk im Dorf zum digitalen Netzwerk. Potenziale und Kritik eines Phänomens. *Ethik & Unterricht* 28(1):41–46.

Rösch, Anita. 2018. Sprechen Sie Emoji? Möglichkeiten und Grenzen des Gefühlsausdrucks mit Emojis. *Ethik & Unterricht* 28(1):18–22.

Stalder, Felix. 2016. *Kultur der Digitalität.* Frankfurt a. M.: Suhrkamp.

Thein, Christian. 2020. *Verstehen und Urteilen im Philosophieunterricht.* Zweite erweiterte Aufl. Opladen [u.a.]: Barbara Budrich.

Tiedemann, Markus. 2013. Problemorientierte Philosophiedidaktik. *Zeitschrift für Didaktik der Philosophie und Ethik* 34(1):85–96.

Wesche, Tilo. 2009. Reflexion, Therapie, Darstellung. Formen der Kritik. In *Was ist Kritik?*, Hrsg. Tilo Wesche und Rahel Jaeggi, 193–221. Frankfurt a. M.: Suhrkamp.

Wiebicke, Jürgen. 2017. *Zehn Regeln für Demokratie-Retter.* Köln: Kiepenheuer & Witsch.

Was ist Digitalisierungskritik? Eine Heuristik

Zusammenfassung

Die Digitalisierung hat zur Konsolidierung der sozialen Bewegungen beigetragen, die heute aber wiederum wesentlich prägen, was unter Kritik und damit unter Digitalisierungskritik verstanden werden kann. Die Wechselwirkung zwischen der Digitalisierung und der Kritikfunktion sozialer Bewegungen hat zu negativen Effekten der Kritik geführt, wie sie sich in Filter-Bubbles und Echokammern, sozialer Isolation und Hikikomori, Shitstorms und Social Shaming zeigen. Eine Heuristik für Digitalisierungskritik sollte also nur solche Modelle finden, die diese Effekte nicht noch verstärken. Aus diesen Überlegungen ergibt sich diese normative Definition: Digitalisierungskritik für den Bildungskontext ist eine konflikthafte soziale Praxis in Bezug auf die Digitalisierung mit dem Ziel der gesellschaftlichen Inklusion (1); sie findet aktiv und sozial und damit auch in den digitalen Medien selbst statt (2); sie beinhaltet die kritische Reflexion auf ihren eigenen Modus und artikuliert sich in Form einer Argumentation (3); sie bietet eine mit Kritischem Denken argumentationstheoretisch prüfbare Struktur, deren diskutierbare Positionen reale Interessen in der Digitalisierung zeigen (4).

Schlüsselwörter

Digitalisierungskritik · Shitstorm · Filter-Bubble · Echokammer · Social Distancing

3.1 Kritik und soziale Bewegung

Ausgangspunkt der nun folgenden Argumentation zu dieser ersten Frage, was denn Digitalisierungskritik überhaupt ist, ist eine relationale Denkbewegung: *Was Digitalisierungskritik sein kann, hat sich durch die Digitalisierung bereits verändert.* Wir verstehen heute etwas anderes darunter, was Kritik sein kann, als wir es noch vor der Digitalisierung getan haben. Der große Wandel der Kritik im vergangenen Jahrzehnt und auch die Verbindung zur Digitalisierung ist dabei ganz offensichtlich. Kritik ist heute wesentlich dadurch bestimmt, wie *soziale Bewegungen Kritik betreiben*. Und diese Art und Weise der Kritik ist nicht unabhängig von digitaler Technologie. Das vergangene Jahrzehnt hat eine Reihe sozialer Bewegungen erlebt, die mit Vehemenz Kritik als eine Praxis in sozialen Konflikten ausgetragen haben: Occupy, das LGBTQ-Movement, Black Lives Matter, Fridays for Future, Extinction Rebellion, neue Identitäre, Impf- und Abtreibungsgegner – nur um ein paar zu nennen. In Felix Stalders Deutung entspringen solche Bewegungen, die im Kern die „Spannbreite der relativ leicht verfügbaren Identitätsmodelle" erweitern, der durch die Digitalisierung deutlich breiteren „sozialen Basis der Kulturproduktion" (Stalder 2016, S. 49). Von den Chaträumen und Foren des frühen Computerzeitalters an waren es die neuen Kommunikationswege, die wesentlich zur Konsolidierung dieser Gruppen beigetragen haben. Filter-Bubbles, Echokammern und andere epistemische Besonderheiten digitaler Kommunikation gelten als wesentliche Konsolidierungsfaktoren dieser Bewegungen. Seit dem Ende der 00er Jahre wird auch in der sozialtheoretischen Deutung Kritik aufgrund der in der Digitalisierung entstandenen sozialen Bewegungen weit verbreitet neu verstanden. Das ist sowohl in strukturfunktionalistischen Deutungen als auch in Deutungen der Frankfurter Schule so.

In einer strukturfunktionalistischen Deutung der neuen Protestbewegungen, die Armin Nassehi vorgelegt hat, werden diese ohne Anschauung politischer Richtung gleichbehandelt. Sie alle basieren für Nassehi auf Kommunikation von Nein-Stellungnahmen zu anderer, meist politischer Kommunikation (Nassehi 2020, S. 15). Das Veto einer Protestbewegung werde nicht institutionell verhandelt, sondern öffentlich kommuniziert, „als ob sie die Gesellschaft von außerhalb der Gesellschaft adressiere" (Nassehi 2020, S. 27). Für Nassehi sind alle Protestbewegungen in ihrer Funktion einerseits undemokratisch, weil sie eben gerade nicht den Weg durch die Institutionen gehen, sie sind aber auch demokratiestabilisierend, weil sie der Demokratie eine Gesellschaft entgegenhalte und diese so adressierbar mache (Nassehi 2020, S. 145). Diese Gesellschaft ist in Nassehis Sicht erst überhaupt so richtig sichtbar geworden, indem sie sich im Digitalen spiegelt (Nassehi 2019, S. 59). Die Möglichkeit, Protest nicht in Institutionen, sondern in diesem virtuellen Abbild der Gesellschaft zu lancieren, wirke wegen der „Kombination aus niedrigschwelligem Zugang und beschleunigter Eigendynamik" (Nassehi 2020, S. 129) als Katalysator der Protestkultur. In Nassehis kybernetischem Verständnis von Protest und Demokratie sind Eskalationsstufen des Protestes ein Problem. Eskalationsstufen machen die Forderungen des Protestes uneinholbar für institutionalisierte Entscheidungsfindungsprozesse der Demokratie. Ansätze hierfür sieht Nassehi etwa in der Eskalation der Klimaproteste, genauer in den demokratisch nicht mehr erreichbaren Forderungen der Gruppe *Extinction Rebellion*. Es bleibe dann die Frage, „unter welchen Bedingungen Protest eine Form finden kann, die mit den demokratischen Verfahren kompatibel bleibt" (Nassehi 2020, S. 148). Nassehi sieht in seiner strukturfunktionalistischen Sicht das Bildungssystem als Übungsplatz austarierbarer Kritikformen: „Bildungsprozesse erzeugen Kritikfähigkeit, Einübung in Widerspruch, Umgang mit Nein-Stellungnahmen" (Nassehi 2020, S. 19).

Auch in der Kritischen Theorie wurde aufgrund der Effektivität der neuen sozialen Bewegungen seit den 00er Jahren ein neues Verständnis von Kritik entwickelt. Robin Celikates versteht Kritik nicht mehr als „Bruch mit der Teilnehmerperspektive", den nur eine kritische Sozialwissenschaft leisten kann, sondern als soziale Praxis, die eine „Komplexität und theoretische Relevanz der reflexiven Fähigkeiten der Akteure und der sozialen Praktiken der Rechtfertigung und Kritik" voraussetzt (Celikates 2009, S. 249). Mit diesem Wandel entsteht dann jedoch das Problem, wie man angesichts der im kritischen Verständnis demokratiefeindlichen Tendenzen mancher dieser sozialen Bewegungen weiter auch theoretische Mittel finden kann, um die Bewegungen doch noch normativ aus einer Beobachterperspektive zu unterscheiden. So wird auch wieder über Ideologiekritik nachgedacht (schon: Celikates 2006; Jaeggi 2009). Eine bloß liberale Kritik an den demokratiefeindlichen Tendenzen so mancher Bewegung sei zwar wichtig, so Celikates, sie könne aber nicht über „Struktur und Form" sozialer Bewegungen aufklären, auf deren Grundlage „die emanzipatorischen Bewegungen der letzten Jahre, von Occupy über die Gezi-Park-Proteste bis zu Black Lives Matter und den Anti-Trump-Protesten, die politischen Formen interner Reflexion und Selbstkritik entwickelt haben" (Celikates 2017, S. 67). Ideologien sind nach Celikates „epistemisch defiziente Überzeugungen" (1), die funktional eine „Rolle für die Stabilisierung und Legitimierung sozialer Herrschaftsverhältnisse" spielen (2) und aus ihnen auch entstanden sind (3) (Celikates 2017, S. 62 f.). Eine rein epistemische Kritik (ad1), in der Kritiker zusammen mit den Kritisierten die Geltung der in den sozialen Bewegungen verbreiteten Überzeugungen prüfen, reiche nicht aus, weil Überzeugungen sich ohne eine zweite Ordnung, in der von den Kritisierten auch gesellschaftliche Funktion (ad2) und Ursprung ihrer defizienten Überzeugungen (ad3) erkannt werden, kaum verändern lassen (Celikates 2017, S. 65). Hierzu müssten, so Celikates, Sozialtheorie und die kritischen Potentiale in den sozialen Bewegungen selbst noch einmal neu verhandelt werden. Solch eine Ideologiekritik hat pädagogische und transformatorische Ansprüche gleichermaßen, die nicht voneinander zu trennen sind. Es gibt nämlich in der kritischen Sicht bei Celikates sog. „epistemische Ungerechtigkeiten", die verhindern, dass Akteure ihr falsches Denken überhaupt durchschauen können, ohne dass sich auch Strukturen verändern (mit Bezug auf: Fricker 2007; vgl.: Celikates 2017, S. 57). Auch nach Celikates kann Kritik als soziale Praxis deshalb gelernt werden und Bildungsprozesse in der Philosophie sind hier gefragt.

Ich habe gerade den Wandel der Kritikverständnisse in einer strukturfunktionalistischen und einer kritischen Sicht nur referiert, um zu zeigen, dass, so unterschiedlich diese Positionen sind, sie doch ein rudimentäres Kritikverständnis teilen. In beiden Ansätzen ist Kritik durch die sozialen Bewegungen als eine nicht-institutionalisierte soziale Praxis der Austragung von Konflikten verstanden, die sowohl demokratiegenerierende als auch demokratiegefährdende Effekte hat (1). Die Art und Weise, wie diese Kritik betrieben wird, kann einseitig stark ausfallen, so dass die Inklusion der Gesellschaft auch institutionell-pädagogisch als Kritik der Kritik betrieben werden muss (2).

Digitalisierungskritik im Bildungskontext muss in Relation zu dieser Kritikform in den sozialen Bewegungen gesehen werden. Hier eine erste, etwas genauere Heuristik, die sich jetzt auch auf unseren Kontext bezieht: *Digitalisierungskritik im Bildungskontext ist eine konflikthafte soziale Praxis in Bezug auf die Digitalisierung mit dem Ziel der gesellschaftlichen Inklusion.* Sie muss also als soziale Praxis die bestehende Gesellschaft zu transformieren suchen, andererseits muss sie im Bildungskontext angesichts der Gefahr sich zunehmend verhärtender gesellschaftlicher Fronten ein die gesellschaftliche Inklusion betreibender Kitt sein. Damit ist in keiner Weise gesagt, dass durch die Digitalisierungskritik in der Schule und speziell im Philosophieunterricht Lernende zum positiven Aktivismus angeleitet werden sollen; die Fähigkeit zur Digitalisierungskritik ist auch auf personaler Ebene ein Bildungsziel und nicht erst wenn sie in die konzertierte Aktion sozialer Bewegungen gemünzt wird. Nichtsdestotrotz ist das aber die *Form von Kritik,* in der auch Digitalisierungskritik stattfinden kann. Sie ist der Form sehr ähnlich, in der auch zentrale Themen der sozialen Bewegungen selbst im Philosophieunterricht verhandelt werden, hier muss die „Kritikform, die im philosophischen Bildungsprozess anvisiert wird" (Thein 2021, S. 26) aber ebenfalls erst noch theoretisch näher bestimmt werden.

Das grundständige Verständnis von Kritik als soziale Praxis hat in jüngster Zeit drei Permutationen erlebt, die für Digitalisierungskritik von großer Bedeutung sind. Sie geben Antworten auf drei zentrale Fragen: 1) Kann man durch Untätigkeit Kritik üben? 2) Ist Moralismus und eine Transformation ohne Argumentation eine noch zu rechtfertigende Kritik? 3) Sind logisch-argumentative Fähigkeiten hinreichend für Kritik? Ich werde diese drei nun im Einzelnen durchgehen, um eine noch genauere Heuristik dessen zu erhalten, was Digitalisierungskritik heute sein kann.

3.2 Bartleby, oder: Kann man durch Untätigkeit Kritik üben?

Auch Untätigkeit ist eine soziale Praxis, insbesondere wenn sie ostentativ zur Schau gestellt wird. Natürlich kann auch sie eine effektive Form der Kritik sein. Untätigkeit war lange Zeit wohl die gängigste Form der Digitalisierungskritik. Im Winter 20/21 hat sich hier durch die langen Monate des Corona-Lockdowns nicht nur an den Schulen, sondern in der gesamten Gesellschaft, der Modus der Kritik als soziale Praxis derart verschoben, dass Untätigkeit in Bezug auf die

Digitalisierung jedoch als Kritikform gänzlich verschwunden ist. Dieser Wandel wird in der gegenwärtigen soziologischen Debatte an einer literarischen Figur verhandelt. Große kulturelle Veränderungen spiegeln sich ja oft in der Art und Weise, wie klassische Literatur verstanden wird. Die Interpretation verrät dann mehr über unsere Gegenwart als über die Vergangenheit, in der das Werk verfasst wurde. Das Ende der Kritik als Untätigkeit, wie wir es in jüngster Zeit durch die Digitalisierung erlebt haben, geht in der Soziologie der Digitalisierung einher mit einem starken Wandel der Interpretation der Figur des Bartleby bei Melville, die ich hier gern zeigen möchte.

Zunächst möchte ich für alle Leser:innen, deren Studium der klassischen amerikanischen Novellen schon ein wenig her ist, die Handlung kurz zusammenfassen: In Herman Melvilles *Bartleby, the Scrivener: A Story Of Wall-street* ist die titelgebende Figur, Bartleby, bei dem Ich-Erzähler der Geschichte, einem New Yorker Anwalt, als Kopist von Gesetzestexten neu angestellt. Die zentrale Aufgabe, das Kopieren von Textstücken, macht Bartleby mit Fleiß und Ausdauer. Eines Tages, als er ein von ihm kopiertes Schriftstück gegenlesen soll, antwortet er höflich mit den Worten: „I would prefer not to" (Melville 2020, S. 22). Der Anwalt ist verdutzt, lässt ihn aber gewähren. Bartlebys Untätigkeit wird in der Folge immer größer, so dass er am Ende das Büro nicht mehr verlässt, nicht mehr isst und schließlich stirbt. Alle Versuche des Anwalts, Bartleby zu helfen oder ihn auch nur zu verstehen, laufen ins Leere. Für unseren Zusammenhang nicht unwesentlich ist die von Melville als Erklärungsansatz am Ende der Novelle nachgeschobene Vorgeschichte Bartlebys, die der Anwalt erst nach dessen Tod erfährt. Im „Dead Letter Office" in Washington sortierte er jene nie angekommenen Briefe für die Verbrennung: „Sometimes from out the folded paper the pale clerk takes a ring:—the finger it was meant for, perhaps, moulders in the grave; a banknote sent in swiftest charity:—he whom it would relieve, nor eats nor hungers anymore" (Melville 2020, S. 75). Vor diesem Hintergrund ebnet die gescheiterte Technologie der Post den Boden für Bartlebys Verweigerungshaltung gegenüber dem wahrscheinlich ebenso zum Scheitern verurteilten exakten Kopieren von Schriftstücken per Hand. Bartleby kopiert dennoch bis zum Ende der kurzen Geschichte, die auch sein Ende ist, weiter; nur nicht mehr Gesetzestexte, sondern seine Formel: „I would prefer not to".

Melvilles Bartleby war zu Beginn des 21. Jahrhunderts *die* Heldenfigur der neuen kritischen Bewegungen. Bartleby wurde als eine Figur gesehen, die sich angesichts nicht zu ändernder gesellschaftlicher Umstände höflich aber entschieden zur Wehr setzte, nicht durch Verweigerung, sondern durch die Untätigkeit, die nur in der Äußerung des sprachlich merkwürdig auf sich selbst verwiesenen Satzes „I would prefer not to" verlassen wird. Gilles Deleuze war einer der ersten, der Melvilles Bartleby als einen solchen postmodernen Helden interpretierte: „even in his catatonic or anorexic state, Bartleby is not the patient but the doctor of a sick America, the *Medicine-Man,* the new Christ or the brother to us all" (Deleuze 1997, S. 90 Hervorhebung im Original). In den Protesten der Occupy-Bewegung erlebte Bartleby in den 10er Jahren seine größte Popularität, was sicher auch mit Melvilles Untertitel, „A Story of Wall-street", zu tun hat. Die

Beliebtheit der Bartleby-Kritikform zog sich aber auch noch in die Proteste der sozialen Bewegungen der Folgejahre. In der Kulturszene wurde die Bedeutung der Kritik an der technischen Seite der Machstrukturen in Melvilles Novelle betont; so schrieb der Kulturkritiker Steven Madoff noch 2018 angesichts der Verbreitung neuer autoritärer Regime und der erweiterten Methoden technologischer Überwachung: „Now Bartleby's calling again. He's on the line, maybe online, from who knows where, but he's chattering his repetition into the mechanical chamber of bureaucratic doom." (Madoff 2018, S. 4).

Eine völlig andere Sicht auf Melvilles Bartleby bietet Urs Stäheli in seiner Studie zu den Figuren der Entnetzung (Stäheli 2021, Kap. 3). Bartleby erscheint hier als Archetyp der Figur, die Stäheli den „Schüchternen" nennt. Stähelis Schüchterner ist tatsächlich eine männliche Figur. In der Moderne werde, so Stäheli, gerade von Männern die Extroversion erwartet; erst die Unerfüllbarkeit dieser Erwartung mache die Entwicklung von Strategien der Entnetzung notwendig. Der Schüchterne müsse vor dem Hintergrund zahlreicher Pathologisierungen seines asozialen Verhaltens und des Vorwurfs der parasitären Existenz nach Möglichkeiten suchen, sich im Medium des Sozialen diesem Sozialen zu entziehen: „Er schweigt in der Gruppenarbeit, er versteckt sich, so gut es geht, im Open Office, und er wagt aus Angst vor der Blamage nicht, sich mit eigenen Beiträgen am Brainstorming zu beteiligen" (Stäheli 2021, S. 258). Im Social Distancing der Coronapandemie und mit den Mitteln der digitalen Raumlosigkeit und Ungleichzeitigkeit wurde der Introvertierte zum neuen Ritter von der traurigen Gestalt. Stäheli beschreibt, wie der wachsende Heldenkult aber allein durch die jetzt digital vernetzten Extrovertierten betrieben wurde. Die Extrovertierten waren es, die etwa die Vorteile des introvertierten Lebensstils im Corona-Lockdown auf Twitter humorig vorstellten. Als man dann feststellte, dass die Introvertierten mehr am Lockdown litten als die Extrovertierten, die sich schnell neue Möglichkeiten der Vernetzung suchten, gab es einen Opferdiskurs, der wiederum – man ahnt es – von den Extrovertierten stellvertreterisch geführt wurde, bis hin zur Forderung von Introvertiertenrechten. All diese Effekte sind in der kultursoziologischen Beobachtung kein Novum, mit der sozialen Isolation des Hikikomori ist seit Beginn des digitalen Zeitalters in Japan dieses Phänomen auf den Namen gebracht. Hikikomori, das sind jene isoliert auf engstem Raum lebenden jungen Männer in der Großstadt, die sich nahezu gänzlich in virtuelle Welten zurückziehen. Die „Herausforderung des Gemeinschaftsdenkens" (Stäheli 2021, S. 263), jene Kritik an der Vernetzung, die schon in der Existenz der Figur des Schüchternen steckt, bleibt bei Stäheli durch die digitalen Möglichkeiten auf- und unterzutauchen weitgehend unausgesprochen. Für Andreas Reckwitz wäre es gerade jetzt Aufgabe einer kritischen Soziologie, diese neue, oft traurige Bartleby-Gestalt, die sich weder ver- noch entnetzen kann, zum Thema der Soziologie zu machen (Reckwitz 2021). Felix Stalder hingegen twittert: „Das autonome Individuum als Figur ist erschöpft. Das hatten wir (weisse Männer im Westen) 300 Jahre. Und Bartleby ("Ich möchte lieber nicht") ist eine Sackgasse" (Stalder 2021).

Die gegenwärtige kulturelle Verschiebung der Kritik, deren Indiz die Figur Bartleby ist, hat weitreichende Konsequenzen im Hinblick auf mögliche Formen der Digitalisierungskritik. Vor wenigen Jahren war jemand, der wie Bartleby angesichts von unveränderbaren Zuständen, zu denen er sich eigentlich gar nicht verhalten kann, untätig bleibt, ein Held der Kritik. Folgt man den gegenwärtigen soziologischen Interpretationen zur Figur des Bartleby, dann ist heute derjenige, der sich entnetzt ohne sich gleichzeitig zu vernetzen nicht nur isoliert – er wird von der Gesellschaft auch kaum noch wahrgenommen. Das trifft Stäheli zufolge vor allem adoleszente Männer, deswegen habe ich hier ausnahmsweise das Maskulinum verwendet. Als Ziel kritischer philosophischer Bildung in Bezug auf die Digitalisierung ist ein „I would prefer not to" allein deshalb schon nicht zugänglich, weil gerade die Philosophie mit ihren existenziellen Fragen immer eine Zuflucht für diese Schüchternen geboten hat. Sie würde man in der digitalen Traufe stehen lassen. Digitalisierungskritik kann heute im Bildungskontext also nur *als aktives soziales Handeln* begriffen werden und nicht mehr als „I would prefer not to".

3.3 Ist Moralismus noch Kritik?

Auch auf der anderen Seite des Spektrums hat sich der Modus der Kritik in jüngster Zeit geändert. Die allzu selbstbewussten Formen der Kritik geraten ihrerseits wieder in die Kritik. In den vergangenen Jahren gibt es eine verstärkte Aufmerksamkeit für ostentativ vorgetragene Formen einer Kritik an bestimmten Lebensformen, die sich oft nicht an institutionelle Akteure, sondern direkt an Privatpersonen richtet. Das ist an sich noch kein Problem, sondern im Prinzip nur eine direktere Kritik, weil politische Entscheidungen in unserer Gegenwart natürlich auch massive Auswirkungen auf die persönliche Lebensführung haben und Kritik als soziale Praxis ja immer an andere Menschen gerichtet ist, die anders handeln, anders denken und die Welt anders sehen sollen. Das ihre je eigene Lebensform Teil dieser Veränderung sein muss, ist Folge der Vergesellschaftung, die eine Kritik und Veränderung nur mehr immanent möglich macht. Wie Rahel Jaeggi schreibt: „Der Transformationsprozess wird also gewissermaßen von der Situation selbst nahegelegt, ist in ihr vorgezeichnet, selbst wenn er diese überschreitet" (Jaeggi 2013, S. 302). Verstärkte Aufmerksamkeit erhält die neue selbstbewusste Kritik, weil das Verhältnis eines notwendigen experimentellen Pluralismus der Lebensformen, also der Idee, dass es *„mehr als eine gute Lösung* geben kann", und einer berechtigten Kritik mangelnder „Rationalität von Lebensformen" anderer hier vermeintlich einseitig ausfällt (Jaeggi 2013, S. 449, Herv. i. O., und 447).

Die Verbreitungsgeschwindigkeit, der geringe Aufwand, die große Reichweite und die Anonymität der digitalen Kommunikation sind nach Eva Weber-Guskar Charakteristika von Online-Kommentaren in digitalen Massenmedien, die Kritik in der Form des Moralismus wahrscheinlicher werden lassen (Weber-Guskar 2020, S. 428–431). Moralismus habe dabei drei Spielarten: „M 1) moralisch urteilen, wo es nicht um Moral geht oder M 2) im moralischen Urteil übertreiben oder M 3) einen moralischen Vorwurf machen, ohne in der dafür nötigen Position zu sein"

(Weber-Guskar 2020, S. 424). Weber-Guskar diskutiert als beispielhafte Fälle eines online manifesten Moralismus die in der Form eines Shitstorms im Web geführte Kritik an der Vorsitzenden der evangelischen Kirche Margot Käßmann und die ähnlich geführte Kritik an dem damaligen Bundespräsidenten Christan Wulff. Beide verloren durch die Kritik ihre Ämter. Der Kritik an den Lebensformen Käßmanns und Wulffs weist Weber-Guskar den Moralismus nach den Punkten M2 und M3 nach (Weber-Guskar 2020, S. 431 f.). Ich will hier im Einzelnen nicht nachzeichnen, in welcher Weise diese spezielle Kritik an Lebensformen nicht und die Kritik dieser Kritik in der Moralismusdebatte ihrerseits schon gerechtfertigt waren. Mir geht es hier nur darum, dass Kritik als soziale Praxis heutzutage selbst wiederum in der Kritik steht und dass dabei die Art und Weise, in der diese Kritik betrieben wird, problematisch werden kann. Die Kritikform dieses sog. Moralismus steht in Frage, sie muss gerechtfertigt werden und diese Rechtfertigung kann eingefordert werden. Es sollte entsprechend in Bezug auf die Digitalisierung ein pädagogisches Ziel sein, hierzu zu befähigen.

Anders gelagert ist die Situation bei der Kritik der sog. *Cancel-Culture,* der Kritik an Sprachregelungen oder der jüngsten Kritik am pädagogischen Einsatz der *Critical Race Theory* in den USA. In diesen neueren Fällen wird in aller Regel kritisiert, dass Kritik als soziale Praxis nicht mehr über Argumentation stattfindet, sondern direkt transformatorisch wirken soll, indem bestimmte Redner nicht eingeladen, bestimmte Statuen abgerissen oder bestimmte Wörter aus dem öffentlichen Sprachgebrauch getilgt werden. Mittlerweile gibt es zu all diesen Bewegungen Gegenbewegungen, die ihrerseits oft noch viel direkter Fakten schaffen wollen. Das soll mit rechtlichen Regelungen wie dem Verbot von gendergerechter Sprache oder der Tilgung der Critical Race Theory aus amerikanischen Lehrplänen geschehen. Die Problematik dieser Kritikform kann man sich gut ausgehend von Miranda Frickers Terminus der epistemischen Ungerechtigkeit erklären (Fricker 2007). Fricker meint damit jene Ungerechtigkeit, die darin besteht, dass Menschen ein Wissen durch identitäre Machtstrukturen verwehrt wird. Dinge einfach nicht zu wissen, sie nicht gesagt oder – im pädagogischen Kontext – gelehrt zu bekommen, verhindert so auch, dass sie aktiv gegen die eigene Marginalisierung vorgehen. Eine wichtige Form ist dabei die sog. vorauseilende testimoniale Ungerechtigkeit:

> „It occurs when hearer prejudice does its work in advance of a potential informational exchange: it pre-empts any such exchange. Let us call it pre-emptive testimonial injustice. The credibility of such a person on a given subject matter is already sufficiently in prejudicial deficit that their potential testimony is never solicited; so the speaker is silenced by the identity prejudice that undermines her credibility in advance. Thus purely structural operations of identity power can control whose would-be contributions become public, and whose do not" (Fricker 2007, S. 129). Im Kontext der sog. Cancel-Culture ergibt sich aus der von Fricker beschriebenen Problematik die epistemische Ungerechtigkeit als eine Zwickmühle: Einerseits müssten epistemische Ungerechtigkeiten noch vor der sozialen Praxis der Kritik beseitigt werden, um überhaupt frei argumentieren zu können. Andererseits ist die Beseitigung dieser Ungerechtigkeiten und Sprachblockaden aber auch etwas, das erst nach einem offenen Diskurs hierüber beschlossen werden sollte,

will man sich nicht selbst des Vorwurfes vorauseilender testimonialer Ungerechtigkeit aussetzen. Aus unterschiedlichsten philosophischen Draufsichten zeichnet sich als Lösung dieses sehr aktuellen Problems der Kritik eine offene Argumentation selbst noch von Argumentationsvoraussetzungen und die Reflexion auf die eigene Form der Kritik ab. Auch hier unterscheiden sich aber eher liberale Positionen und solche einer eher linken Kritischen Theorie in den Schwerpunktsetzungen.

Die Tübinger Ethikerin Sabine Döring argumentiert in einem auf die Cancel-Culture in der Wissenschaft bezogenen Beitrag, dass Kritik als soziale Praxis immer bereits voraussetze, dass der oder die Kritisierende der oder dem Kritisierten gegenüber epistemisch im Vorteil sei. Sie oder er erkenne die Ungerechtigkeiten ja doch, um das Verbot zu fordern. Damit setze er oder sie selbst voraus, epistemisch im Vorteil zu sein. Das verpflichte, so Döring, aber dann auch: „Vor diesem Hintergrund scheint es wohlfeil, für epistemische Offenheit einzutreten, wenn man zur Gruppe der privilegierten Erkennenden gehört" (Döring 2021, S. 56). Für Döring sind epistemische Offenheit und epistemische Gerechtigkeit keine Widersprüche und bedingen sich innerhalb eines an wissenschaftlichen Standards orientierten Diskurses gegenseitig (Döring 2021, S. 61). So müsse man „sich Thesen wie jener Singers, dass die Tötung eines Neugeborenen unter Umständen Leid vermeiden kann, stellen" (Döring 2021, S. 67). Der australische Philosoph Peter Singer war im Jahr 2015 im Vorfeld des Philosophiefestivals Phil. Cologne wieder ausgeladen worden, was Döring als Beispiel der aufkommenden Cancel-Culture begreift: „Das Argument und der Dialog, und nicht Zensur oder ‚canceling' aufgrund ‚sozialer Tyrannei', sind der Weg der Wissenschaft und ihr schärfstes Schwert" (Döring 2021, S. 67). Aber auch Döring sieht eine Grenze des Sagbaren dort, wo „durch die Verwendung bestimmter sprachlicher Ausdrücke in anderen Diskursteilnehmern Gefühle gezielt induziert werden, die dem epistemischen Diskurs abträglich sind" (Döring 2021, S. 61). Gerade diese Bestimmung ist jedoch kompliziert und muss nach Döring wohl selbst wieder ausdiskutiert werden.

Eine andere Perspektive auf die Cancel-Culture bietet hier wiederum der Berliner Sozialtheoretiker Robin Celikates. Er deutet in einem Interview mit dem *Philosophie Magazin* im Sommer 2021 insbesondere die oben beschriebene neue Wechselseitigkeit der Cancel-Culture und das deutliche Zurückschlagen gegen die Critical Race Theory von Seiten der amerikanischen Rechten als Problem auf zwei Ebenen. Hier würden sich autoritäre Tendenzen in westlichen Demokratien in Diskriminierung und Gegenkritik offenbaren: „Es ist politisch und intellektuell alarmierend, wie hier ausgerechnet die Kritik an krassen Formen des Ausschlusses, der Diskriminierung, der Unfreiheit und der Ungleichheit, die sich zum Teil bis zur Zeit der Sklaverei und des Kolonialismus zurückverfolgen lassen, zu einer Bedrohung von Freiheit, Gleichheit und sozialem Zusammenhalt umdefiniert wird" (Celikates 2021). Celikates betont die innere Widersprüchlichkeit, die sich in den Gegenbewegungen zu transformativen Bewegungen wie der Critical Race Theory zeigen, wenn man sie vor dem Hintergrund eines Theorierahmens analysiere. Dieser Rahmen ist für Celikates dabei die Critical Race Theory selbst.

Aber auch unter dieser starken Voraussetzung eines zutreffenden Theorierahmens gibt es bei Celikates zumindest eine interne Rechenschaftspflicht der Bewegungen, aufgrund ihres epistemischen Privilegs, der „lange[n] Tradition antirassistischer Theoriebildung und Wissensproduktion" (Celikates 2021). Celikates sieht also zumindest die interne Reflexion bei den aus einer metareflexiven akademischen Sicht gerechtfertigten transformativen Bewegungen nicht nur als Aufgabe, sondern als notwendige Konsequenz aus der epistemischen Sonderstellung der Critical Race Aktivist:innen. Dadurch, dass diese besser wissen, was sie wie unterdrückt und was verhindert, dass sie sich notwendiges Wissen überhaupt aneignen können, folgt hier die Notwendigkeit ihr transformatorisches Handeln zu reflektieren und zumindest intern zu diskutieren: „schließlich folgt aus keiner Theorie eine eindeutige politische Handlungsanweisung, so dass mit auch intern heftigen Diskussionen um Strategien und Taktiken im Kampf gegen den Rassismus zu rechnen ist" (Celikates 2021).

Dieser kurze Einblick in die aktuelle Debatte zur Kritik als sozialer Praxis hat für Digitalisierungskritik im Bildungskontext wichtige Implikationen, will man nicht problematische Formen der Kritik befeuern. Es wird in den Debatten sehr deutlich wahrgenommen, dass die digitalen Medien mit den Formen des Online Shamings und der Shitstorms in Relation zu Phänomenen der Kritik stehen. Es ergeben sich zwei Konsequenzen für unsere Heuristik. Erstens muss Digitalisierungskritik eine *Reflexion auf den Modus der Kritik* ermöglichen, Kritik muss also selbst wieder kritisiert werden können. Zweitens kann Kritik nicht nur direkt transformativ sein, sie muss auch eine *Argumentation inklusive der jeweiligen Argumentationsgrundlage* ermöglichen. Der nun folgende letzte aktuelle Trend in der gegenwärtigen Bestimmung der Kritik setzt genau bei diesem zweiten Punkt, der notwendigen Argumentationsfähigkeit an.

3.4 Sind logisch-argumentative Fähigkeiten hinreichend für Kritik?

Das sog. *Critical Thinking* ist eine schon ältere, weltweite pädagogisch-philosophische Bewegung, die es sich in vielfältiger Weise zum Ziel gesetzt hat, rationales Denken einzuüben. Das Critical Thinking existiert heute in so unterschiedlichen Feldern wie der philosophischen Praxis, in der philosophische Trainings und Beratungen zur Lebensführung veranstaltet werden, oder der psychometrischen Lehr-Lern-Theorie, in der Tests für dieses Kritische Denken auch etwa für die Naturwissenschaften erstellt werden. In seinem Zentrum ist Critical Thinking ein edukatives Programm analytischer Philosophie, das weitreichende Auswirkungen auf den gesamten Bildungsbereich im angloamerikanischen Raum hat. Itay Snir schreibt: „The key term in the contemporary field of education for thinking is criticism" (Snir 2020, S. 8).

Die Autoren des Critical Thinking beziehen Definitionsversuche dessen, was kritisches Denken in diesem Sinne ist, in der Regel auf folgende Passage aus John

Deweys *How We Think,* in der Dewey „reflective thought" wie folgt definiert: „active, persistent and careful consideration of any belief or supposed form of knowledge in the light of the grounds that support it, and the further conclusions to which it tends." (Dewey 1910, S. 6). Derzeit ist die von Robert Ennis entwickelte Taxonomie aus Dispositionen und Fähigkeiten des kritischen Denkens wohl grundlegend dafür, was in der Regel hierunter verstanden wird (die aktuellste Version: Ennis 2018, S. 167).

In Deutschland erlebt man aktuell philosophiedidaktische Bemühungen, das Critical Thinking in einer stark argumentationstheoretisch orientierten Lesart in den Schulunterricht zu bringen. Das geschieht erstens im weiten Bogen eines allgemeinen Trainings mit Self-Assessments, das im Prinzip auch für Erwachsene einsetzbar ist (z. B.: Pfister 2020), zweitens in Bezug auf alle Schulfächer, in denen das Argumentieren als Methode eine Rolle spielt, insbesondere auch für den Deutschunterricht (z. B.: Kuenzle 2021), und schließlich drittens in Form von deutlich fachphilosophisch-argumentationstheoretisch artikulierten Übungen im Philosophie- und Ethikunterricht (Burkard et al. 2021). Ausgangspunkt der gegenwärtigen Renaissance des Critical Thinking sind zwei Effekte, die man in Bezug auf die Digitalisierung erklären kann. Einerseits ist die oben von Floridi beschriebene Enttäuschung der rationalen Fähigkeiten der Menschen nicht unabhängig davon, dass auch kognitionspsychologische Forschungen sich auf die Irrationalitäten des menschlichen Denkens konzentrierten. Das geschah in den bekannten Forschungen von Daniel Kahneman und Amos Tversky mit Hilfe der erst durch digitale Technologien der Mustererkennung nutzbaren Eye-Tracking-Systeme (Kahneman 2012). Diese Forschungen nimmt Jonas Pfister dann auch zum Ausgangspunkt seiner neu orientierten, deutlich philosophiedidaktischeren Theorie des Critical Thinking (Pfister 2020, S. 9 und Kap. 21). Die Quelle der Irrationalität des Denkens sieht Pfister aber bei den in digitalen Medien kursierenden Verschwörungsmythen und Fake-News. Mit den Trainings im kritischen Denken sollen Lernende gerade hiervor gewappnet werden. Pfister schreibt: „Das Internet ist *das* Medium für die Verbreitung von Verschwörungstheorien" (Pfister 2020, S. 77, Herv. i. O.), und: „Die Anzahl an Fake News hat allein aufgrund der Einfachheit der Produktion (vor allem im Internet) massiv zugenommen" (Pfister 2020, S. 88). Bei Pfister sind das dann auch wichtige Anwendungsfelder der gewonnenen logisch-argumentativen Fähigkeiten, man soll lernen, mit Verschwörungstheoretikern zu diskutieren und Fake-News zu identifizieren.

Die lange Geschichte des Critical Thinking hat auch einige Kritik an dieser Art des Argumentationstrainings vorweggenommen (vgl.: Bailin 1995, S. 191 f.). Ich will hier nur zwei Argumente gegen das Argumentieren nennen, die Implikationen für die Bestimmung von Digitalisierungskritik bieten. Erstens ist das Argumentieren im Critical Thinking seiner Form nach immer als Streit von Gegensätzen verstanden: „Argument is commonly understood to be an adversarial contest, with arguers as warriors or competitors who attack and defend positions in the hopes of scoring points, vanquishing opponents" (Casey 2020, S. 77, für diesen Hinweis habe ich Donata Romizi zu danken). Im Bildungskontext wird dieser kompetitive Charakter von Argumentationstrainings immer wieder kritisiert, aber er muss der Sache nach, folgt man John Casey, zumindest in gemäßigter Form erhalten bleiben: „Argument is essentially adversarial, and there is nothing we can do about that, but we can engage in it more or less aggressively." (Casey 2020, S. 104). Zweitens wird das Argumentieren in diesen Trainings meist an abstrakten Beispielen geübt, wie: „Wenn Fido eine Katze ist, dann hat Fido vier Beine. Fido ist eine Katze. Also hat Fido vier Beine" (Pfister 2020, S. 37). In der Lebenswelt treten Argumente aber immer in Diskussionen auf, die deutlich mehr an Kontext benötigen. In dem Entwurf von Burkard et al., einem sog. Systematic Framework, also einem prospektiven Kompetenzraster der Argumentationsfähigkeit, wird diese Kritik wie schon in der älteren philosophiedidaktischen Konzeption von Gregor Betz zur Argumentationslehre im Philosophieunterricht berücksichtigt: „After all, single arguments are always embedded in discussions in which various questions and further arguments are being negotiated" (Burkard et al. 2021). In Diskussionen im Philosophieunterricht ist es immer bedeutsam, dass Sprecher:innen Positionen haben, die durch eine Form der Situiertheit geprägt sind, so dass Critical Thinking nicht mehr rein formell bestimmt werden kann. In starken Varianten wurde dies bereits als Gender-Bias des Critical Thinking an sich ausgelegt, die Art *wie* hier gedacht werden soll, sei männlich konnotiert, nicht nur, weil das Argumentieren hier so kompetitiv verstanden wird, sondern auch weil „context" und der „link between self and object" missachtet würden (Wheary und Ennis 1995, S. 219–221). In jüngerer Zeit sind auch diese Punkte wieder in der Diskussion (vgl.: Dalgleish et al. 2017). Itay Snir vermutet, dass hier der Diskurs zum Critical Thinking in der Analytischen Philosophie von der kritischen kontinentalen Philosophie profitieren könnte, indem er die *politische* Dimension in Konzeptionen des Denkens miteinbezieht: „Their [the continental philosophers, MB] conceptions of thinking are inseparable from their political views" (Snir 2020, S. 21). So könnten Argumente an politische Interessen zurückgebunden werden.

Auch diese aktuellen Entwicklungen der Kritik, die Renaissance des Critical Thinking und die Adaption der hier konzipierten Argumentationstrainings für den Schulunterricht im Fach Philosophie, müssen in einer Konzeption von Digitalisierungskritik beachtet werden. Die Problematik, der sich das Critical Thinking stellt, entsteht erst in Relation zur Dynamik der sozialen Bewegungen, die sich durch Fake-News und Verschwörungstheorien konstituieren. Hier muss Digitalisierungskritik so modelliert sein, dass sie diese gesellschaftliche Problematik nicht noch befeuert. Das beste Mittel ist hier *eine logisch-argumentative und kriterial prüfbare Struktur der Kritik,* wie sie die neuen Argumentationstrainings suchen, allerdings mit dem Zusatz, dass die *Situiertheit realer Interessen* Ausgangspunkt der Diskussion sein sollte. Ein rein formales Training reicht hier nicht aus, weil in Bezug auf die Digitalisierung unterschiedliche Gruppen unterschiedliche Interessen haben. Das muss auch so sein, sonst wäre Digitalisierung gar kein politisches Thema.

3.5 Eine Heuristik der Digitalisierungskritik für den Bildungskontext

Aus dem bisherigen Gang der Argumentation ergibt sich nun eine Heuristik dessen, was wir in der Lebenswelt der Lernenden suchen müssen, wenn wir eine gegenwärtig relevante Form philosophiebezogener Digitalisierungskritik für den Unterricht erhalten möchten. Ich will hier jetzt diese Heuristik in Form einer Definition von Digitalisierungskritik für den Bildungskontext vorstellen:

▶. *Digitalisierungskritik für den Bildungskontext ist eine konflikthafte soziale Praxis in Bezug auf die Digitalisierung mit dem Ziel der gesellschaftlichen Inklusion (1); sie findet aktiv und sozial und damit auch in den digitalen Medien selbst statt (2); sie beinhaltet die kritische Reflexion auf ihren eigenen Modus und artikuliert sich in Form einer Argumentation (3); sie bietet eine mit Kritischem Denken argumentationstheoretisch prüfbare Struktur, deren diskutierbare Positionen reale Interessen in der Digitalisierung zeigen (4).*

Im Durchgang der Argumentation bis hierhin habe ich gezeigt, wie sehr das, was wir heute unter Digitalisierungskritik verstehen können, von der Art und Weise abhängig ist, wie die neuen sozialen Bewegungen Kritik als Praxis betreiben. En passant hat sich gezeigt, dass etliche Phänomene, die für gewöhnlich in Digitalisierungskritik direkt kritisiert werden, nur in Relation zur Kritik in sozialen Bewegungen problematisch sind. Sie sind also gar keine Phänomene der Digitalisierungskritik im engeren Sinn. In den letzten Kapiteln wurden Filter-Bubbles und Echokammern (Abschn. 3.1), soziale Isolation und Hikikomori (Abschn. 3.2), Shitstorms und Social Shaming (Abschn. 3.3), sowie Verschwörungstheorien und Fake-News (Abschn. 3.4) als Verzerrungen der sozialen Praxis der Kritik diskutiert. Für gewöhnlich werden diese Phänomene in einer Digitalisierungskritik direkt angegriffen. Das Problem ist hier aber jeweils nicht die technologische Struktur, sondern die Verzerrung der Kritik in den sozialen Bewegungen, mit denen diese Phänomene in Bezug stehen. Dennoch muss bei jeder Kritik heutzutage und insbesondere im Bildungskontext darauf geachtet werden, solche Verzerrungen nicht noch zu verstärken. Wie eingangs schon beschrieben, geht es hier also nicht darum, *was* kritisiert wird, sondern *wie*. Auch im Folgenden wird es grundlegend immer um den *Modus der Kritik* gehen.

3.6 Modelle für eine Digitalisierungskritik weit vor der Digitalisierung

Die eben aufgestellte Definition scheint sehr voraussetzungsreich, das ist sie aber gar nicht. Tatsächlich bietet die Philosophiegeschichte in einer langen Tradition der Technologiekritik seit Beginn der Aufzeichnungen Kritikmodelle, die sich mit dieser Heuristik auch in der Lebenswelt der Lernenden finden lassen. Genauer gesagt gibt es genau *mit* Beginn der Aufzeichnungen, also mit Einsatz der Schrift, auch die ersten Kritiken dieser Art. Die Schrift dient wie die digitalen Interfaces bereits als Technik zur Verflachung einer dreidimensionalen Welt und bietet so den „breeding ground" von Formen der Kritik (Krämer 2021b, S. 85). In Sybille Krämers Verständnis braucht es die Schrift als Technik, einen Medienbegriff und die Reflexion auf die soziale Erkenntnisfunktion von Zeugenschaft, die im Prinzip anfechtbar ist, damit die Grundlagen für eine philosophische Kritik gegeben sind, die noch heute auf die Digitalisierung angewendet werden kann. Krämer geht vom Medienbegriff aus und sucht die Kritik auf dem Feld der Epistemologie (Krämer 2019, 2021a). Alternativ hierzu kann man die Grundlagen einer Kritik an der Digitalisierung auch über die soziale Praxis des Gebens und Nehmens von Kritik und den Technologiebegriff ausfindig machen. Aber auch in diesem Fall findet man die ersten Modelle einer Kritik, die heute in der Lebenswelt der Lernenden auf die Digitalisierung angewendet werden, bereits in der Antike. Das will ich noch kurz darlegen.

Die beiden Bestandteile des Kompositums Technologiekritik, Kritik und Technologie, sind mindestens so alt wie die menschliche Aufzeichnung zurückreicht. Kritik ist nicht erst mit dem kantischen Projekt oder der Aufklärungsphilosophie in die Welt gekommen, auch wenn Kritik spätestens ab hier, womöglich aber auch schon in der frühen Neuzeit, eine besondere gesellschaftliche Bedeutung erhält (Wesche 2009, S. 193–199). Das Kritisieren, verstanden als soziale Praxis, ist eine sehr wahrscheinlich immer bereits vorhandene Form menschlichen Handelns durch Sprache, aber auch und nicht unwesentlich durch Taten. Sie setzt voraus, dass „Gegebenheiten analysiert, beurteilt oder als falsch abgelehnt werden" (Jaeggi und Wesche 2009, S. 7) und richtet sich dann an eine andere Person. Diese Person soll durch die Kritik erkennen, dass ihre Vorstellung der Gegebenheiten nicht wahr sind, sondern nur scheinhaft waren. In einer moderneren Form richtet sich Kritik oft auch an Dritte, die erkennen sollen, dass Zweite einem Schein aufsitzen, dem diese aber auch durch Einsicht nicht entgehen können. Das ist die einfache sozialtheoretische Struktur der Modelle von Ideologiekritik, die im Ganzen aber ein größeres Maß an Institutionalisierung von Trug bedürfen, so dass es Ideologiekritik vollumfänglich wohl erst in der Moderne geben konnte. Die Kritik an Dritten als soziale Praxis ist hingegen sicher älter. Agent der Kritik kann heute wie zu allen Zeiten sowohl ein wissenschaftlicher Theoretiker als auch ein im Feld agierender sozialer Akteur sein (Celikates 2009, S. 19–26). Wer dies letztlich ist, ist gar nicht so bedeutend. In der Kritik vereinigt sich allemal sowohl die theoretische Sicht, die eine Identifikation der Wahrheit erst ermöglicht, als auch die praktische Perspektive, in der die Dimensionen des Scheins erst deutlich werden. So braucht Kritik auch erstmal keinen modernen Wissenschaftsbetrieb. Folgt man dieser Perspektive, dann ist Kritik als soziale Praxis so alt wie die Menschheit. Ein ganz klassisches Beispiel aus der philosophischen Tradition für eine einfache Praxis der Kritik ist etwa die Kritik des Sokrates an den „Trugbildern" (Platon 1974b, 150b), unwahren Vorstellungen, die in der Schleiermacher-Übersetzung so bildlich „Mondkälber" heißen (Platon 1970, 150b).

Die einfache soziale Praxis der Kritik kann sich dabei seit der Antike auch besonders gut auf nutzenorientierte menschliche Artefakte, also Technik, richten. Das kann sie erstens, weil in der Technik immer ihr Hersteller oder Verwender aufscheint, an den sich die Kritik richten kann. Im klassischen Verständnis der *téchne* ist wie in der modernen ingenieurswissenschaftlichen Technik die Seite der menschlichen Herstellung und Verwendung integriert (Ropohl 2009, S. 31). Technologiekritik konnte sich so als Kritik am menschlichen Gebrauch in der direkten und persönlichen Kritik den Technikern zuwenden, so etwa bei Aristoteles Warnung vor den „Banause[n]", den handwerklichen Technikern mit praktischem Inselwissen, deren Wissensbestände nicht zum Erziehungsziel im Staat erhoben werden sollen (Aristoteles 2005, 1337b). Zweitens liegt die Form der Technologiekritik nahe, weil Kritik als soziale Praxis immer die Aufdeckung eines Scheins, eines Trugbildes, einer Fehlvorstellung ist. Solch ein Schein kann eine religiöse Überformung sein und gegen diese haben aufklärerische Strömungen Kritik geübt. Ein Schein kann aber auch eine technische Verformung des Blicks sein und hierauf konzentriert sich Technologiekritik seit der Antike. Der künstliche Schein ist ein durch Techniken vom Feuer bis zum Display hergestellter optischer Effekt und schon in Platons Höhle wird ein Schein durch ein künstliches Feuer erzeugt (Platon 1974a, 514a). Selbst noch vor Platon sind Beispiele für Technologiekritik leicht zu finden, so zum Beispiel in der Kritik an dem nur ausstaffierten Götteropfer, das in der frühen Variante des Prometheus-Mythos in Hesiods *Theogonie* als Opferbetrug kritisiert wurde (Hesiod 1978, 537–541).

Dabei kann man Technologie als die „Wissenschaft von der Technik" (Ropohl 2009, S. 31) zwar begrifflich von Technik trennen und diese Trennung wird seit der frühen Neuzeit in der Technikphilosophie angestrengt. Es hat sich aber zumindest alltagsprachlich nicht durchgesetzt, streng zwischen Technik und Technologie zu unterscheiden. Im Zusammenhang mit der Digitalisierung tritt die materielle Artefaktseite der Technik immer mehr in den Hintergrund, so dass es hier Sinn macht, nur noch von Technologie zu sprechen. Auch schon in der Antike setzt Technik in Herstellung und Verwendung bereits ein Wissen voraus. Alle Formen von Technik, die dabei nicht allein auf implizitem Wissen beruhen, sondern reproduzierbar und kulturell vermittelbar sind, sind immer Technologien. Dennoch gibt es in der Kritik Modelle, die die Wissensdimension der Technologie weitgehend ausklammern und sich allein auf die menschlichen Artefakte, also die reine materielle Technik, richten. Das mag daran liegen, dass man die Kritik am materiellen Bestand besser anbringen kann als am epistemischen Hintergrund.

Was Technologie ist, habe ich gerade mit einem sehr einfachen und weit verbreiteten ingenieurswissenschaftlichen Begriff von Günter Ropohl definiert, um die Sache hier möglichst simpel zu halten. Im zweiten Teil des Buches werde ich dann neuere Ansätze der Technikphilosophie im angloamerikanischen Raum diskutieren, die eine solche Definition, was Technologie *ist*, grundsätzlich problematisieren. An dieser Stelle reicht aber die einfache Definition aus, um zu zeigen, dass Technologiekritik eine basale soziale Praxis ist, die es schon seit der Antike gibt. Eine lebensweltbezogene Digitalisierungskritik kann also auch aus diesen älteren Quellen bezogen werden.

3.7 Übersicht der Kritikmodelle

In Tab. 3.1 sind die Kritikmodelle dargestellt, die der Definition von Digitalisierungskritik für den Bildungskontext folgen, wie sie in diesem Kapitel eingeführt wurde. In den Kap. 5, 6 und 7 werde ich sie im Detail am didaktischen Material besprechen und auch zeigen, wie sie in der Lebenswelt der Lernenden aktuell bereits vorkommen. Ich erhebe keinen Anspruch auf Vollständigkeit, hoffe aber doch zumindest einige wichtige Modelle, mit denen Digitalisierung heute kritisiert wird, aufgeschlüsselt und auf ihre philosophischen Ursprünge zurückverfolgt zu haben.

Die Modelle mögen den Eindruck machen, dass sie ab der Moderne eine klare Abzweigung in der Theoriegeschichte der Philosophie in eine linkshegelianische Richtung nehmen, die dann in Denkfiguren der Frankfurter Schule mündet. Das ist insofern unvermeidlich, da die hier entwickelten Argumentationen bis heute die Digitalisierungskritik prägen. Im nächsten Kapitel möchte ich aber zeigen, dass damit nicht zwangsläufig eine kapitalismuskritische Deutung der Digitalisierung einhergehen muss. Gegenwärtig gibt es zwei Denkweisen der Digitalisierung in der Soziologie, die beide an diesen Kritikmodellen ansetzen können. Dies sind auch die beiden dominanten Hintergrundtheorien jeder Form von Digitalisierungskritik. Das ist erstens die Deutung Kritischer Theorie, die in unserer Gesellschaft immer noch virulent ist. Im angloamerikanischen Raum wird sie aktiv betrieben, aber erstaunlicherweise ist die Frankfurter Schule in Deutschland in vierter Generation kaum noch an Technologiekritik interessiert. Da ist zweitens die strukturfunktionalistische Deutung in Systemtheorien der Digitalisierung. Sie bieten gegenwärtig in der deutschen Soziologie die stärksten Erklärungen der Digitalisierung. Ich werde jetzt in Kap. 4 zeigen, dass diese Theorien in entscheidenden Punkten ihrer Deutung der Digitalisierung konvergieren, insbesondere in ihrer Deutung der industriellen Moderne. Dabei werden sich einige Vorurteile über beide Theorien in Luft auflösen. So wird dem Strukturfunktionalismus vorgeworfen, er könne nur die gesellschaftlichen Funktionssysteme passiv beobachten und würde überhaupt nicht bei einer Kritik der Digitalisierung anlangen. Der Kritischen Theorie wird hingegen vorgeworfen, sie hätte einen an Institutionen orientierten Blick auf den Staat und könne die kommunikativen Strukturen der Gesellschaft eigentlich gar nicht sehen. Im Kap. 4 werde ich mich mit diesen beiden gegenwärtigen Großtheorien zur Digitalisierung zumindest soweit auseinandersetzen müssen, um zu zeigen, dass beide bis zu einem gewissen Punkt in derselben Weise mit den Standardmodellen philosophischer Digitalisierungskritik kompatibel sind. Sie unterscheiden sich dann aber in ihrer Tiefendeutung. Dieses Auseinanderfallen der Deutungen auf einer Tiefenebene ist aus pädagogischer Perspektive ein didaktischer Vorteil. Wenn die Analyse der Kritikmodelle in die Tiefen einer soziologischen Deutung der Gesellschaft gehen sollte – was sie sicher in der Praxis eher selten tut –, ist so nämlich immer noch offen, ob die kommunikativen Strukturen oder die gesellschaftlichen Machtverhältnisse zur Deutung herangezogen werden. Damit sind die Standardmodelle der philosophischen Digitalisierungskritik auch politisch nicht vorformatiert.

3.7 Übersicht der Kritikmodelle

Tab. 3.1 Übersicht über die Standardmodelle philosophischer Digitalisierungskritik. Aus Platzgründern wird hier ausnahmsweise auf geschlechtergerechte Sprache verzichtet, gemeint sind hier und in den nachfolgenden Tabellen aber immer Personen aller Geschlechter. Aus demselben Grund gibt es hier und dort Enthymeme.

Modell	Argument	Diskussion	Interessen (Stakeholder)	Inklusionsziel	Tiefendeutung
Testbericht (Platon 1)	P1: Nutzen und Risiken digitaler Technologien sind schwer zu durchschauen. P2: Menschen treffen Entscheidungen aufgrund fehlender oder falscher Information. C: Menschen treffen falsche Entscheidungen zu digitalen Technologien.	Initialkritik technolog. Neuheiten	a) Nutzer b) Ratgeber c) Hersteller	Nutzerinformation und Marktregulation	Werbung oder Information
Mediennutzungskritik (Platon 2)	P1: Technologien haben eine Wirkung auf ihre Nutzer. P2: Bei jeder intendierten Wirkung gibt es ein Übermaß und einen kompetenten Gebrauch. C: Technologienutzung muss gelernt werden.	Taktiken der Entnetzung	a) Nutzer b) Pädagogen	Suchtprävention und Medienkompetenz	Selbstdisziplin oder Asozialität
Verpasster Wandel (Platon 3)	P1: Technologischer Wandel hängt die Alten ab. P2: Wer abgehängt wird, kritisiert zu Unrecht das Neue. C: Die Alten kritisieren zu Unrecht die neuen Technologien.	Generationenkonflikt	a) die Alten b) die Jungen	Teilhabe der Senioren	Marktmacht oder Innovation
Kritik an den ökonomischen Folgen (Open Marxism 1)	P1: Der Einsatz digitaler Technologien als Arbeitsmittel führt zu stetiger Steigerung der Produktivkraft. P2: Die Steigerung der Produktivkraft wird auf lange Sicht Herrschaft und Ausbeutung obsolet machen. P3: Digitale Technologien führen kurzfristig zur Verstärkung von Herrschaft und Ausbeutung. P4: Staatliche Hilfen können Härten von Arbeit abmildern. C: Es braucht mittelfristige staatliche Hilfen.	Rationalisierung der Arbeit	a) Unternehmer b) Beschäftigte c) Freelancer	Soziale Härten ausgleichen	Kapital oder Maschinenstruktur
Künstler- und Sportlerkritik (Open Marxism 2)	P1: Digitale Technologien erfordern kreative und agile Arbeits- und Lebensformen. P2: Sinnfindung braucht Muße und Ruhe. C: Sinnfindung ist in der Digitalisierung erschwert.	Kritik an New Work und negativen Beziehungen	a) Sinnsucher b) Sinnstifter	Gutes und gelingendes Leben	Warenform oder Visualität
Kritik an soziokulturellen Verwerfungen durch a) starke (Han), b) schwache (Habermas) oder c) mittlerer (Benjamin) technologische Effekte (Open Marxism 3)	P1: Mit digitalen Technologien wird Kultur produziert. P2: Kultur bestimmt, wie Menschen denken und leben. [ab hier unterschiedliche Argumentation a, b, c] Pa: Es gibt ein die Gesellschaft durchziehendes und existentiell bedrohendes technologisches System, *die* Technologie. Ca: Das Leben der Menschen ist durch die Technologie umfassend verformt und sie können diese Verformung nicht erkennen. [oder] Pb: Hinter problematischen Technologien stehen immer problematische Sozialverhältnisse. Cb: Man muss Sozialverhältnisse kritisch-kommunikativ gestalten, um Kultur und Denken der Menschen zu ändern. [oder] Pc1: Menschen produzieren Kultur vor dem Hintergrund einer pfadabhängigen Geschichte der Verhältnisse, in denen sie leben. Pc2: Man kann soziokulturelle Bedeutungen im Kleinen durchschauen. Cc: Eine begrenzte Kritik konkreter Technologie ist möglich und notwendig.	Sorge um die Gesellschaft	a) Menschen in technologischen Zusammenhängen b) Aktivisten und Theoretiker (a und b sind dieselben Personen, diese Kritik ist immanent)	Inklusion der Gesellschaft in der fragmentierten Spätmoderne	zu a) Technokratie oder Form der nächsten Gesellschaft zu b) Einfluss der Ökonomie oder Struktur der Massenmedien zu c) Spezifische Warenform oder konkretes Interaktionssystem

Strukturfunktionalistische und kritische Deutungen aus der hohen Warte der soziologischen Gesellschaftstheorie können sich dennoch auf sie berufen und tun es auch. Das werde ich im nächsten Kapitel zeigen, bevor ich dann die Modelle im Detail analysiere und mit didaktischen Hinweisen versehe. Die Tab. 3.1 enthält in ihrer letzten Spalte bereits die Hinweise auf mögliche Deutungsrichtungen, die eine kapitalismuskritische und eine strukturfunktionalistische Tiefendeutung annehmen könnten.

Leser:innen, die nicht an der gesellschaftstheoretischen Metaebene der Deutungen der Digitalisierung interessiert sind, können auch direkt in Kap. 5, 6 und 7 mit den Modellen fortfahren. Die nun folgenden Ausführungen sind für den theoretischen Hintergrund soziologisch stark interessierter Lehrkräfte gedacht, die die Frage nach den Grundlagen der Digitalisierungskritik bis in die Bezugswissenschaft der Soziologie verfolgen möchten.

Literatur

Aristoteles. 2005. *Politik Buch VII/VIII. Aristoteles Werke in deutscher Übersetzung. Band 9. Politik. Teil IV. DAA.* Begründet von Ernst Grumach. Herausgegeben von Hellmut Flashar. Übersetzt von Eckart Schütrumpf. Darmstadt: Wissenschaftliche Buchgesellschaft.

Bailin, Sharon. 1995. Is Critical Thinking Biased? Clarifications and Implications. *Educational Theory* 45(2):191–197.

Burkard, Anne, Henning Franzen, David Löwenstein, Donata Romizi, und Annett Wienmeister. 2021. Argumentative Skills: A Systematic Framework for Teaching and Learning. *Journal of Didactics of Philosophy* 5(2):72–100.

Casey, John. 2020. Adversariality and Argumentation. *Informal Logic* 40(1):77–108.

Celikates, Robin. 2006. From Critical Social Theory to a Social Theory of Critique: On the Critique of Ideology after the Pragmatic Turn. *Constellations* 13(1):21–40.

Celikates, Robin. 2009. *Kritik als soziale Praxis. Gesellschaftliche Selbstverständigung und kritische Theorie.* Frankfurt a. M.: Campus.

Celikates, Robin. 2017. Epistemische Ungerechtigkeit, Looping-Effekte und Ideologiekritik: Eine sozialphilosophische Perspektive. *WestEnd. Neue Zeitschrift für Sozialforschung* 14(2):53–72.

Celikates, Robin. 2021. Wir sind Zeugen eines ideologischen Kampfes, der mit allen Mitteln ausgetragen wird. Interview mit Rebin Celikates geführt von Dominik Erhard vom 12.07.2021. *Philosophie Magazin.* https://www.philomag.de/artikel/robin-celikates-wir-sind-zeugen-eines-ideologischen-kampfes-der-mit-allen-mitteln.

Dalgleish, Adam, Patrick Girard, und Maree Davies. 2017. Critical Thinking, Bias and Feminist Philosophy: Building a Better Framework through Collaboration. *Informal Logic* 37(4):351–369.

Deleuze, Gilles. 1997. Bartleby; or, The Formula. In *Essays Critical and Clinical*, 68–90. Minneapolis, MN: University of Minneapolis Press.

Dewey, John. 1910. *How We Think.* Boston, New York, Chicago: D.C. Heath & Co.

Döring, Sabine. 2021. Epistemische Gerechtigkeit und epistemische Offenheit – eine Versöhnung. In *Wissenschaftsfreiheit im Konflikt: Grundlagen, Herausforderungen und Grenzen*, Hrsg. Elif Özmen, 49–68. Berlin, Heidelberg: J.B. Metzler.

Ennis, Robert H. 2018. Critical Thinking Across the Curriculum: A Vision. *Topoi* 37(1):165–184.

Fricker, Miranda. 2007. *Epistemic Injustice. Power and the Ethics of Knowing.* Oxford: Oxford University Press.

Hesiod. 1978. *Theogonie.* In: *Texte zur Philosophie. Band 1.* Herausgegeben, übersetzt und erläutert von Karl Albert. Kastellaun: Henn.

Jaeggi, Rahel. 2009. Was ist Ideologiekritik? In *Was ist Kritik*, Hrsg. Tilo Wesche und Rahel Jaeggi, 266–295. Frankfurt a. M.: Suhrkamp.
Jaeggi, Rahel. 2013. *Kritik der Lebensformen*. Frankfurt a. M.: Suhrkamp.
Jaeggi, Rahel, und Tilo Wesche. 2009. Einführung: Was ist Kritik? In *Was ist Kritik*, Hrsg. Rahel Jaeggi und Tilo Wesche, 7–22. Frankfurt a. M.: Suhrkamp.
Kahneman, Daniel. 2012. *Schnelles Denken, langsames Denken*. München: Siedler.
Krämer, Sybille. 2019. Epistemologie der Medialität: Eine medienphilosophische Reflexion. *Deutsche Zeitschrift für Philosophie* 67:833–850.
Krämer, Sybille. 2021a. Der Verlust des Vertrauens. Medienphilosophische Perspektiven auf Wahrheit und Zeugenschaft in digitalen Zeiten. In *Medien und Wahrheit: Medienethische Perspektiven auf Desinformation, Lügen und „Fake News"*, Hrsg. Christian Schicha, Ingrid Stapf und Saskia Sell, 25–42. Baden-Baden: Nomos.
Krämer, Sybille. 2021b. Media as Cultural Techniques: From Inscribed Surfaces to Digital Interfaces. In *Media. A Transdisciplinary Inquiry*, Hrsg. Jeremy Swartz und Janet Wasko, 77–86. Bristol, UK: intellect.
Kuenzle, Dominique. 2021. Argumentative Kompetenzen am Gymnasium: „Promising Practice". In *Bildung im 21. Jahrhundert*, Hrsg. Verein Schweizer Deutschlehrerinnen und Deutschlehrer, 41–60. Aarau: VDSL.
Madoff, Steven Henry. 2018. Reticence and Mortgage: Bartleby as Sanctuary. *On Curating* 40:4–7.
Melville, Herman. 2020. *Bartleby, the Scrivener. A Story of Wall-Street*. Berlin: Insel-Verl.
Nassehi, Armin. 2019. *Muster. Theorie der digitalen Gesellschaft*. München: C. H. Beck.
Nassehi, Armin. 2020. *Das große Nein: Eigendynamik und Tragik des gesellschaftlichen Protests*. kindle. Hamburg: kursbuch.edition.
Pfister, Jonas. 2020. *Kritisches Denken*. Ditzingen: Reclam.
Platon. 1970. *Theaetetus. In: Werke in acht Bänden. Band 6.* Hg. von Gunther Eigler. gr./dt., Übersetzung: Friedrich Schleiermacher (revidiert). Darmstadt: Wissenschaftliche Buchgesellschaft.
Platon. 1974a. *Der Staat. Platon. Jubiläumsausgabe sämtlicher Werke zum 2400. Geburtstag (8 Bände). Band 4.* Eingeleitet von Olof Gigon. Übertragen von Rudolf Rufener. Zürich, München: Artemis.
Platon. 1974b. *Theaitetos. In: Spätdialoge I. Platon. Jubiläumsausgabe sämtlicher Werke zum 2400. Geburtstag (8 Bände). Band 5.* Eingeleitet von Olof Gigon. Übertragen von Rudolf Rufener. Zürich, München: Artemis.
Reckwitz, Andreas. 2021. Gewonnene Illusionen. Rezension von Urs Stähelis Buch „Soziologie der Entnetzung". *Süddeutsche Zeitung*, 18. Juni https://www.sueddeutsche.de/kultur/urs-staheli-soziologie-entnetzung-1.5325430.
Ropohl, Günter. 2009. *Allgemeine Technologie. Eine Systemtheorie der Technik*. 3. überarbeitete Auflage. Karlsruhe: Universitätsverlag Karlsruhe.
Snir, Itay. 2020. *Education and Thinking in Continental Philosophy*. Cham: Springer.
Stäheli, Urs. 2021. *Soziologie der Entnetzung*. Berlin: Suhrkamp.
Stalder, Felix. 2016. *Kultur der Digitalität*. Frankfurt a. M.: Suhrkamp.
Stalder, Felix. 2021. Zu Staehlis „Soziologie der Entnetzung". *Twitter*, 20. Juni https://mobile.twitter.com/stalfel/status/1406549188050145286.
Thein, Christian. 2021. Dimensionen der Aufklärung und Kritik in der philosophischen Bildung. *Zeitschrift für Didaktik der Philosophie und Ethik* 42(1):20–28.
Weber-Guskar, Eva. 2020. Der Online-Kommentar: Moralismus in digitalen Massenmedien. In *Kritik des Moralismus*, Hrsg. Christian Neuhäuser und Christian Seidel, 422–447. Frankfurt a. M.: Suhrkamp.
Wesche, Tilo. 2009. Reflexion, Therapie, Darstellung. Formen der Kritik. In *Was ist Kritik?*, Hrsg. Tilo Wesche und Rahel Jaeggi, 193–221. Frankfurt a. M.: Suhrkamp.
Wheary, Jennifer, und Robert H. Ennis. 1995. Gender Bias in Critical Thinking: Continuing the Dialogue. *Educational Theory* 45(2):213–224.

Soziologische Tiefendeutungen der Digitalisierung

4

Zusammenfassung

Kritische und strukturfunktionalistische Gesellschaftstheorien unterscheiden sich wesentlich im Problemverständnis der Digitalisierung. In jüngerer Zeit ist aber ein synergetisches Projekt entstanden, die sog. kritische Systemtheorie, in der einerseits Gesellschaftskritik eine selbst soziologisch zu beschreibende Beobachtungskategorie darstellt, andererseits funktionale Äquivalente als gesellschaftliche Alternativen begriffen werden. Historisch betrachtet baut das Medien- und Technologieverständnis in beiden Theorien auf der Diagnose eines Umbruchs mit der Entstehung der Massenmedien und der Möglichkeit von Kulturproduktion auf. In beiden Theorien kann Kritik an der Digitalisierung deshalb als Kulturkritik ausbuchstabiert werden. Tiefergehende Deutungen können sich dann im Unterricht unterscheiden. So sind Deutungen der nachfolgenden philosophischen Modelle vor dem Hintergrund einer Kapitalismuskritik ebenso denkbar wie strukturalistische Auslegungen.

Schlüsselwörter

Kritische Theorie · Strukturfunktionalismus · Systemtheorie · Gesellschaftskritik · Kulturkritik

4.1 Digitalisierung in strukturfunktionalistischer und kritischer Gesellschaftstheorie

Mit dem Hervortreten der ganzen Tragweite der Digitalisierung im vergangenen Jahrzehnt sind strukturfunktionalistische Theorien als soziologische Deutungsmuster der gesellschaftlichen Transformation weit verbreitet. Von mehreren deutlich von Niklas Luhmann beeinflussten Soziologen sind einflussreiche

Monografien hierzu erschienen, z. B. Armin Nassehis *Muster,* Dirk Baeckers *4.0* und Felix Stalders im Bildungsbereich einflussreiches Buch *Kultur der Digitalität*. Eine didaktische Digitalisierungskritik kann diese strukturfunktionalistische Perspektive nicht ignorieren. Sie muss aber genauso der langen philosophischen Tradition der Technologiekritik in der Kritischen Theorie Rechnung tragen, weil die dort entwickelten Muster nicht nur akademisch Spuren hinterlassen haben. Sie hatten auch deutliche Auswirkungen auf die Digitalisierungskritik in der Lebenswelt der Lernenden. Ein didaktischer Entwurf der Digitalisierungskritik muss also für beide Großtheorien der Gesellschaft anschlussfähig sein. Das ist möglich, so meine These, weil es bis zu einem bestimmten Punkt eine *Konvergenz* dieser Theorien in Bezug auf die Digitalisierung gibt. Das wäre bis ins Detail sehr kompliziert zu zeigen, ich will es hier nur in den Ansätzen tun, die auch zu einem Verständnis der Digitalisierung aus gesellschaftstheoretischer Sicht noch einmal etwas beitragen. Ich werde deshalb vor allem zeigen, dass in beiden Theorien Digitalisierungskritik als *Kulturkritik* ausgedeutet werden kann.

Ich will mit einer ganz groben Beschreibung der beiden Theorien als soziologische Gesellschaftstheorien beginnen, damit erst einmal ihre großen Unterschiede deutlich werden. Strukturfunktionalistische Ansätze zur Digitalisierungskritik kommen heute in einer von Luhmann modifizierten systemtheoretischen Deutung vor, in der die Grundsätze der von Talcott Parsons entwickelten Theorie noch aufgehoben sind: „als Struktur kommen hier die sich durchhaltenden Systemelemente in den Blick und als Funktionen die dynamischen Systemerhaltungsmechanismen. Dabei ist das Bestandserhaltungsproblem zentral und wird im Hinblick auf die Unterscheidung funktionaler und dysfunktionaler Effekte behandelt" (Endreß 2017, S. 201). So besteht auch die Digitalisierung aus einer Struktur und einer latenten, aus Problemen und Lösungen immer wieder neu zusammengesetzten Funktion. Beide Seiten, *Probleme und Lösungen* sind danach also *notwendig,* damit die Digitalisierung in der ausdifferenzierten Gesellschaft unserer Gegenwart funktioniert. Dementgegen tritt eine Kritische Gesellschaftstheorie als soziologische Theorie seit Jürgen Habermas immer in Form einer Verlustanzeige auf: „Nach dem Verlust der Tragfähigkeit der alten Sittlichkeit ist Habermas zufolge dann nur noch auf das diskurstheoretisch rekonstruierte Zusammenspiel von Recht und Moral zur Konsolidierung solidarischer Lebenszusammenhänge zu setzen" (Endreß 2017, S. 193). Dementsprechend sind die Probleme der Digitalisierung dann auch *tieferliegende soziale Probleme, die nicht da sein müssten.* In der Kompakteinführung in die soziologischen Theorien von Martin Endreß, aus der ich gerade zitiert habe, folgen beide Theorien direkt aufeinander, scheinen aber gerade in Bezug auf die Problematisierung gesellschaftlicher Formationen und damit auch auf die Problematisierung der Digitalisierung sehr unterschiedliche Deutungen anzubieten. Diese Deutungen wurden in Bezug auf jede Art von Technologie durch Habermas und Luhmann schon in den 70er Jahren ausgefochten. Von Seiten des Strukturfunktionalismus erging damals der Vorwurf, dass eine Perspektive Kritischer Theorie auch noch jede Form der Technologie allein zu einem *politischen* Problem macht als verfehlte Fortführung der „alteuropäische[n] praktische[n] Philosophie, die ein soziales System, nämlich das politische, für das Ganze hielt" (Luhmann 1972, S. 24). Auf der anderen Seite machte Habermas dem Strukturfunktionalismus den Vorwurf, dass er technologische Verwerfungen für systemrelevant deklariere und so systemtheoretische Erklärungen „in einem auf Entpolitisierung einer mobilisierten Bevölkerung angewiesenen politischen System die herrschaftslegitimierenden Funktionen […] übernehmen, die bisher von einem positivistischen Gemeinbewußtsein erfüllt worden sind" (Habermas 1972, S. 144). Man muss sich trotz dieser langewährenden Differenzen der Theorien, die erst einmal sehr unversöhnlich scheinen, heute aber dennoch bei einer kritischen Sicht auf die Digitalisierung nicht bereits im Vorfeld auf ein soziologisches Paradigma festlegen.

Die Beschreibungen der Digitalisierung in der gegenwärtigen Soziologie verfolgen bereits ein Programm, das eine bestimmte Synergie von Kritischer Theorie und Strukturfunktionalismus zumindest implizit voraussetzt. Eine Explikation dieser Synergie haben die Bielefelder Soziologin Jasmin Siri und der Frankfurter Soziologe Kolja Möller als *kritische Systemtheorie* beschrieben, „in der sich Gesellschaftskritik und funktionale Differenzierung wechselseitig erläutern" (dieser Ansatz auch bereits bei: Amstutz und Fischer-Lescano 2013; hier zitiert: Möller und Siri 2016a, S. 224). Ich möchte hier die These wagen, dass dieses Programm einer Kritischen Systemtheorie zu einer über weite Strecken konvergenten Sicht der Digitalisierung in Kritischer Theorie und Strukturfunktionalismus führen kann und auch schon führt. Ansätze wie die von Armin Nassehi, Dirk Baecker und Felix Stalder sind bereits in diesem Sinne kritisch und strukturfunktionalistisch *zugleich*. Diese Kritik fällt in der von Siri und Möller geforderten Weise nicht hinter die „soziologische Aufklärung" (Möller und Siri 2016a, S. 223) zurück – ein klassischer Vorwurf Luhmanns an die Kritische Theorie. Diese neue Theorie geht also nicht davon aus, dass gesellschaftliche Strukturen sich wie im hegelschen Modell vom Individuum hinauf konstituieren und so Humanisierungspotentiale direkt von Institutionen eingefordert werden können (vgl. auch: Nassehi und Siri 2016, S. 209). Sie verortet die Perspektive des Kritikers selbst in der kulturell bedingten Struktur in höherer Ordnung, und rückt den Menschen aus dem Zentrum sozialer Systeme. Das ist ein für den Funktionalismus besonders in der systemtheoretischen Wendung typischer Perspektivwechsel, der zu einer Verfremdung des Blicks führt, in dem auch kritisches Potential erst sichtbar werden kann. Andererseits birgt der klassische Strukturfunktionalismus die Gefahr, soziale Konflikte und strukturelle Verwerfungen als Notwendigkeit in kybernetischen Steuerungsprozessen affirmativ zu behandeln. Um diesem Problem zu begegnen, ist den neuen strukturfunktionalistischen Deutungen der Digitalisierung, der bei Siri und Möller für das gesamte Programm einer *kritischen Systemtheorie* geforderte kritische Impetus anzumerken. Ziel solcher Kritik sei die „intelligente Balancierung im Verhältnis von Empirie und Theorie, in einer Weise, die Irritationsfähigkeit erzeugt und Kontingenz sichtbar macht" (Möller und Siri 2016a, S. 223). Der neue Strukturfunktionalismus zur Digitalisierung ist in diesem Sinne weder rein deskriptiv noch affirmativ, sondern weist in einer weiteren Definition von kritischer Theorie mit kleinem „k" vor allem die Grundüberzeugung aus, dass die Gesellschaft ihre kritisierbaren Probleme selbst erst schaffe

(Möller und Siri 2016b, S. 7). Für Nassehi liegt dann die Verwandtschaft einer gegenwärtigen kritischen Systemtheorie mit der Kritischen Theorie mit großem „K" seit Habermas darin, „dass Einzelphänomene in der Gesellschaft nicht ohne Rekurs auf Gesellschaft möglich sind" (Nassehi und Siri 2016, S. 221). Eine kritische Systemtheorie ist insbesondere vor dem Hintergrund der Digitalisierung ein von Nassehi schon länger verfolgtes Projekt, in dem auch Wirkungen in die Öffentlichkeit durchaus beabsichtigt sind, um bewusst Erwartungen und Erwartungserwartungen zu enttäuschen und so als soziologische Kritik selbst eine Funktion in der Gesellschaft zu erfüllen. Die normativen Gehalte der Kritik bestehen dann darin, „Beschreibungen mit Alternativen, mit funktionalen Äquivalenten, mit kontraintuitiven Chiffren zu versorgen" (Nassehi und Siri 2016, S. 215). Die Grundlagen einer solchen Kritik sind notwendig unterbestimmt, es besteht vielmehr eine Analogie zur frühen Kritischen Theorie darin, die Suche nach der Kritik selbst noch zur soziologischen Beobachtungskategorie zu machen. Die Ausbildung von Kritik als soziale Praxis ist dann ein durch die Soziologie zu betrachtendes gesellschaftliches Phänomen, so Dirk Baecker (Baecker 2016, S. 234 f.).

Es finden sich deutliche theoretische Verbindungslinien beider Theorien in gegenwärtigen soziologischen Deutungen der Digitalisierung. Es ist kein Zufall, dass in den großen, in unterschiedlichen Stärken vom Strukturfunktionalismus inspirierten Theorien der Digitalisierung insbesondere zur Generierung kritischen Potentials explizit an Walter Benjamin angeknüpft wird (Reckwitz 2017, S. 58; Baecker 2018, S. 95; Nassehi 2019, S. 23 f.). Am deutlichsten finden sich Anleihen bei der frühen Kritischen Theorie sicher bei Hartmut Rosa, der in seiner Rekonstruktion gelingender Weltbeziehungen in Zeiten der Digitalisierung eine Negativfolie aus den Figuren der Entfremdung und der Verdinglichung in der Folge von Marx und Lukács zeichnet (Rosa 2016, S. 52). Aber auch Andreas Reckwitz analysiert die Digitalisierung als Phänomen in der Folge einer Denkfigur der Frankfurter Schule, wenn er die „Moderne als Rationalisierungsprozess" begreift, die sich in der Kulturproduktion der Spätmoderne überholt (Reckwitz 2017, S. 28 und 200). Die größte Konvergenz der beiden Großtheorien zeigt sich aber in ihrer Deutung eines Umbruchs um ca. 1930, den ich hier die *mediale Moderne* nennen möchte, die durch Massenmedien und den Beginn der Kulturproduktion durch die Rezipienten selbst geprägt ist. Die auf den ökonomischen Veränderungen des 19. Jahrhunderts beruhenden gesellschaftlichen Veränderungen, die kulturgenerierende Massentechnologien erst notwendig machten, werden in ihren Grundlagen und Konsequenzen in gegenwärtigen Analysen der Digitalisierung konvergent beschrieben. Die Texte der frühen Kritischen Theorie sind gerade deshalb bei Digitalisierungskritik heute auch aus einer strukturfunktionalistischen Sicht heraus noch relevant, weil ihr Nachhall der durch die Digitalisierung nur verzerrte Grundton unserer spätmodernen Gesellschaft ist. Diese mediale Moderne werde ich jetzt in beiden Sichtweisen, der strukturfunktionalistischen und der in der frühen Kritischen Theorie, darstellen.

4.2 Die mediale Moderne in strukturfunktionalistischer Sicht

In den strukturfunktionalistischen Gesellschaftstheorien stellen die Medien in ihrer Entwicklung von der Sprache über die Schrift, den Buchdruck, die modernen Massenmedien bis hin zu den Medien der Digitalisierung ein funktionales Kontinuum dar, das zunächst einmal die modernen Massenmedien nicht als Bruchstelle erscheinen lässt. Medienwandel ist erst einmal ein wiederkehrendes Phänomen des gesellschaftlichen Wandels. So ist für Dirk Baecker „die Geschichte der Durchsetzung von Verbreitungsmedien […] eine Geschichte der Annahme und Faszination wie eine Geschichte der Ablehnung und Befürchtung" (Baecker 2018, S. 27).

Dennoch veränderte die Einführung der modernen Massenmedien auch in der strukturfunktionalistischen Sicht radikal die Art und Weise wie Medien in der Gesellschaft funktionieren. Verbreitungsmedien verbreiten in Luhmanns klassischer Sicht zwar Informationen, ihre eigentliche Funktion ist aber die „Bestätigung sozialer Zusammengehörigkeit" (Luhmann 1997, S. 202), sie stiften somit den Kitt der Gesellschaft. Klassische Verbreitungsmedien seien nur dann erfolgreich, wenn die mit ihnen übermittelten Informationen so verbreitet sind, dass die einzelne Information keinen Sinn mehr macht, weil jeder schon von ihr weiß. Wenn also Subjekte in einer wie auch immer gearteten Interaktion etwas schon gehört oder davon gelesen haben, dann liegt für Luhmann der Sinn des Verbreitungsmediums gerade darin, dass sich Subjekte angesichts der nicht mehr notwendigen Information zusammengehörig fühlen. Die Subjekte verstehen sich dann, wie es so schön heißt, *auch ohne Worte*. Die Etablierung der modernen Massenmedien war demnach aber ein Bruch in dieser Funktion der Verbreitungsmedien, weil sie als Antwort auf die Ausdifferenzierung der Gesellschaft einen „Bedarf für laufend neue Information" erzeugten (Luhmann 1997, S. 203). Aufgabe der Information war dann auch nicht mehr die Herstellung wortlosen Konsenses, sondern die ständige Irritation der Gesellschaft. Diese Irritation beschrieb Luhmann auch als die Unmöglichkeit der modernen Massenmedien tatsächlich wahre oder pädagogisch wertvolle Informationen zu liefern: „Ihre Präferenz für Information, die durch Publikation ihren Überraschungswert verliert, also ständig in Nichtinformation transformiert wird, macht deutlich, daß die Funktion der Massenmedien in der ständigen Erzeugung und Bearbeitung von Irritation besteht – und weder in der Vermehrung von Erkenntnis noch in einer Sozialisation oder Erziehung in Richtung auf Konformität mit Normen" (Luhmann 2017, S. 119). Eine profane Kritik an den Massenmedien, die auch auf die Digitalisierung manchmal noch angewendet wird, argumentiert tatsächlich so: Die Medien zeigen gar nicht die Wahrheit und verderben die Jugend. Diese Kritik läuft, so Luhmann, aber bereits an den Massenmedien ins Leere, weil man diese Medien bereits gar nicht mehr so kritisieren *kann*. Es sei gar nicht ihre Funktion, Wahrheit oder Normenkonformität zu vermitteln. Wahrheit sei in der Moderne in das Wissenschaftssystem, Normenkonformität in das Erziehungssystem ausdifferenziert. Phänomene, die wir heute noch in der Digitalisierung kennen, die Sensation, den Skandal und den Hype kann man sich mit dieser Irritationsfunktion, wie sie Luhmann beschreibt, recht gut erklären. Die modernen Massenmedien stellten durch die ständig notwendige Irritation das in der Gesellschaft verbreitete Wissen auf eine schwankende Grundlage: „Was wir über unsere Gesellschaft, ja über die Welt, in der wir leben, wissen, wissen wir durch die Massenmedien" (Luhmann 2017, S. 9).

Die Massenmedien bringen dann aber auch ihre spezifischen Probleme mit sich, insbesondere kappen sie die „interpersonelle Interaktion", ein Befund, den insbesondere der Medientheoretiker Michael Giesecke im Anschluss an Luhmann kulturübergreifend verdeutlicht hat (Giesecke 2007, S. 208). Gerade diese Interaktion wird mit den digitalen Medien wieder eingeführt. Ausgehend von der klassisch strukturfunktionalistischen Sicht nimmt der Luhmannschüler Dirk Baecker dann auch an, dass die elektronischen Medien das System der Massenmedien in eine „Katastrophe" führen und „die bewährten modernen Strukturen überfordern" (Baecker 2018, S. 31). Wenn jede Medienrevolution in eine gesellschaftliche Katastrophe führe, oder zumindest, um es mit Michael Giesecke etwas gemäßigter zu formulieren, zu einer „Verschiebung der Gewichte zwischen den kommunikativen Hauptformen" (Giesecke 2007, S. 214), gingen damit Prozesse des Kulturwandels einher, in denen auch die Frage neu ausgefochten werden müsste, was Wissen als „kulturell prämierte Information" (Giesecke 2007, S. 481) bedeutet. In diesem Kampf verändert sich auch die Kritik in der strukturfunktionalistischen Sicht. Eine Medienkritik der Digitalisierung spielt sich oft gerade vor dem Wunsch nach Irritation durch die Medien ab, eine Funktion, die digitale Medien oft nicht mehr liefern, indem sie uns unsere Likes, Favoriten und mit Predictive Analytics ermittelten Kaufpräferenzen vorführen (vgl.: Nassehi und Siri 2016, S. 219).

Dirk Baecker ist der einzige strukturfunktionalistische Theoretiker, der davon ausgeht, dass sich mit den digitalen Medien auch eine neue Gesellschaftsform etablieren wird, die eine neue Funktion von Kritik hervorbringt. Erst durch die affirmierenden Effekte der Kritik an den klassischen Massenmedien entstehe die neue, zu kritisierende ausdifferenzierte Gesellschaft und mit ihr auch eine neue Funktion der Medienkritik. Die funktionale Charakteristik einer neuen Medienkritik ist bei Baecker sehr bewusst noch unterbestimmt (Baecker 2018 S. 31 f.). Die strukturfunktionalistischen Theoretiker der Digitalisierung sind sich aktuell bei der geschichtsphilosophischen Verortung noch uneins, welche epochale Kategorie für die Gegenwart zu wählen sei. Ob wir jetzt an den Anfängen der „nächsten Gesellschaft", deren Struktur das „Netzwerk" sei, leben (Baecker 2018, S. 34), die Digitalisierung ein Effekt aus der „Frühzeit der Moderne" ist, der jetzt erst durchschlägt (Nassehi 2019, S. 63), oder die Kultur der Digitalität uns vor die Wahl zwischen „Postdemokratie" oder „Erneuerung der Demokratie" stellt (Stalder 2016, S. 279 f.), ist unklar. An diesen Deutungsschwierigkeiten kann man zumindest die Liminalität der gegenwärtigen Gesellschaft in der Digitalisierung ablesen. Es ist aber gleichzeitig offensichtlich, dass bestimmte zu kritisierende Mechanismen der Moderne in der Digitalisierung auch in strukturfunktionalistischer Sicht nicht vollständig ersetzt sind. Sie sind aber derart transformiert, dass es bereits Deutungsschwierigkeiten gibt. Der Ursprung in den Medien Fotografie, Radio, Kino und Fernsehen ist zumindest in den transformierten Formen der Feeds, Podcasts und Streaming-Dienste noch deutlich sichtbar. Mit Augmented Reality, Virtual Reality, Ubiquitous Computing und dem Internet der Dinge gibt es aber eine Reihe neuartiger Phänomene in der Digitalisierung, die man schwer überhaupt noch in den Kategorien einer Medienkritik fassen kann. Dass die Kommunikation im Web 4.0 nicht mehr zwischen Menschen, sondern zwischen Maschinen stattfindet, ist dabei gar nicht das zentrale Problem. Es ist die Unmittelbarkeit der neuen Phänomene, die eine Kritik als Medium schwierig machen. Deshalb entsteht gerade auch in der strukturfunktionalistischen Theorienlandschaft eine Sichtachse auf *Kulturkritik statt Medienkritik*. Kultur wird dann verstanden als „jene Prozesse, in denen soziale Bedeutung, also die normative Dimension der Existenz, durch singuläre und kollektive Handlungen explizit oder implizit verhandelt und realisiert wird" (Stalder 2016, S. 16). Das ist gerade bei Stalder auch sehr materiell gedacht. Insbesondere dieses Kulturverständnis und eine Kulturkritik in diesem Sinne ist anschlussfähig an die Frankfurter Schule.

Für die strukturfunktionalistische Soziologie war die Kultur über weite Strecken keine Analysekategorie. Schon berühmt ist mittlerweile Luhmanns Bann des Kulturbegriffs in einer für ihn erstaunlich alltagssprachlichen Formulierung, die Kultur sei einer „der schlimmsten Begriffe, die je gebildet worden sind" (Luhmann 1995a, S. 398). Luhmanns Kritik ist vor allem in dem Aufsatz *Kultur als historischer Begriff* von 1995 in seinem größeren Projekt der Kritik gesellschaftlicher Semantik entfaltet. Kultur wird dort als eurozentrisch, modernistisch, aber im Effekt konservativ begriffen und als Analysekategorie deshalb für jede entwicklungsorientierte Soziologie verworfen (Luhmann 1997, S. 588). Das ändert sich jedoch in der Luhmannnachfolge (zu diesem Wandel: Schaffrick 2016, S. 278), wobei hier an Ansätze aus der Kritik Luhmanns am Kulturbegriff angeknüpft wird. Die Semantik der Kultur ist für Luhmann eine „Beobachtung zweiter Ordnung" (Luhmann 1995b, S. 32), in der eine europäische Öffentlichkeit seit der Aufklärung sich durch Besonderung in Ähnlichkeit zu etwas anderem, das sie „interessant" findet (Luhmann 1995b, S. 35), sozial verortet. Dirk Baecker versucht heute „die Distanzierung der Systemtheorie gegenüber dem Kulturbegriff in den Begriff" (Baecker 2013, S. 225) einzubinden und so die Beobachterperspektive der Kultur fruchtbar zu machen als einen Analysegegenstand, in dem sich die Gesellschaft selbst spiegelt. Über das Offenlegen der kulturellen Produktion und das „Sichtbarwerden der Unsichtbarkeit der gesellschaftlichen Antezedenzbedingungen des individuellen Lebens" werde deutlich, dass hinter der Technologie eine „Maschine ihren Dienst tut", wie Nassehi sagt (Nassehi 2019, S. 44). Diese Kulturmaschine produziere erst das Bild der Gesellschaft von sich selbst, das sich dem Individuum einbrennt.

Der Kulturbegriff kann in einer strukturfunktionalistischen Sicht auch deshalb wohl ganz gut den Medienbegriff beerben, weil dieser in der Digitalisierung problematisch geworden ist. Niklas Barth hat jüngst in einer theoretischen Arbeit gezeigt, dass es die systemtheoretisch wichtige Unterscheidung von Form und Medium in den neuen Kommunikationen nicht mehr geben kann: „Es sind stets Medienformen" (Barth 2020, S. 113). Damit wäre nicht nur der Begriff der Übertragung und der Information durch die Medien fragwürdig. Die Art, wie wir kommunizieren, und über welche materiellen Medien diese Kommunikationen ablaufen, so Barth, sei stets abhängig von unseren Beobachtungen. Wir seien nur auf den Plattformen, nur über die Kanäle und nur zu den jeweiligen Inhalten aktiv, denen wir unsererseits auch Aufmerksamkeit schenken. Wie wir dies auswählen, ist dann aber eine kulturelle Frage. Barth umgeht zwar hier noch den Kulturbegriff, nennt aber mit Cassirer symbolische Formen wie „Mythos, die Kunst, die Wissenschaft" (Barth 2020, S. 116), vor deren Hintergrund sich die Selbstbeobachtung der Gesellschaft in der Medialität der Medien abspiele. In der Luhmannnachfolge rückt also nicht nur die Kultur als Analysekategorie zweiter Ordnung in den Blick der strukturfunktionalistischen Gesellschaftstheorie. Es wird auch zunehmend deutlich, dass der Blick auf die Medien sich zu einem Blick auf ihre kulturellen Verortungen weiten muss. Gerade das bietet die Anschlussfähigkeit der bedeutenden strukturfunktionalistischen Theorien der Gegenwart an die Kulturkritik der Frankfurter Schule. Die „Kultur der Digitalität" (Stalder 2016) wird aus strukturfunktionalistischer Sicht einer Kulturkritik aus Beobachterperspektive zugeführt.

4.3 Massenmedien und Kulturkritik in der frühen Kritischen Theorie

Ganz ähnlich wie die strukturfunktionalistische Deutung setzt auch die Technologiekritik der Frankfurter Schule mit einer Zeitenwende ein. Diese wird schon früh als solche erkannt und gerade durch ihre kulturellen Folgen beschrieben. Walter Benjamin deutet die Zeitenwende im Vorwort des Reproduktionsaufsatzes in noch deutlich an Marx orientierten Begriffen nicht als technologische Revolution *sui generis*, sondern als nachgelagerten Prozess, der aus den sozialen Konflikten des 19. Jahrhunderts heraus stattfindet: „Die Umwälzung des Überbaus, die viel langsamer als die des Unterbaus vor sich geht, hat mehr als ein halbes Jahrhundert gebraucht, um auf allen Kulturgebieten die Veränderung der Produktionsbedingungen zur Geltung zu bringen" (Benjamin 1974, S. 473). Mittlerweile weiß man, dass die flächendeckende Veränderung der Produktionsbedingungen tatsächlich deutlich langsamer von statten ging als von den meisten Theoretikern der frühen Frankfurter Schule angenommen. So schreibt der Historiker Jürgen Osterhammel: „Erst in den Jahren unmittelbar nach dem *Zweiten* Weltkrieg setzte sich in ganz Europa, auch in der Sowjetunion, die Industriegesellschaft als dominanter Gesellschaftstypus durch. Ihre Vorherrschaft war von kurzer Dauer. Bereits um 1970 übertraf in Europa Arbeit im Dienstleistungsbereich den Anteil der Industriearbeit an der Gesamtbeschäftigung" (Osterhammel 2009,

4.3 Massenmedien und Kulturkritik in der frühen Kritischen Theorie

S. 960 f.). Wenn also Horkheimer und Adorno über die Kulturproduktion als „Triumph des Riesenkonzerns" (Adorno und Horkheimer 1981, S. 172) schreiben, dann kann man das heute nur als vorgezogene Kritik eines historischen Prozesses sehen, der in den Jahren nach 1930 in seiner vollen gesamtgesellschaftlichen Konsequenz noch eigentlich kaum sichtbar war. Erst in der Dienstleistungsgesellschaft des späten 20. Jahrhunderts schlägt er vollends zu Buche; hier erst stellt die Arbeit von der industriellen Warenproduktion weitgehend auf „Kulturproduktion" um, so Andreas Reckwitz (2017, S. 105).

Mit den modernen Massenmedien um ca. 1930 entstand aber der *Zugang* weiter Teile der Bevölkerung zu den Mitteln der Kulturproduktion und damit überhaupt eine Wechselwirkung der Kultur mit der gesamten erweiterten Form der Gesellschaft, die eine neu entstandene Soziologie auch zum ersten Mal als solche begriff. Erst durch den Prozess der gesellschaftlichen Selbstbeobachtung in kultureller Produktion entsteht im Laufe des 19. Jahrhunderts nämlich überhaupt eine nicht mehr lokal, ja noch nicht einmal national begrenzte Kultur. Deshalb beginnt der Historiker Jürgen Osterhammel seine Universalgeschichte des 19. Jahrhunderts auch mit den neuen Medientechniken und setzt so in der globalen Moderne und ihrer Kulturkritik gleich auch schon eine Endmarke des langen Jahrhunderts: „jene neuen Denkformen, Techniken, Institutionen und ‚Dispositive', die mit der Zeit Universalität erlangen sollten und spätestens um 1930 als Merkmale einer weltweiten ‚Moderne' erschienen, entstanden allesamt während des 19. Jahrhunderts im Okzident und begannen von dort aus ihre unterschiedlichen Weltkarrieren" (Osterhammel 2009, S. 83).

Bereits für Benjamin war in seiner Zeit deutlich, dass damit zum ersten Mal auch die Möglichkeit und Notwendigkeit gegeben war, dass alle Teile der Gesellschaft in einem Verhältnis zur Kultur stehen. Damit ergab sich eine Wechselwirkung zwischen dem Subjekt, seiner Psyche, seiner Arbeit und der kulturellen Produktion. An dieser Produktion war das Subjekt selbst beteiligt, so dass Kultur nicht mehr für eine Elite geschaffen war. Die Begriffe der Kultur der Weimarer Zeit wie „Schöpfertum und Genialität, Ewigkeitswert und Geheimnis" (Benjamin 1974, S. 473) waren damit für Benjamin nicht nur hinfällig; sie wurden gefährlich. Man müsse sich theoretisch gegen sie wappnen, damit sie nicht von regressiven Kräften aufgegriffen würden. Die Technologiekritik beginnt also bei Benjamin mit einem emanzipativen Impuls, es gibt einen gewissen „Kampfwert solcher Thesen" (Benjamin 1974, S. 473) allein darin, dass die Kultur jetzt von jedem beeinflusst werden kann – und in Umkehrung eben auch jeden beeinflusst. Entsprechend findet sich hier auch bereits die Idee, dass eine Technologiekritik auch immer ein progressives Projekt zur Veränderung der Gesellschaft beinhaltet.

Vor diesem Hintergrund ist auch in der frühen Kritischen Theorie der Kulturbegriff selbst zum Teil suspekt, ähnlich wie es in Luhmanns gesellschaftlicher Semantik des Kulturbegriffs der Fall ist. Bei Theodor W. Adorno wird eine Perspektive dritter Ordnung etabliert, indem sich nicht nur die Gesellschaft (1) in der Kultur spiegelt (2), sondern diese noch einmal in der etablierten Kulturkritik (3). Nicht so berühmt wie Luhmanns Diktum zur Kultur als einer „der schlimmsten Begriffe, die je gebildet worden sind" (Luhmann 1995a, S. 398, s. o.), aber dafür umso amüsanter, ist Adornos Bonmot, dass derjenige, der das Wort Kulturkritik erfunden habe, wohl selbst kaum Kultur gehabt haben dürfte, weil es sich um die Kombination eines lateinischen und eines griechischen Wortes handele (Adorno 1977a, S. 11). In *Kulturkritik und Gesellschaft* wende sich Adorno gegen die Formen der „Zeitkritik" und des „Ressentiments", die in restaurativer Absicht die kulturellen Erzeugnisse der Gegenwart oder einer bestimmten sozialen Gruppe kritisiere, so Hjördis Becker (Becker 2012, S. 46 und 52). Solche Kulturkritik geriere sich immer als „Inhaberin eines überlegenen Standpunktes" (Konersmann 2008, S. 7). Aber auch von einer fatalistischen Kulturkritik, wie sie in Oswald Spenglers *Untergang des Abendlandes* Anfang des 20. Jahrhunderts kulminierte, grenzt sich Adorno ab, wenn er seine Auseinandersetzung mit dem Werk Spenglers mit den Worten beendet: „Gegen den Untergang des Abendlandes steht nicht die auferstandene Kultur, sondern die Utopie, die im Bilde der untergehenden wortlos fragend beschlossen liegt" (Adorno 1977b, S. 71). Wenn er die untergehende Utopie als fortwährende Kritik der Kultur ausmacht, so ist auch dies eine immanente Kulturkritik, da alle Utopien, die wir uns vorstellen können, selbst ein Teil der Kultur sind. Gerade diese Form der selbstreflexiven Kulturkritik ist anschlussfähig an die gegenwärtige kulturkritische Wende des Strukturfunktionalismus.

Die Entwicklung der Kulturkritik aus dem Selbstbeobachtungsprozess des 19. Jahrhunderts wurde, das mag hier perspektivisch für eine Digitalisierungskritik noch interessant sein, durch die damals gerade entstehende Ethnologie befeuert und wirkte nicht unwesentlich durch die Kulturwissenschaftliche Bibliothek Warburg in weite Teile des deutsch-jüdischen Intellektualismus hinein. Der Kunsthistoriker Horst Bredekamp beschrieb kürzlich in einer Biographie Warburgs den Kulturvergleich, der zur Grundlage einer neuen Kulturkritik wurde, als das ethnologische „Durchpflügen des fremden Feldes bis zum Verlust der eigenen Standfläche" (Bredekamp 2019, S. 62). Das praktizierte schon Aby Warburg selbst im Wechselspiel zwischen florentinischer Renaissance und der Kultur der Hopi-Indianer unter der kulturhistorischen Prämisse „jede Form des diskriminierenden Aufstiegsdenkens zu vermeiden" (Bredekamp 2019, S. 117). Die neue Kulturkritik hatte für Walter Benjamin große Affinität und besaß für das kulturkritische Programm der ersten Generation der Kritischen Theorie zumindest eine deutliche „Verwandtschaft" (Schweppenhäuser 2019, S. 368). Ein Spezifikum der Kritischen Theorie später, mit der sie dann über die Arbeiten im Warburgkreis hinausging, ist die Verbindung von Technologie und Kultur. Die im 19. Jahrhundert entwickelten Möglichkeiten der Selbstbeobachtung durch Fotografie ab 1838/39 und Film ab 1895 (Osterhammel 2009, S. 77 und 80) und die mit demselben technisch-industriellen Wandel erst notwendig gewordene inklusive Funktion von Kultur führten zwangsläufig dazu, dass Kultur technologisch hergestellt wird. Auch in diesem Wechselspiel von Problem und Lösung kann man hier eine Analogie zu gegenwärtigen strukturfunktionalistischen Deutungen der Digitalisierung erkennen.

4.4 Grenzen der Theorienkonvergenz als Möglichkeitsraum der Ausdeutungen

In einer Kulturkritik an der Digitalisierung konvergieren also die gegenwärtigen strukturfunktionalistischen Deutungen und die Ansätze der frühen Kritischen Theorie. An diesem Punkt setzt eine *Kritische Systemtheorie* auch heute bereits an, wohl am deutlichsten bei Felix Stalder in der Analyse der „Kultur der Digitalität" (Stalder 2016). Alle nun folgenden Standardmodelle philosophischer Digitalisierungskritik sind in diesem Sinne *Kulturkritik*. Am deutlichsten operiert die Philosophie Walter Benjamins so. Das ist auch der wesentliche Grund, warum ich diese für eine wichtige Form der Digitalisierungskritik im Unterricht halte. Kulturelle Veränderungen sind bei Benjamin explizit und mehrdeutig, sie können so zu einem vielschichtigen Nachdenken über Digitalisierung im Unterricht führen.

Zu zeigen, dass Strukturfunktionalismus und Kritische Theorie in der nun folgenden *Kulturkritik an Technologien* konvergieren, war ein ganz entscheidender Schritt für die Anschlussfähigkeit und politische Neutralität der nun folgenden didaktischen Modellierungen. Die funktionalistische Grundthese, dass nämlich die Digitalisierung eine Funktion in der gesamten Gesellschaft über alle Subsysteme hinweg erfüllt, ist heute ein breiter Konsens. Das spiegelt sich in den großen soziologischen Analysen der Gegenwart, die ein didaktischer Entwurf bei einem gesellschaftstheoretisch derart bedeutenden Thema nicht ignorieren kann. Gleichzeitig ist die Kritische Theorie mit großem „K", also die Frankfurter Schule, als Bezug unumgänglich, weil sie das philosophische Fundament von Technologiekritik nicht nur in der deutschen philosophischen Tradition, sondern in einem viel weiteren Kreis der kritischen Selbstbeobachtung der Gesellschaft auch und gerade in der Digitalität selbst liefert. Ich habe argumentiert, dass es sowohl theoretisch als auch historisch bedeutende Kongruenzen dieser Theorien gibt, vor deren Hintergrund es kein Zufall ist, dass sich strukturfunktionalistische Theorien der Digitalisierung auf kritische Philosophen wie Walter Benjamin beziehen. Dennoch hat die in Projekten wie der „Kritischen Systemtheorie" gesuchte Theorienkonvergenz auch ihre Grenzen, die das alte Bild der Soziologie als einer multiparadigmatischen Wissenschaft noch einmal aufscheinen lassen (Kneer und Schroer 2013, S. 7). An diesen Grenzen endet der Konsens. Dem Kritikmodell einer immanenten, sozial- und kulturphilosophisch fundierten Technologiekritik, das ich für den Philosophieunterricht vorschlage, könnte man je nach theoretischer Perspektive die Attribute *kapitalismus-* oder *strukturkritisch* noch hinzufügen. Das ist hier aber bewusst nicht Teil des Modells, weil die Theoriekonvergenz an dieser Stelle endet. Die Frage nach dem Kapitalismus hinter der Digitalisierung und die Frage nach der Struktur der Digitalisierung sind für beide Theoriefamilien essenzielle Fragen, die auch im Unterricht behandelt werden können. Inwieweit das geschieht, möchte ich hier aber der jeweiligen didaktischen Ausgestaltung anheimstellen. Ausgehend von den Quellen in den folgenden Kapiteln sind beide Tiefendimensionen der Digitalisierungskritik zugänglich. Beide

Tiefendimensionen sind politisch und müssten als solche im Unterricht expliziert werden; ich will sie hier noch kurz darstellen.

Es ist keine Vorgabe gegenwärtiger Theorien zur Digitalisierung, wie stark die *Kritik politischer Ökonomie* in der Marxnachfolge in die Technologiekritik einfließen muss, respektive inwieweit Digitalisierungskritik auch immer sehr deutlich Kapitalismuskritik sein muss. So kommentierte der Frankfurter Sozialphilosoph Martin Saar z. B. Andreas Reckwitz Entwurf einer Theorie der Singularitäten jüngst mit einem Hinweis auf die dort weitgehend fehlende materialistische Grundlage der Kritischen Theorie mit dem Diktum, „dass immer noch Raum, ja Bedarf ist für die Idee, das In-Wert-Setzen des Singulären selbst folge einer genuin ökonomischen, keiner rein kulturellen Dynamik" sei (Saar 2018, S. 3). Reckwitz beginnt seine kultursoziologische Analyse der „Gesellschaft der Singularitäten" mit dem Fortbestand des Kapitalismus in der transformierten Form des „kulturellen Kapitalismus" (Reckwitz 2017, S. 7), in der dann aber die Ökonomie hinter der Kultur nur noch wenig durchscheint. Andreas Reckwitz geht davon aus, dass die klassische Massenproduktion, das „doing generality", in der Digitalisierung auf die Maschinenebene verlagert ist, während uns die Oberfläche von Plattformen wie Instagram als hochgradig individuelle „Singularisierungstechnologie" begegnet (Reckwitz 2017, S. 233). In Hartmut Rosas Deutung der Digitalisierung ist die Kapitalismuskritik hingegen sehr deutlich (vgl. Rosa et al. 2014, S. 65). Derzeit gibt es eine Vielzahl von Neubestimmungen des Kapitalismusbegriffs, die ökonomische und kulturelle Kritik in Digitalisierungskritik vereinen. Der „agile Kapitalismus", „flexible Kapitalismus", „Überwachungskapitalismus" oder „neue Geist des Kapitalismus", haben allesamt eine auch kritisierbare ökonomische Dimension (Boltanski und Chiapello 2006; Lessenich 2008; Zuboff 2018; Daum 2020). Bei strukturfunktionalistischen Theorien der Digitalisierung wird hingegen immer wieder von kritischen Rezensenten bemerkt, dass hier die Kritik am Kapitalismus „zuweilen seltsam heruntergedimmt" erscheine (Assheuer 2019). Man kann alle in den Kap. 5 und 6 vorgeschlagenen Modelle der Digitalisierungskritik auch immer als Kritik an politischer Ökonomie fassen, das gilt selbst für den platonischen Mythos, der im Zentrum der altägyptischen Palastökonomie in einer Sklavenhaltergesellschaft spielt.

Wo der transformierte Kapitalismus nicht die Tiefendimension der Technologie bietet, ist es in den strukturfunktionalistischen Theorien die *Struktur des Mediums*, die eine tiefere, theoretische Deutung eröffnet. Hierin zeigt sich das durkheimsche Erbe des Strukturalismus. So ergibt sich eine Wechselwirkung zwischen der mikroskopischen Struktur der kommunikativen Codierung und der makroskopischen der ganzen Gesellschaft. Damit ergeben sich auch erst zentrale Thesen der strukturfunktionalistischen Deutung der Digitalisierung. Sie gehen entweder davon aus, dass die Digitalität der Gesellschaft sich in der Tiefenstruktur der Medien abbildet, oder umgekehrt, dass die Digitalisierung selbst eine Struktur erzeugt, die dann kulturell in die ganze Gesellschaft distribuiert wird. *Dass* es aber eine Tiefenstruktur der Digitalisierung gibt, ist in strukturfunktionalistischen

Theorien gesetzt. Nassehi entfaltet diese Argumentation im Umkehrschluss, indem er zeigt, dass die Tiefenstruktur der Digitalisierung zu Unrecht gerne als völlig plastisch angenommen wird, eine weiße Leinwand, die selbst noch gezeichnet werden müsse: „Die niedrigen Grenzkosten und die einfache Ausgangsbasis der Technologie sowie die Verfügbarkeit von Daten suggerieren eine Grenzenlosigkeit, die die materiellen und faktischen Grenzen einer bestehenden Gesellschaft zugleich ignoriert und sprengt" (Nassehi 2019, S. 190 f.). Das sei aber eben nur ein Trugschluss, bei Nassehi sind es die für sein Hauptwerk zur Digitalisierung namensgebenden gesellschaftlichen *Muster*, die sich im Digitalen auch auf unterster Ebene verdoppeln. Armin Nassehi beschreibt diese „Digitalität" der Gesellschaft als den kulturellen Wandel, der die Bedingung der Möglichkeit der Digitalisierung in Form eines vorher schon etablierten Selbstbeobachtungsprozesses darstellt (Nassehi 2019, S. 30). Sie stiftet die Struktur, die *Muster* der Digitalisierung. Felix Stalder geht einen anderen Weg. Er beschreibt *die Kultur der Digitalität* ausgehend von einem Distributionsprozess digitaler Kulturformen in die Gesellschaft, der über materielle digitale Technologien, Endgeräte, Displays, Rechenzentren, Satelliten und Glasfaserkabel läuft. Das führe zwangsläufig zu kulturellen Wirkungen, „nachdem sich digitale Infrastrukturen und die durch sie in den Mainstream gebrachten Praktiken im Alltag breitgemacht haben" (Stalder 2016, S. 20). Die materiellen Tiefenstrukturen der Digitalisierung, ihre „Referentialität", „Gemeinschaftlichkeit" und „Algorithmizität" verändern dann die Struktur der Gesellschaft. Das gelinge, so Stalder, weil diese technologischen Strukturen auf eine Gesellschaft im Wandel treffen, in der „etablierte kulturelle Praktiken und gesellschaftliche Institutionen" bereits „viel von ihrer Selbstverständlichkeit und Legitimität" verloren haben (Stalder 2016, S. 21). Bei Dirk Baecker schließlich ergibt sich aus der Digitalisierung ein neues kommunikatives Problem. Es ist das Problem des „Kontrollüberschusses durch Speicher, Netzwerke und Algorithmen des Computers" (Baecker 2018, S. 54), die jene neuen Kommunikation in der aufkommenden nächsten Gesellschaft überladen. Auch wenn sich die strukturfunktionalistischen Deutungen in ihrer jeweiligen Beschreibung der Struktur der Digitalisierung unterscheiden, gibt es jedoch immer eine auch kritisierbare Tiefenstruktur, die wesentlich die Digitalität bestimmt. Angesichts der Kontrollmechanismen des Digitalen hat diese Kritik wohl aber eher eine liberale Form als die selbst eher auf Regulierung und Kontrolle ausgerichtete Kapitalismuskritik.

Gerade diese auch politisch zu deutenden Differenzen der Tiefeninterpretation zwischen Strukturfunktionalismus und Kritischer Theorie halten die nun folgenden Modelle in der Interpretation für einen didaktischen Einsatz offen. In den allermeisten Fällen wird diese tiefe Ebene im Unterricht wohl nicht erreicht, so dass dieses Kapitel eher Hintergrundinformationen für interessierte Lehrkräfte bot. Wenn der Unterricht aber doch einmal in die Tiefen einer soziologischen Deutung gelangt, so würde ich vorschlagen, beide Deutungen jeweils anklingen zu lassen, damit die Schüler:innen sich selbst ein Urteil bilden können. In der tabellarischen Darstellung der Standardmodelle am Ende von Kap. 3 habe ich in der letzten Spalte jeweils schon einmal Vorschläge für mögliche Tiefendeutungen gemacht, die ich in den folgenden Kapiteln auch jeweils kurz anreißen werde. Der Fokus liegt im Folgenden aber auf den Modellen selbst. Nun stelle ich die *Standardmodelle der philosophischen Digitalisierungskritik* in den Kap. 5 (Platon) und 6 (Open Marxism) nacheinander vor.

Literatur

Adorno, Theodor W. 1977a. Kulturkritik und Gesellschaft. In *Kulturkritik und Gesellschaft I. Prismen/Ohne Leitbild. Gesammelte Schriften*. Bd. 10,1., Hrsg. Rolf Tiedemann, 11–30. Frankfurt a. M.: Suhrkamp.

Adorno, Theodor W. 1977b. Spengler nach dem Untergang. In *Kulturkritik und Gesellschaft I. Prismen/Ohne Leitbild. Gesammelte Schriften*. Bd. 10,1., Hrsg. Rolf Tiedemann, 47–71. Frankfurt a. M.: Suhrkamp.

Adorno, Theodor W., und Max Horkheimer. 1981. *Dialektik der Aufklärung. Philosophische Fragmente. Gesammelte Schriften*. Bd. 3. Frankfurt a. M.: Suhrkamp.

Amstutz, Marc, und Andreas Fischer-Lescano. 2013. *Kritische Systemtheorie: Zur Evolution einer normativen Theorie*. Bielefeld: transcript.

Assheuer, Thomas. 2019. Wir Sortiermaschinen. Rezension zu Armin Nassehis „Muster". *Die Zeit*, 21. November https://www.zeit.de/2019/48/armin-nassehi-muster-theorie-der-digitalen-gesellschaft-sachbuch-soziologie.

Baecker, Dirk. 2013. *Beobachter unter sich. Eine Kulturtheorie*. Frankfurt a. M.: Suhrkamp.

Baecker, Dirk. 2016. Wahr ist nur, dass alles falsch ist: Zur Kritik in der nächsten Gesellschaft. In *Systemtheorie und Gesellschaftskritik*, Hrsg. Kolja Möller und Jasmin Siri, 223–242. Bielefeld: transcript.

Baecker, Dirk. 2018. *4.0 oder die Lücke die der Rechner lässt*. Leipzig: Merve-Verlag.

Barth, Niklas. 2020. *Gesellschaft als Medialität. Studien zu einer funktionalistischen Medientheorie*. Bielefeld: transcript.

Becker, Hjördis. 2012. Kulturkritik. In *Handbuch Kulturphilosophie*, Hrsg. Ralf Konersmann, 46–53. Stuttgart: J.B. Metzler.

Benjamin, Walter. 1974. Das Kunstwerk im Zeitalter seiner technischen Reproduzierbarkeit (Zweite Fassung). In *Gesammelte Schriften*. Bd. I,2, Hrsg. Rolf Tiedemann und Hermann Schweppenhäuser, 471–508. Frankfurt a. M.: Suhrkamp.

Boltanski, Luc, und Ève Chiapello. 2006. *Der neue Geist des Kapitalismus*. Konstanz: UVK.

Bredekamp, Horst. 2019. *Aby Warburg, der Indianer. Berliner Erkundungen einer liberalen Ethnologie*. Berlin: Klaus Wagenbach.

Daum, Timo. 2020. *Agiler Kapitalismus: Das Leben als Projekt*. Hamburg: Edition Nautilus.

Endreß, Martin. 2017. *Soziologische Theorien kompakt*. Oldenbourg: De Gruyter.

Giesecke, Michael. 2007. *Die Entdeckung der kommunikativen Welt. Studien zur kulturvergleichenden Mediengeschichte*. Frankfurt a. M.: Suhrkamp.

Habermas, Jürgen. 1972. Theorie der Gesellschaft oder Sozialtechnologie? Eine Auseinandersetzung mit Niklas Luhmann. In *Theorie der Gesellschaft oder Sozialtechnologie – Was leistet die Systemforschung?*, Hrsg. Jürgen Habermas und Niklas Luhmann, 142–290. Frankfurt a. M.: Suhrkamp.

Kneer, Georg, und Markus Schroer. 2013. Soziologie als multiparadigmatische Wissenschaft. In *Handbuch Soziologische Theorie*, Hrsg. Georg Kneer und Markus Schroer, 7–18. Wiesbaden: Springer VS.

Konersmann, Ralf. 2008. *Kulturkritik*. Frankfurt a. M.: Suhrkamp.

Lessenich, Stephan. 2008. *Die Neuerfindung des Sozialen. Der Sozialstaat im flexiblen Kapitalismus*. Bielefeld: transcript.

Luhmann, Niklas. 1972. Moderne Systemtheorien als Form gesamtgesellschaftlicher Analyse. In *Theorie der Gesellschaft oder Sozialtechnologie – Was leistet die Systemforschung?*, Hrsg. Jürgen Habermas und Niklas Luhmann, 7–24. Frankfurt a. M.: Suhrkamp.

Luhmann, Niklas. 1995a. *Die Kunst der Gesellschaft*. Frankfurt a. M.: Suhrkamp.

Luhmann, Niklas. 1995b. Kultur als historischer Begriff. In *Gesellschaftsstruktur und Semantik – Studien zur Wissenssoziologie der modernen Gesellschaft*, Hrsg. Niklas Luhmann, 31–54. Frankfurt a. M.: Suhrkamp.

Luhmann, Niklas. 1997. *Die Gesellschaft der Gesellschaft. Erster Teilband*. Frankfurt a. M.: Suhrkamp.

Luhmann, Niklas. 2017. *Die Realität der Massenmedien*. Wiesbaden: Springer.

Möller, Kolja, und Jasmin Siri. 2016a. Kritische Theorie und Systemtheorie – eine Einleitung. *Soziale Systeme* 20(2):223–226.

Möller, Kolja, und Jasmin Siri. 2016b. Wie beobachten? Was tun? Perspektiven der Kritischen Systemtheorie: Ein Vorwort. In *Systemtheorie und Gesellschaftskritik*, Hrsg. Kolja Möller und Jasmin Siri, 7–18. Bielefeld: transcript.

Nassehi, Armin. 2019. *Muster. Theorie der digitalen Gesellschaft*. München: C. H. Beck.

Nassehi, Armin, und Jasmin Siri. 2016. Systemtheorie und Kritik: Ein Interview mit Armin Nassehi. In *Systemtheorie und Gesellschaftskritik*, Hrsg. Kolja Möller und Jasmin Siri, 207–222. Bielefeld: transcript.

Osterhammel, Jürgen. 2009. *Die Verwandlung der Welt. Eine Geschichte des 19. Jahrhunderts*. München: C. H. Beck.

Reckwitz, Andreas. 2017. *Die Gesellschaft der Singularitäten. Zum Strukturwandel der Moderne*. Frankfurt a. M.: Suhrkamp.

Rosa, Hartmut. 2016. *Resonanz. Eine Soziologie der Weltbeziehung*. Frankfurt a. M.: Suhrkamp.

Rosa, Hartmut, Stephan Lessenich, Margrit Kennedy, und Theo Waigel. 2014. Weil Kapitalismus sich ändern muss: Im Gespräch mit Hartmut Rosa und Stephan Lessenich. In *Weil Kapitalismus sich ändern muss*, Hrsg. Hartmut Rosa, Stephan Lessenich, Margrit Kennedy, und Theo Waigel, 21–65. Wiesbaden: Springer.

Saar, Martin. 2018. Affekt und Singularität. In *Reckwitz-Buchforum (6): Die Gesellschaft der Singularitäten. Soziopolis*. https://www.soziopolis.de/beobachten/kultur/artikel/reckwitz-buchforum-6-die-gesellschaft-der-singularitaeten/. Zugegriffen: 20. Okt. 2020.

Schaffrick, Matthias. 2016. Niklas Luhmann (1927–1998), Kultur als historischer Begriff (1995). *KulturPoetik* 16(2):272–280.

Schweppenhäuser, Hermann. 2019. Kunst als soziales Gedächtnis und bewusstlose Geschichtsschreibung. In *Sprache, Literatur und Kunst: Gesammelte Schriften*, Bd. 1, Hrsg. Thomas Friedrich, Sven Kramer, und Gerhard Schweppenhäuser, 367–383. Stuttgart: J.B. Metzler.

Stalder, Felix. 2016. *Kultur der Digitalität*. Frankfurt a. M.: Suhrkamp.

Zuboff, Shoshana. 2018. *The Age of Surveillance Capitalism. The Fight for a Human Future at the New Frontier of Power*. Frankfurt a. M./New York: Campus Verlag.

Digitalisierungskritik mit Platon 5

> **Zusammenfassung**
>
> Der Mythos von Theuth und Thamus aus Platons *Phaidros* ist eine zentrale Referenz moderner Medienkritik und gleich drei Modelle gegenwärtiger Digitalisierungskritik lassen sich hieran entfalten. Die einfachste Kritikform ist der sog. *Testbericht,* mit dem technologische Produkte auf Nutzen und Risiken geprüft werden. Dieses Modell ist mit Praktiken der Valorisierung durch Rating- und Kommentarsysteme im Digitalen verbunden. Ein zweites Modell ist die *Mediennutzungskritik,* in der ein Übermaß des Mediengebrauchs kritisiert wird. Es wird oft in pädagogischen Kontexten verwendet. Dieses Modell ist besonders problematisch, wenn Forderungen der Ver- und Entnetzung sich überschneiden. Mit einem dritten platonischen Modell wird der *verpasste Medienwandel* einer Generation der Alten problematisiert. Auf Grundlage dieses Kritikmodells wird nicht nur deren Eigeninitiative, sondern auch die Mitarbeit der Jungen an der medialen Integration eingefordert.

> **Schlüsselwörter**
>
> Platon · Bewertungen · Mediennutzung · Medienkonsum · Generationenkonflikt

5.1 Medienkritik als Fußnote zu Platon

Mit dem Bezug zu Platon in der Digitalisierungskritik unserer Gegenwart verhält es sich ganz so, wie Alfred North Whitehead 1929 bereits die Rückbezüge in der philosophischen Tradition auf Platon generell charakterisierte: „The safest general characterization of the European philosophical tradition is, that it consists of a series of footnotes to Plato. I do not mean the systematic scheme of thought which scholars have doubtfully extracted from his writings. I allude to the wealth of general ideas scattered through them" (Whitehead 1960, S. 63). Oft ist es nicht das platonische philosophische System im Ganzen, sondern einzelne kleine Gedanken, die immer wieder in der Folge aufgegriffen werden. Und so ist es eine kurze Passage bei Platon, der ägyptische Mythos von Theuth und Thamus aus Platons *Phaidros*, der immer wieder zur Medienkritik aufgegriffen wird. Das geschah philosophisch prominent durch Jacques Derridas Analyse dieser Passage in *Platons Pharmazie*, in der er auch die Idee von Medien als Mitteln, als Pharmaka, entwickelte, von denen man entsprechend auch zu viel nehmen kann (Derrida 1995, S. 84). In einem weiteren Kontext der Medienkritik war die Auseinandersetzung Marshall McLuhans in *The Gutenberg-Galaxy: The Making of Typographic Man* bedeutend (McLuhan 1962). In diesem Werk entwickelt McLuhan die Einteilung der medialen Epochen in die *Oral Culture* der Stämme, die *Manuscript Culture* der frühen Hochkulturen, die vom Buchdruck bestimmte *Gutenberg Galaxy* und schließlich, dass auf technologischen Medien basierende *Electronic Age*. Durch das ausführliche Zitat bei McLuhan ist der Mythos von Theuth und Thamus als Gründungsmythos der schriftlichen Medienform heute viel bekannter als der griechische Mythos von der Einführung des Alphabets durch den späteren König von Theben, Kadmus. McLuhan selbst hatte den Mythos von Theuth und Thamus noch gar nicht als Medienkritik verstanden (McLuhan 1962, S. 25). Als solche wird die Passage heute aber als die „Urszene einer kritischen Medientheorie" in einem weiteren Kreis der Kulturwissenschaften gelesen (Liebrand 2005, S. 148). Die in der digitalen Gesellschaft selbst verbreiteten Kritikmodelle berufen sich dabei natürlich weder auf McLuhan noch auf den Mythos. Dennoch sind es ganz im Sinne Whiteheads bestimmte, in der Gesellschaft verstreute generelle Ideen, die sich in der Digitalisierungskritik als soziale Praxis in unserer Lebenswelt wiederfinden und mit Hilfe der philosophischen Texte didaktisch gewendet werden können. Am platonischen Mythos lassen sich direkt *drei* bedeutende Modelle lebensweltlicher Digitalisierungskritik zeigen. Das sind jeweils immer Modelle der gegenwärtigen Digitalisierungskritik und nicht Modelle der Kritik, die aus den Interpretationen der werkimmanenten Platonforschung hervorgehen.

Für die Platonforschung war die Passage zu Beginn des *Phaidros* zwar auch von großer Bedeutung, sie wird dort aber nur als Schriftkritik und nicht als generelle Medienkritik verhandelt. Mit Blick auf das platonische Gesamtwerk und insbesondere auf die Auseinandersetzung mit den Sophisten kann es aus einer werkimmanenten Sicht gerade nicht um eine generelle Medienkritik gehen, sondern allein um eine Kritik an der Schrift, oder noch genauer: einer Kritik an der Verschriftlichung von Reden. Rolf Geiger stellt sieben Kritikpunkte an der Schrift heraus, die sich teils erst über das gesamte Werk Platons voll erschließen: „1. Die Leser werden auf Dauer ihr Gedächtnis vernachlässigen", „2. Die Leser oder auch die Hörer von vorgelesenen Schriften erwerben sich kein Wissen, sondern nur den Schein von Wissen", „3. Schriften selber reden nicht, sie bezeichnen nur, und zwar immer ein und dasselbe", „4. Schriften können nicht selber verstehen, an wen sie sich richten", „5. Eine Schrift ‚ist weder fähig sich selbst zu wehren noch sich selber zu helfen'", „6. Es ist nicht möglich durch Schriften ‚die Wahrheit hinreichend zu lehren'" und schließlich „7. Bücher sind für Platon das falsche Versprechen einer schnellen und unmittelbaren Wissensvermittlung" (Geiger 2017, S. 389–391). Diese Kritikpunkte betreffen werkimmanent systematische Fragen zu Platons Verständnis von Gedächtnis, Wissen etc. In der Platonforschung wurden darüber hinaus zwei bedeutende Fragen zur Werktheorie der Dialoge an der Passage geführt. Erstens ist das die Frage nach der „Abwesenheit des Autors" (Geiger 2017, S. 393) – Platon ist ja nie in den Dialogen präsent. Diese platonische Anonymität steht möglicherweise mit der Schriftkritik in Zusammenhang. Zweitens wurde am *Phaidros* auch die Frage nach der sog. „ungeschriebenen Lehre" Platons diskutiert (Söder 2017, S. 32). Hat Platon möglicherweise gerade wegen seiner Vorbehalte gegenüber der Schrift Wichtiges nur mündlich übermittelt? Über die Antwort auf diese Frage ist die Platonforschung bis heute uneins. Mich interessiert hier nur der didaktische Zugriff vor dem Hintergrund gegenwärtiger Digitalisierungskritik. Mein Ziel kann es deshalb gar nicht sein, in vollständiger Kongruenz mit der Platonforschung zu sein. Dennoch werden sich zumindest einige Interpretationslinien hierauf beziehen lassen, weil die Platonforschung auch für mein didaktisches Projekt eine bedeutende Ressource sein kann. Ich werde dann kurz darauf verweisen.

Jetzt, wie im Folgenden, zeige ich die Kritikmodelle direkt am didaktischen Material. Der Mythos von Theuth und Thamus ist das erste von insgesamt 23 didaktischen Materialien. An diesem Material lassen sich gleich *drei* unterschiedliche Kritikmodelle besprechen. Allein dadurch sieht man schon den Reichtum der platonischen Dialoge, der bereits Whitehead faszinierte.

M01 – Platon (ca. 365 v. Chr.): Der Mythos von Theuth und Thamus

Im Dialog „Phaidros" spricht der Philosoph Sokrates mit dem gleichnamigen Athener Phaidros über die Vor- und Nachteile des Aufschreibens von Reden. In diesem Zusammenhang erzählt Sokrates auch den folgenden Mythos aus Ägypten vom Gott Theuth und König Thamus.

Sokrates: Gehört also habe ich, in der Gegend von Naukratis in Ägypten habe es einen der alten Götter des Landes gegeben, der, dem auch der Vogel heilig ist, den sie Ibis nennen; und der Gott selbst heiße Theuth. Der also habe Zahl und Rechnen entdeckt und Geometrie und Astronomie, ferner Brett- und Würfelspiele, und so denn auch die Buchstaben. König nun von ganz Ägypten war damals Thamus in der großen Stadt von Oberägypten, die die Griechen das ägyptische Theben nennen; und Thamus nennen sie Ammon. Zu ihm also kam Theuth, führte ihm seine Künste vor und meinte, sie müßten unter den Ägyptern verbreitet werden. Thamus aber fragte nach dem Nutzen einer jeden, und als Theuth ihn erläuterte, kritisierte und lobte er, was immer von diesen Erläuterungen ihm gut oder nicht gut zu sein schien. Da nun soll Thamus zu Theuth für jede einzelne Kunst vieles zum Lob und zum Tadel gesagt haben, was durchzugehen zu lang würde. Als er aber bei den Buchstaben war, sagte Theuth: „Dies ist, mein König, ein Lehrgegenstand, der die Ägypter klüger machen und ihr Gedächtnis verbessern wird. Denn meine Erfindung ist ein Mittel für Gedächtnis und Wissen." Doch der König antwortete: „Theuth, du Meister der Künste; einer hat die Fähigkeit die Produkte der Kunst herzustellen, ein anderer aber kann beurteilen, in welchem Maße sie Schaden bringen und Nutzen für die, die damit umgehen sollen. Und jetzt hast du, weil du der Vater bist der Buchstaben, aus Zuneigung das Gegenteil von dem gesagt, was ihre Wirkung ist. Denn diese Erfindung wird in den Seelen derer, die sie erlernen, Vergeßlichkeit bewirken, weil sie ihr Gedächtnis nicht mehr üben; denn im Vertrauen auf Geschriebenes lassen sie sich von außen erinnern durch fremde Zeichen, nicht von innen heraus durch sich selbst. Also hast du ein Mittel nicht für das Gedächtnis, sondern eines für die Erinnerung gefunden. Was aber das Wissen angeht, so verschaffst du den Schülern nur den Schein davon, nicht wirkliches Wissen. Denn da sie durch deine Erfindung vieles hören ohne mündliche Unterweisung, werden sie sich einbilden, vieles zu verstehen, wo sie doch gewöhnlich nichts verstehen, und der Umgang mit ihnen ist schwierig, da sie überzeugt sind klug zu sein, es aber nicht sind. (Platon 1993; 274c-275b).

5.2 Testbericht

Das erste der Standardmodelle philosophischer Digitalisierungskritik findet sich im platonischen Mythos durch eine Interpretation der seltsamen Rolle, die der König Thamus hier spielt. Rolf Geiger weist darauf hin, dass im Mythos unerzählt bleibt, „ob Thamus als königlicher Schriftkritiker schließlich auch politische Konsequenzen aus seiner Kritik gezogen hat" (Geiger 2017, S. 388). Warum fehlt der Satz am Ende: „Und daher entschied der König, dass die Schrift niemals in Ober- und Unterägypten eingeführt wird"? An einem Machtgefälle zwischen Gott und König scheint es nicht zu liegen, insbesondere wenn man sich vor Augen führt, dass Thamus im griechischen „Ammon" heißt, und damit wahrscheinlich den ägyptischen Gottkönig Amun darstellt. So tritt der König hier auch selbstbewusst auf. Grund für das Ausbleiben des Verbots der Schrift kann dann nur sein, dass die Technologie der Schrift schon in der Welt ist, was auch zur realhistorischen Entwicklung passt (Geiger 2017, S. 389). Das gilt auch für die anderen Erfindungen des Theuth. Es geht in diesem Kritikmodell also nurmehr darum, wie die Technologien „unter den Ägyptern verbreitet werden", wie es heißt. Die soziale Praxis, die hier heute anknüpfen kann, ist die Initialkritik technologischer Neuheiten. Es herrscht eine Arbeitsteilung der Kritik, von der letztlich alle Seiten etwas haben: „einer hat die Fähigkeit die Produkte der Kunst herzustellen, ein anderer aber kann beurteilen, in welchem Maße sie Schaden bringen und Nutzen für die, die damit umgehen". Theut steht bei positivem Urteil eine stärkere Verbreitung seiner Innovation in Aussicht, bei negativem Urteil kann er an der Verbesserung seiner Technologie arbeiten. Thamus wird als Ratgeber geschätzt und die zukünftigen Nutzer:innen der Technologie können sie besser einschätzen.

Der *Testbericht* ist die in der Digitalisierung mit Abstand verbreitetste Praxis der Kritik. Jede Googlebewertung, jeder Kommentar unter Amazonprodukten, die Vielzahl an TopTen-Listen, Rankings, Forenbeiträgen und noch jedes Like sind Derivate dieser einfachsten Kritikform. Die in Form digitaler „Commons" verbreiteten kritischen Informationen haben dabei durchaus ein Emanzipationspotential (Stalder 2016, S. 245), sie können bei denen, die hier kritisch agieren zu Selbstwirksamkeitserfahrungen führen und eine ganze Reihe an Empowerment-Formen über das Internet generieren wie sie Amichai-Hamburger et al. beschrieben haben (Amichai-Hamburger et al. 2008). Auch das kann man im Unterricht einmal ansprechen. Diese Kritik kann ihrer Form nach aber auch in mehreren Aspekten problematisch werden. Mit Bewertung geht erstens auch immer Entwertung einher, wie Reckwitz betont: „Praktiken der Valorisierung singularisieren nicht nur, sie entsingularisieren auch, sie schreiben nicht nur Wert zu, sie entwerten auch" (Reckwitz 2017, S. 61). Das ist bei der direkten oder indirekten Bewertung von Menschen problematisch. Zweitens ist nach diesem Kritikmodell gerade die fehlende Trennung zwischen Ratgeber und Hersteller ein Problem. Diese Problematik kann man gut an den Produkttests von Influencern im Unterricht behandeln, weil hier die Grenze zwischen Produkttest und Produktplatzierung verschwimmt und so das Produkt gar nicht mehr kritisch erfasst werden kann. Eine Tiefendeutung im Sinne der Kapitalismuskritik kann hier auf die Mechanismen der Werbung eingehen. Drittens ist hier philosophisch besonders interessant, wie viel Kritik, die einmal in solchen Praxen entstanden ist, mittlerweile auch den Status von objektiver Information erhält. Für Dirk Baecker ist die Veränderung der Reflexionsform von der Kritik zur Information ein Indiz dafür, dass die Gesellschaft sich hier entscheidend verändert hat (Baecker 2018, S. 194). Die Internet-Movie-Database (IMDb) führt nun schon seit etlichen Jahren als Top-3-Filme aller Zeiten in dieser Reihenfolge Frank Darabonts *Die Veurteilten* von 1994 und die beiden ersten Teile von Francis Ford Coppolas *Der Pate*, die Anfang der 70er Jahre entstanden sind (IMDb 2021). Mit einigem Recht kann man so sagen, dass dies die besten Filme aller Zeiten *sind,* oder? Hier könnte das Kritikmodell des Testberichts in einer strukturalistischen Tiefendeutung hinterfragt werden. Wird Bewertungen zur Information, wenn genug Personen die Bewertung teilen? Tab. 5.1 zeigt dieses erste philosophische Standardmodell der Digitalisierungskritik, den Testbericht.

Tab. 5.1 Kritikmodell Testbericht

Modell	Argument	Diskussion	Interessen (Stakeholder)	Inklusionsziel	Tiefendeutung
Testbericht (Platon 1)	P1: Nutzen und Risiken digitaler Technologien sind schwer zu durchschauen P2: Menschen treffen Entscheidungen aufgrund fehlender oder falscher Information C: Menschen treffen falsche Entscheidungen zu digitalen Technologien	Initialkritik technolog Neuheiten	a) Nutzer b) Ratgeber c) Hersteller	Nutzerinformation und Marktregulation	Werbung oder Information

5.3 Mediennutzungskritik

Das zweite Kritikmodell findet sich, wenn die vermeintlichen Wirkungen der Technologie auf die „Schüler" in Platons Mythos näher analysiert wird. Zunächst scheint die Schrift hier direkt auf die kognitiven Leistungen der Lernenden zu wirken: „diese Erfindung wird in den Seelen derer, die sie erlernen, Vergeßlichkeit bewirken". Patrick Maisenhölder hat darauf hingewiesen, dass diese direkte „Schädlichkeit der Schrift für die Gedächtnisleistung der Lernenden" bei dem Neurowissenschaftler Manfred Spitzer im weiteren Digitalisierungsdiskurs Ende der 2000er und Anfang der 10er Jahre fast deckungsgleich wieder auftrat (Maisenhölder 2018, S. 8). So argumentierte Spitzer in seinem lange Zeit auch in Lehrerkollegien kursierenden Bestseller *Digitale Demenz* ausgehend von der neurologischen Prämisse, „dass sich das Gehirn durch seinen Gebrauch permanent ändert" (Spitzer 2012, S. 14) für ein Gehirnjogging ohne Medien: „Meiden Sie die digitalen Medien. Sie machen, wie vielfach hier gezeigt wurde, tatsächlich dick, dumm, aggressiv, einsam, krank und unglücklich" (Spitzer 2012, S. 325). Solch eine generelle Wirkungskritik an Medien ist heute verstummt. Und tatsächlich ist auch die Situation im platonischen Mythos ein wenig komplexer als diese einfache Kritik direkter Wirkung.

Was durch die Erfindung der Schrift im Mythos in Frage steht, ist nicht nur das phonetische Medium der Oralität, sondern eine soziale Lehr-Lern-Situation: „da sie durch deine Erfindung vieles hören ohne mündliche Unterweisung". Tatsächlich entsteht durch die Einführung der Schrift, die ein Lernen als Selbststudium ermöglicht, gerade auch eine Blockade gegen die soziale Situation der Unterweisung: „der Umgang mit ihnen ist schwierig, da sie überzeugt sind klug zu sein, es aber nicht sind". Schwierig heißt aber nicht unmöglich. Es ist also eine Form des Lehrens und Lernens zumindest denkbar, die das Medium der Schrift integrieren kann. Der Platonforschung ist das allein deshalb schon klar, weil man dort davon ausgeht, dass die platonischen Dialoge auch zu Lehrzwecken in der Akademie eingesetzt wurden. Wenn es also keinen richtigen Umgang in Lehr-Lern-Situationen mit Schriften geben kann, wäre Platons eigene Lehre davon auch betroffen. Wilfried Kühn entwickelte die Idee, dass die Schriften Platons als dialektische Schriften schon die Gesprächssituation wieder einfangen können, insofern sie ja bereits von Philosophen gelesen werden und von Wissenden geschrieben sind: „Also symbolisieren wissende Autoren in ihren Schriften dialektische Reden" (Kühn 1998, S. 35). Szlezák hingegen geht davon aus, dass das „schriftliche ‚Spiel' eines Dialektikers" (Szlezák 1999, S. 264) als das man jeden Dialog begreifen muss, nicht ohne Ironie gelesen werden kann. Man könne sich auf dieses Spiel dann aber im dialektischen Gespräch beziehen. Diese Auseinandersetzung in der Platonforschung ist hier insofern interessant, als dass es auch bei der Digitalisierungskritik heute nicht um eine generelle Medienkritik, sondern immer eine Medien*nutzungs*kritik geht.

Alle heutigen, in der Digitalisierung kritisch hervorgebrachten Taktiken der Entnetzung haben selbst ein ironisches, dialektisches Moment. So wird über den

5.3 Mediennutzungskritik

Digital Detox auf Instagram berichtet und die App zur Einschränkung der Handynutzungszeit befindet sich auf dem Handy (vgl. auch Kap. Kap. 2). Diese ironische Wendung der Mediennutzungskritik, von der man schon ganz viel bei Platon sehen kann, hat Guido Zurstiege als „Taktiken der Entnetzung" beschrieben, die notwendig wirkungslos bleiben: „Wer sich heute gänzlich ungebremst den Freuden der neuen Informations- und Kommunikationstechnologien hingibt, wirkt irgendwie, als sei er aus der Zeit gefallen. Freilich lässt sich kaum von der Hand weisen, dass die meisten Nutzer digitaler Medien am Maßstab der hohen Ideale von Achtsamkeit und Selbstvorsorge im Kuddelmuddel der täglichen Medienpraxis mehr oder weniger regelmäßig scheitern" (Zurstiege 2019, S. 221). Zurstiege sieht in den gegenwärtigen Taktiken der Entnetzung tatsächlich aber auch einen emanzipativen Impuls. Diese performative Mediennutzungskritik bedeute immer auch eine Absage an die Social-Media-Großkonzerne, eine Selbstdisziplin gegen die Fremddisziplinierung (Zurstiege 2019, S. 224). Urs Stäheli ist da pessimistischer; die Entnetzung ist für ihn ein soziologisches Phänomen eigener Güte und mit der Sozialität des Menschen selbst eingekauft, es gibt „eine Hartnäckigkeit des Entnetzten, das im neuen Format auf eigentümliche Weise weiterlebt" (Stäheli 2021, S. 499). Danach gehört das Nichtmitmachenwollen zu jeder neuen großen Veränderung des Sozialen, weil es die soziale Struktur selbst betrifft und also Asozialität ein wichtiger Teil des Sozialen ist.

Ganz gleich wie man die neuen Taktiken der Entnetzung begreifen mag, hier ist im Bildungskontext pädagogisches Feingefühl und Selbstreflexion gefragt, denn im Unterschied zu allen anderen Standardmodellen der Digitalisierungskritik spielt dieses Modell direkt im pädagogischen Kontext. Als pädagogisches Ziel gar nicht mehr möglich, das habe ich bereits in Kap. 3 an der Figur des Bartleby gezeigt, ist das Ziel eines vollständigen Entnetzens. Jeder Versuch würde nur die Schüchternen weiter sozial isolieren, während ein vollständiges Entnetzen gar kein kritisches Potential mehr bietet, weil es von den Vernetzten gar nicht wahrgenommen wird. Im Bildungskontext muss man sich daher mit der Mediennutzung unter der Prämisse ständiger Mediennutzung auseinandersetzen. Das ist mittlerweile so in der Philosophiedidaktik auch bereits angekommen, was man ganz gut an der aktuellen Überarbeitung des Schulbuchs *philopraktisch* für den Unterricht in der Sekundarstufe in NRW sehen kann. Auch in den älteren Ausgaben gab es hier immer einen Schüler, Fabian (13), den die Kinder in einer kleinen Geschichte durch seinen Medienalltag begleiten konnten. Dabei sollen sie all die Medien identifizieren und kritisch besprechen, die jener Medienjunkie verwendet. In der neuen Ausgabe gibt es jetzt keine Zeit am Tag mehr, an der Fabian kein Medium verwendet. Selbst noch vor dem Einschlafen „checkt er aber noch einmal alle sozialen Netzwerke, auf denen er unterwegs ist" (Peters et al. 2020, S. 196). In der Vorgängerausgabe von 2009 hieß es da noch: „21,00 Uhr. Zeit, ins Bett zu gehen. ‚Puh', denkt Fabian. ‚Morgen früh um 6:30 Uhr geht´s wieder los… ' " (Peters und Rolf 2009, S. 147). Die Frage nach den Mediennutzungszeiten der Schüler:innen ist ebenso von der Seite im Schulbuch verschwunden wie das Gedankenexperiment einer Welt ohne Medien. Hier sind die Autoren

Tab. 5.2 Kritikmodell Mediennutzungskritik

Modell	Argument	Diskussion	Interessen (Stakeholder)	Inklusionsziel	Tiefendeutung
Mediennutzungskritik (Platon 2)	P1: Technologien haben eine Wirkung auf ihre Nutzer P2: Bei jeder intendierten Wirkung gibt es ein Übermaß und einen kompetenten Gebrauch C: Technologienutzung muss gelernt werden	Taktiken der Entnetzung	a) Nutzer b) Pädagogen	Suchtprävention und Medienkompetenz	Selbstdisziplin oder Asozialität

also ganz auf dem aktuellen Stand der Debatte. Die Taktiken der Entnetzung, die in der philosophischen und soziologischen Diskussion zur Digitalisierungskritik besprochen werden, setzen immer bereits voraus, dass digitale Technologien ubiquitär sind. Jene Taktiken müssen im Bildungskontext selbst kritisch besprochen werden, weil sie innere Widersprüche zeigen und Überforderungen darstellen können, insbesondere wenn sie bei dauerhafter Vernetzung als zusätzliche Aufgabe dazukommen. Der Coronalockdown hat hier einige Blüten an Schulen gezeigt, z. B. Achtsamkeitstrainings, die nach stundenlanger Arbeit am Computer von den Schülern noch zusätzlich bestritten werden mussten. Teils wurden solche Trainings selbst wieder digital abgehalten. Tab. 5.2 zeigt das Kritikmodell der Mediennutzungskritik.

5.4 Verpasster Wandel

Und noch ein drittes Modell der Digitalisierungskritik kann man aus dem reichhaltigen Fundus des *Phaidros* ziehen. Der Mythos lässt sich auch ganz konsequent ironisch als letztlich erfolglose Medienkritik einer Generation der Alten an der Mediennutzung der Jungen, jeweils als soziologische Gruppen, lesen. Sokrates und Phaidros im Dialog, Thamus und Theuth im Mythos: das *mise en abyme* zeigt hier schon die letztlich sinnlose Wiederholungsfigur, insbesondere unter Beachtung des immer mitzudenkenden Metanarrativs der durch Platon selbst mit der Schrift erst niedergeschriebenen Kritik an der Schrift. Die Kritik wandelt so ihre Gestalt. Was in der vorigen Lesart noch als Kritik an der Mediennutzung der Jugend auftrat, wird dann zur Kritik an den Alten. Diese dritte Lesart ist die hauptsächliche Lesart des Mythos in der Medientheorie und Medienpädagogik heute, sie wehrt sich damit gegen eine vulgäre Medienkritik, die in jedem neuen Medium dieselbe Gefahr sieht.

Der Medientheoretiker Florian Sprenger brachte diese perennierende sog. Vulgärkritik an *den* Medien auf folgende Form: „Medien verhindern die Unmittelbarkeit des direkten Austausches zwischen Menschen" (Sprenger 2010, S. 65 f.).

5.4 Verpasster Wandel

Das ist die Kritik, die dann vermeintlich von den Alten vorgetragen wird und die sich bei jedem neuen Medium in jeder neuen Generation immer wieder findet. Mit dieser Vulgärkritik brauchen wir uns hier im Folgenden nicht näher auseinanderzusetzen. Sie wird heute in Bezug auf die Digitalisierung nicht mehr proaktiv vorgetragen, sondern nur noch als *unhaltbares Kritikmodell* negativ besprochen. Daher habe ich sie bewusst auch nicht als Standardmodell geführt; zum Standardmodell ist hingegen inzwischen ihre Gegenkritik geworden.

Der Hinweis auf den Mythos von Theuth und Thamus mit Verweis auf den hier stattfindenden Generationenkonflikt findet sich als Gegenkritik zur sog. Vulgärkritik nun schon bei mehreren Generationen von Medienpädagog:innen (vgl. z. B.: Hurrelmann 1988, S. 16; Kampmann und Schwering 2017, S. 48). In der Philosophiedidaktik verteidigte Donat Schmidt mit dem Hinweis auf den Mythos schon im Jahr 2008 die didaktische Arbeit mit dem Computer: „Man möge aber bedenken, dass gerade den Medien einst ähnliche Skepsis entgegengebracht wurde, die heute dem Mediensystem Computer und Internet als sinnvolle Medien und kulturelle Errungenschaften gegenübergestellt werden – nämlich der Schrift und dem gedruckten Buch" (Schmidt 2008, S. 106).

Im Zusammenhang des Medienwandels vom Buch zum Computer wird in der Didaktik insbesondere durch die Ludwigsburger Gruppe um Matthias Rath auf die Stelle im Phaidros verwiesen (Rath 2016, S. 7; Maisenhölder 2018, S. 8; Rath und Marci-Boehncke 2019, S. 6). Das geschieht in Rückgriff auf den Leipziger Buchwissenschaftler Dietrich Kerlen, der die positive Auladung des Mediums Buch als Alternative zu den digitalen Medien durch eine protestantische und säkulare Aufladung des Mediums, eine „Buch-Auratisierung" erklärt (Kerlen 1999, S. 12).

Folgt man dieser in der Didaktik weit verbreiteten konterkritischen Lesart des Mythos, dann spielt sich im Hintergrund der Geschichte im *Phaidros* tatsächlich folgende Handlung ab:

- Es gibt einen Generationenkonflikt zwischen Alten und Jungen (1)
- Alte verwenden das alte Medium, Junge verwenden das junge Medium (2)
- Die Alten sind die alleinigen Protagonisten der Medienkritik am jungen Medium (3)
- Der Generationenkonflikt ist die alleinige Ursache der Kritik am jungen Medium (4)
- Das junge Medium setzt sich trotz der Kritik durch, das alte Medium verschwindet (5)
- Die Alten sterben, die Jungen werden alt und eine neue Generation wird geboren (6)
- Das ehemals junge Medium wird zum alten, ein neues junges Medium entsteht (7)

Die Reihe setzt dann bei (1) wieder an und läuft in die Unendlichkeit. Es wäre in dieser Folge aus gleich mehreren Gründen sinnvoll, die Medienkritik zu unterlassen. Sie verschleiert den Generationenkonflikt, widerspricht einem Lernen aus

Tab. 5.3 Kritikmodell Verpasster Wandel

Modell	Argument	Diskussion	Interessen (Stakeholder)	Inklusionsziel	Tiefendeutung
Verpasster Wandel (Platon 3)	P1: Technologischer Wandel hängt die Alten ab P2: Wer abgehängt wird, kritisiert zu Unrecht das Neue C: Die Alten kritisieren zu Unrecht die neuen Technologien	Generationenkonflikt	a) die Alten b) die Jungen	Teilhabe der Senioren	Marktmacht oder Innovation

eigener Erfahrung und ist letztlich ineffektiv, da sie den Konflikt nicht lösen kann. Außerdem sind infinite Progresse in der Moderne an sich schon problematisch, weil sich so die Welt nicht verändern kann.

Bisher habe ich nur gezeigt, wie der Generationenkonflikt hier als Argument dafür genommen wird, eine Vulgärkritik der Medien zu unterlassen. In diesem Schema steckt aber auch eine handfeste weitere Digitalisierungskritik, die in der Gesellschaft weit verbreitet ist. Es ist die Kritik am *verpassten Medienwandel*. Diese Kritik fordert nicht nur die Initiative der Alten ein, sondern richtet sich auch an die Jungen, die es nicht geschafft haben, die ganze Gesellschaft im digitalen Wandel mitzunehmen. VHS-Kurse mit Titeln wie *Smartphone für Senioren* kann man als Antwort auf diese Kritik verstehen, letztlich ist aber jede(r) Ziel dieser Kritik, der/die jemals einem älteren Verwandten digitale Technologie erklären musste. Für Schüler:innen ist das eine ganz häufige Erfahrung und kann mit der Näherung über dieses Problem im Unterricht besprochen werden. Wer von der generellen Besprechung in die Kapitalismuskritik gehen möchte, kann weiter fragen, ob der fehlende Zuschnitt der Digitalisierung auf die Alten nicht an ihrer vermeintlich geringen Marktbedeutung liege. Strukturfunktionalistisch ausgedeutet mag hinter dem Zuschnitt auf die Jugend eine Neuerungs- und Innovationslogik in der Struktur der digitalen Technologie selbst liegen. Tab. 5.3 zeigt das Kritikmodell des verpassten Medienwandels.

Literatur

Amichai-Hamburger, Yair, Katelyn Y. A. McKenna, und Samuel-Azran Tal. 2008. E-empowerment: Empowerment by the Internet. *Computers in Human Behavior* 24(5):1776–1789.

Baecker, Dirk. 2018. *4.0 oder die Lücke die der Rechner lässt*. Leipzig: Merve-Verlag.

Derrida, Jacques. 1995. Platons Pharmazie. In *Dissemination*, 69–190. Wien: Passagen.

Geiger, Rolf. 2017. Die Schriftkritik. In *Platon-Handbuch: Leben – Werk – Wirkung*, Hrsg. Christoph Horn, Jörn Müller, und Joachim Söder, 387–397. Stuttgart: J.B. Metzler.

Hurrelmann, Bettina. 1988. Familie und Medien — Ergebnisse und Beiträge der Forschung. In *Familien im Mediennetz*, Hrsg. Dieter Baacke und Jürgen Lauffer, 16–33. Wiesbaden: VS Verlag.

Literatur

IMDb. 2021. Top Rated Movies. Top 250 as rated by IMDb Users. https://www.imdb.com/chart/top/?ref_=nv_mv_250. Zugegriffen: 8. Okt. 2020.

Kampmann, Elisabeth, und Gregor Schwering. 2017. *Teaching Media – Medientheorie für die Schulpraxis – Grundlagen, Beispiele, Perspektiven.* Bielefeld: transcript.

Kerlen, Dietrich. 1999. Protestantismus und Buchverehrung in Deutschland. *Jahrbuch für Kommunikationsgeschichte* 1:1–22.

Kühn, Wilfried. 1998. Welche Kritik an wessen Schriften? Der Schluß von Platons Phaidros, nichtesoterisch interpretiert. *Zeitschrift für philosophische Forschung* 52(1):23–39.

Liebrand, Claudia. 2005. *Einführung in die Medienkulturwissenschaft.* Münster: Lit.

Maisenhölder, Patrick. 2018. Philosophieren lernen mit digitalen Spielen. Die Nutzung digitaler Spiele zur Vermittlung philosophisch-ethischer Inhalte und Kompetenzen am Beispiel des Kontraktualismus und Minecraft. In *Digitale Spiele im Diskurs,* Hrsg. Thorsten Junge und Claudia Schumacher, 1–36. https://ub-deposit.fernuni-hagen.de/receive/mir_mods_00001392.

McLuhan, Marshall. 1962. *The Gutenberg Galaxy. The Making of Typographic Man.* Toronto: University of Toronto Press.

Peters, Jörg, und Bernd Rolf. 2009. *philopraktisch 1. Unterrichtswerk für Praktische Philosophie in Nordrhein-Westfalen. Für die Jahrgangsstufe 5/6.* Bamberg: C.C.Buchner.

Peters, Jörg, Martina Peters, und Bernd Rolf. 2020. *philopraktisch – Neue Ausgabe. Unterrichtswerk für Praktische Philosophie in der Sekundarstufe I. Band 1 für die Jahrgangsstufe 5/6.* Bamberg: C.C.Buchner.

Platon. 1993. *Phaidros. Platon Werke. Übersetzung und Kommentar. Im Auftrag der Akademie der Wissenschaften und der Literatur zu Mainz. Band III,4.* Hrsg. Ernst Heitsch. Göttingen: Vandenhoeck & Ruprecht.

Rath, Matthias. 2016. Ethik der mediatisierten Welt. Eine philosophische Reflexion auf mediale Praxis. *Ethik & Unterricht* 26(3):6–10.

Rath, Matthias, und Gudrun Marci-Boehncke. 2019. Philosophieunterricht unter den Bedingungen der digital-medialisierten Welt. *Zeitschrift für Didaktik der Philosophie und Ethik* 40(1):6–15.

Reckwitz, Andreas. 2017. *Die Gesellschaft der Singularitäten. Zum Strukturwandel der Moderne.* Frankfurt a. M.: Suhrkamp.

Schmidt, Donat. 2008. Nicht mehr zu Fuß. *Zeitschrift für Didaktik der Philosophie und Ethik* 29(2):103–115.

Söder, Joachim. 2017. Diskussion um die ›ungeschriebene Lehre‹ Platons. In *Platon-Handbuch: Leben – Werk – Wirkung,* Hrsg. Christoph Horn, Jörn Müller, und Joachim Söder, 31–32. Stuttgart: J.B. Metzler.

Spitzer, Manfred. 2012. *Digitale Demenz. Wie wir uns und unsere Kinder um den Verstand bringen.* München: Droemer.

Sprenger, Florian. 2010. Zu einer platonischen Rekurrenzfigur der Medienkritik. *Maske und Kothurn* 56(2):53–66.

Stäheli, Urs. 2021. *Soziologie der Entnetzung.* Berlin: Suhrkamp Verlag.

Stalder, Felix. 2016. *Kultur der Digitalität.* Frankfurt a. M.: Suhrkamp.

Szlezák, Thomas Alexander. 1999. Gilt Platons Schriftkritik auch für die eigenen Dialoge? Zu einer neuen Deutung von Phaidros 278 b8–e4. *Zeitschrift für philosophische Forschung* 53(2):259–267.

Whitehead, Alfred North. 1960. *Process and Reality. An Essay in Cosmology.* New York [u. a.]: Harper & Row.

Zurstiege, Guido. 2019. *Taktiken der Entnetzung. Die Sehnsucht nach Stille im digitalen Zeitalter.* Berlin: Suhrkamp.

Digitalisierungskritik auf der Basis eines *Open Marxism*

6

Zusammenfassung

Mit dem sog. *Open Marxism* ist Marx und die Marxrezeption als Referenz für Digitalisierungskritik wieder zugänglich. Das Marxsche Technologieverständnis ist deutungsoffen und erlaubt den Rückbezug verschiedener Modelle gegenwärtiger Digitalisierungskritik. In einer *Kritik der ökonomischen Folgen* der Digitalisierung wird das Digitale gleichzeitig utopisch und dystopisch beschrieben, sozialer Ausgleich wird gefordert. In einer *Künstler- oder Sportlerkritik* werden kreative und agile Formen digitalen Arbeitens vor dem Hintergrund einer Theorie des guten Lebens fraglich. Mit einer *Kritik an soziokulturellen Verwerfungen* werden schließlich die kulturellen Auswirkungen der Digitalisierung auf das soziale Miteinander zum Problem. Diese letzte Form der Kritik gibt es in unterschiedlichen Stärken, je nachdem wie die Wirkung der Technologie auf die soziokulturelle Realität eingeschätzt wird. Ein moderates Modell lässt sich auf Walter Benjamin beziehen.

Schlüsselwörter

Karl Marx · Marxismus · Ökonomie · Arbeit · Gutes Leben

6.1 Die Wiederentdeckung von Karl Marx in der Digitalisierung

Ein zweiter großer Strang der Digitalisierungskritik, wie sie Lernenden heute in ihrem Alltag begegnet, ist einer Renaissance marxscher Ideen zuzuschreiben. Das ist ein internationaler Trend, der auch eine Wiederentdeckung grundlegender Kritikmuster der Kritischen Theorie bewirkt hat. So schreibt der britische Soziologe Gerard Delanty: „In the current context of the digital age and so-called surveillance capitalism, the critical theory of technology has become once again highly salient" (Delanty 2020, S. 62). Werner Bock geht sogar so weit zu sagen, dass Benjamin, Marcuse, Adorno und Habermas nicht über die Digitalisierung geschrieben haben, läge nur daran, „dass der Ausdruck [der Digitalisierung, MB] erst seit den 1980 Jahren Verwendung findet" (Bock 2019, S. 1214). Die gesellschaftlichen Mechanismen, die bei den Granden der Frankfurter Schule philosophisch durchleuchtet werden, wären aber dieselben, so Bock. Ähnlich analysiert auch Schweppenhäuser die „Internetkommunikation", sie trage „zur Präformation der Selbst- und Weltwahrnehmung gemäß den Erfordernissen der Warenform bei" (Schweppenhäuser 2019, S. 1102). Manche der gegenwärtigen Versuche einer Reaktivierung der Kritik in der Digitalisierung kommen ohne größere Aktualisierungen aus. Gängiger ist hingegen eine Reaktivierung vor dem Hintergrund einer neuen Perspektive auf die marxschen Grundlagen der Gesellschaftskritik.

Die Marxrezeption lebt seit Anfang der 90er Jahre vor dem Hintergrund des Projektes des sog. *Open Marxism* in der Philosophie wieder auf. Im *Open Marxism* werden die marxschen Theoreme zur Analyse und Kritik der Gesellschaft herangezogen, ohne hier schon ein deterministisches Geschichtsbild zu vermitteln, wie Bonefeld, Gunn und Psychopedis bereits 1992 schreiben (Bonefeld et al. 1992, S. XII). Die Marxrenaissance wird davon befeuert, dass die Grundlage der marxschen Gesellschaftskritik in der politischen Ökonomie jetzt einer vom Systemkonflikt globalpolitischer Frontstellung weitgehend befreiten „unbefangenen Annäherung" (Quante und Schweikard 2016, S. V) aus philosophischer Sicht fähig ist. Der Medientheoretiker Christian Fuchs von der Universität von Westminster sieht insbesondere in den Grundlagen eines „Dialectic Cultural Materialism" bei Marx ein Instrument zur Analyse des digitalen Zeitalters (Fuchs 2016, S. 16). In der politischen Ökonomie bei Marx liegt für Fuchs die Grundlage auch zum Verständnis der Phänomene der digitalen Transformation: „For understanding the complex relations of the old and the new, opportunities and risks, continuities and discontinuities, agency and structures, production and consumption, the private and the public, labour and play, leisure-time and labour-time, the commodity and the commons, etc. in the age of the Internet, Marx's dialectical theory is well suited as the foundation" (Fuchs 2019, S. 12). In der gegenwärtigen Digitalisierungskritik zeichnet sich vor allem die marxsche Technikphilosophie als Bezugspunkt ab, die im Open Marxism neu entdeckt wurde.

Der offene und kritische Blick mit Marx auf Technologie wird erst frei, wenn man einige andere Theoreme beiseitelässt, die mittlerweile aus einer wissenschaftlich-ökonomischen, einer philosophischen oder einer realhistorischen Sicht fraglich geworden sind. Der kanadische Technikphilosoph Andrew Feenberg beschrieb in 2010 im *Cambridge Journal of Economics* wie zunächst einmal die ökonomische Theorie, genauer das Mehrwertmodell, und die Geschichtsphilosophie, also der historische Materialismus, bei Marx ausgeklammert werden müssten. Dann aber werde Marx als Ursprungsort eines philosophischen Nachdenkens über Technologie sichtbar (Feenberg 2010b, S. 37). Die Grundlage hierfür sieht Feenberg wie Fuchs in der marxschen Kritik politischer Ökonomie. Erst dieses

Verständnis ermögliche es, so Feenberg, Technologie und Wissen als soziale Phänomene zu beschreiben, die erst in einer gemeinsamen Praxis entstehen (Feenberg 2010b, S. 38).

Die Grundlagen dieser neuen Technologiekritik liegt in drei Verständnissen von Technologie als Arbeitsmittel begründet, die auf Marx und die Marxrezeption zurückzuführen sind. Sie werden in den folgenden Modellen der Digitalisierungskritik wieder relevant:

1. ein *utopisches* Technologieverständnis, in dem Technologie zur stetigen Steigerung der Produktivkraft führt und Herrschaft und Ausbeutung überwindet,
2. ein *dystopisches* Technologieverständnis, in dem Technologie Herrschaft und Ausbeutung erst ermöglicht,
3. und ein *politisches* Technologieverständnis, in dem es letztlich von der konkreten Praxis der Akteure abhängt, was Technologie ist und wie sie wirkt.

Feenberg hat das dritte Verständnis schon in 1991 als eine pragmatisch-sozialkonstruktivistische Richtung im marxschen Denken identifiziert, die für Technologiekritik in unserer Gegenwart besonders anschlussfähig sei. Er nennt diese dritte Variante einen *Minimal Marxism:*

„Industrial technology can be efficiently operated with radically different division of labor than under which it first develops, a division of labor which overcomes the deskilling of the labor force and its social consequences" (Feenberg 1991, S. 30).

Ein gegenwärtig häufiges Modell der Digitalisierungskritik wechselt aber zwischen dem ersten und dem zweiten Verständnis. Diese Kritik an den ökonomischen Folgen der Digitalisierung zwischen Utopie und Dystopie behandele ich nun zuerst.

6.2 Kritik an den ökonomischen Folgen

Bayertz und Quante beschreiben die Kritik der Technologie bei Marx in zwei Spannungsfeldern. Da ist erstens die anthropologische Dialektik der Technologie von Naturbeherrschung und Naturversöhnung und da ist zweitens die historische Dialektik der Technologie als Teil von geschichtlich invarianter und gesellschaftlich bedingter Form der Arbeit (Bayertz und Quante 2013, S. 92). Diese Dialektik mag es sein, die dazu führt, dass bis heute Technologiekritik auf marxscher Grundlage als Wechselspiel von Utopie und Dystopie abläuft und so die öffentliche Digitalisierungskritik mitbestimmt.

Die *utopische Sicht* auf Technologie hängt am marxschen Geschichtsbild (Feenberg 1991, S. 36). Hiernach ist die Technologie anthropologische Bedingung eines gelingenden Lebens und die hieraus hervorgehende Steigerung der Produktivkraft führt in einem positiven historischen Prozess letztlich zum Glück der Menschheit. Mit der frühen marxistisch-leninistischen Rezeption wurde das utopische Technologiebild auf die politische Münze forcierter Industrialisierung des zaristischen Russlands geprägt. Ich zitiere einmal die Rede Lenins anlässlich des GOELRO-Plans im Jahr 1920, in der diese technologieaffine marxistische Perspektive wohl am prägnantesten formuliert wurde: „Wenn wir Rußland nicht eine andere, höhere Technik geben als früher, so kann keine Rede sein von der Wiederherstellung der Volkswirtschaft und vom Kommunismus. Kommunismus ist Sowjetmacht plus Elektrifizierung des ganzen Landes, denn ohne Elektrifizierung ist es unmöglich die Industrie hochzubringen" (Lenin 1978, S. 402).

Die *dystopische Sicht* baut auf der Beschreibung der Industrietechnologie als Bedingung einer Sozialtechnik der Ausbeutung und Herrschaft bei Marx auf (Feenberg 1991, S. 23). Folgt man dieser massiven Kritik, dann sind es gerade die Technologien des Industriezeitalters, wie der mechanische Webstuhl, die die ökonomischen Verhältnisse sowohl aus einer Eigentumstheorie des Kapitalismus als auch aus einer Arbeitsprozesstheorie heraus materialisieren. Dem Kapitalisten gehöre die Maschine und die Maschine zwinge die Arbeitenden im Arbeitsprozess in ihren Takt; beide seien unvermeidbare Effekte der asymmetrischen Klassenverhältnisse, aus denen heraus erst die Maschine *als Sozialtechnologie* entstehen kann. Mit dem erwartbaren Kollaps des Kapitalismus und der folgenden Etablierung des Kommunismus würden dann auch diese Sozialtechnologien verschwinden. Diese negative Sicht auf Technologie wird am deutlichsten darin, dass die tatsächliche marxistische Utopie der „kommunistischen Gesellschaft", wie Marx sie in der bekannten Passage der *Deutschen Ideologie* beschreibt, gar keine Arbeit mit bestimmten Werkzeugen oder Maschinen mehr kennt, sondern es jedem freisteht „heute dies, morgen jenes zu tun, morgens zu jagen, nachmittags zu fischen, abends Viehzucht zu treiben, nach dem Essen zu kritisieren, wie ich gerade Lust habe, ohne je Jäger, Fischer, Hirt oder Kritiker zu werden" (Marx und Engels 1962, S. 33).

Die gegenwärtige Kritik an den Auswirkungen der Digitalisierung auf die Arbeitswelt ist bestimmt von einem Wechsel von Standbein auf Spielbein des utopischen und dystopischen Technologieverständnisses bei Marx. Ihren Ausgangspunkt hat diese Kritik bei dem in 2013 im Original erschienen Monumentalwerk *Das Kapital im 21. Jahrhundert* des französischen Wirtschaftshistorikers und Ökonomen Thomas Piketty. Pikettys ökonomischer Analyse liegt in ihrer Zukunftsprognose auch eine These über die Digitalisierung zu Grunde. In ihr könne nicht wie im Industriezeitalter noch Unternehmertum und technologischer Fortschritt zu einer Steigerung ökonomischer Gleichheit führen, auch sei mit keinen radikalen Krisen mehr zu rechnen, die bestehende Vermögen vernichten. Vererbtes Vermögen und die mit der Etablierung des „patrimonialen Kapitalismus" einhergehende Refeudalisierung der Gesellschaft würden so das Gesellschaftsbild des 21. Jahrhunderts zeichnen, wenn nicht radikal politisch umverteilt werde (Piketty 2014, S. 398).

Diese Pattsituation findet sich dann in den ökonomisch orientierten Passagen bei Hartmut Rosa; auch bei Rosa sollen Schuldenschnitt und Grundeinkommen die Folgen der digitalen Beschleunigung im Kapitalismus abfedern (Rosa et al. 2014, S. 50; Rosa 2016, S. 729–731). Eine größere Bekanntheit hat in diesem

6.2 Kritik an den ökonomischen Folgen

Zusammenhang auch das Werk des Populärphilosophen Richard David Precht mit dem deutlich an Marx orientierten Titel *Jäger, Hirten, Kritiker: Eine Utopie für die digitale Gesellschaft* erlangt. Ihn werden die Schüler:innen möglicherweise auch bereits schon einmal in einer Talkshow zu diesem Thema gesehen haben. Bei Precht führt die Digitalisierung nicht mehr nur zu einer Entwertung der Arbeit, sondern zur Überflüssigkeit weiter Teile der Lohnarbeit überhaupt – bis hin zur Robotisierung der Informatik selbst: „wenn die künstliche Intelligenz eines in Zukunft mit Sicherheit können wird, dann ist es Programmieren" (Precht 2018, S. 25). So schwinge sich dann das Kapital zur alleinigen Triebfeder der wirtschaftlichen Entwicklung auf. Dies führe für die Masse der Arbeiter in eine Existenz im Prekariat, von dem aus sich ein Wechselspiel von staatlicher Überwachung und rückwärtsgewandter identitärer Bewegungen entfalte (Precht 2018, S. 59 ff. und 89 ff.). Dem entgegen stehe eine „humane Utopie" (Precht 2018, S. 172) des einfachen Lebens, in der gerade die Digitaltechnik die Möglichkeit biete, die durch den Wegfall der Arbeit frei gewordenen Räume selbstbestimmt zu füllen und ökologisch verantwortungsvoll zu gestalten. Die realpolitische Bedingung hierfür sieht Precht unter anderem in der Einführung eines bedingungslosen Grundeinkommens von 1500 Euro (Precht 2018, S. 259).

Das Modell der *Kritik an den ökonomischen Folgen der Digitalisierung* variiert etwas darin, wie die durch utopische und dystopische Technologie erreichte Pattsituation auf Zeit gestellt ist und welche sozialen Härten dieses Patt mit sich bringen wird. In all diesen Modellen läuft die Digitalisierung aber Gefahr, ein ökonomischer Selbstläufer zu werden. Im Unterricht könnte es daher insbesondere Sinn machen, vor diesem Hintergrund die sozialen Arbeitssituationen, an denen die drei marxschen Sichten auf Technologie entstanden sind, noch einmal genauer zu betrachten. Hierfür sind die Materialien M02 und M03 aus dem „Kapital" für einen Unterricht ab Klasse 9 gut geeignet. Der vom Systemkonflikt befreite *Open Marxism* macht es an dieser Stelle tatsächlich wieder möglich, Karl Marx in einer von ökonomischer Theorie und geschichtsdeterministischer Deutung weitgehend losgelösten Sicht im Unterricht zu behandeln.

M02 – Karl Marx (1890): Der Theilarbeiter und sein Werkzeug

[…] Die Musline von Dakka sind an Feinheit, die Kattune und andere Zeuge von Koromandel an Pracht und Dauerhaftigkeit der Farben niemals übertroffen worden. Und dennoch werden sie producirt ohne Kapital, Maschinerie, Theilung der Arbeit oder irgend eins der anderen Mittel, die der Fabrikation in Europa so viele Vortheile bieten. […] Es ist nur das von Generation auf Generation gehäufte und von Vater auf Sohn vererbte Sondergeschick, das dem Hindu wie der Spinne diese Virtuosität verleiht. Und dennoch verrichtet ein solcher indischer Weber sehr komplicirte Arbeit, verglichen mit der Mehrzahl der Manufakturarbeiter.

Ein Handwerker, der die verschiednen Teilprozesse in der Produktion eines Machwerks nach einander ausführt, muß bald den Platz, bald die Instrumente wechseln. Der Uebergang von einer Operation zur andren unterbricht den Fluß seiner Arbeit und bildet gewissermaßen Poren in seinem Arbeitstag. Diese Poren verdichten sich, sobald er den ganzen Tag eine und dieselbe Operation kontinuierlich verrichtet, oder sie verschwinden in dem Maße wie der Wechsel seiner Operationen abnimmt. […]

Die Produktivität der Arbeit hängt nicht nur von der Virtuosität des Arbeiters ab, sondern auch von der Vollkommenheit seiner Werkzeuge. Werkzeuge derselben Art, wie Schneide-, Bohr- Stoß-, Schlaginstrumente u. s. w., werden in verschiednen Arbeitsprocessen gebraucht, und in demselben Arbeitsproceß dient dasselbe Instrument zu verschiednen Verrichtungen. Sobald jedoch die verschiednen Operationen eines Arbeitsprocesses von einander losgelöst sind und jede Theiloperation in der Hand des Theilarbeiters eine möglichst entsprechende und daher ausschließliche Form gewinnt, werden Veränderungen der vorher zu verschiednen Zwecken dienenden Werkzeuge nothwendig. Die Richtung ihres Formwechsels ergiebt sich aus der Erfahrung der besondren Schwierigkeiten, welche die unveränderte Form in den Weg legt. Die Differenzirung der Arbeitsinstrumente, wodurch Instrumente derselben Art besondre feste Formen für jede besondre Nutzanwendung erhalten, und ihre Specialisirung, wodurch jedes solches Sonderinstrument nur in der Hand specifischer Theilarbeiter in seinem ganzen Umfang wirkt, charakterisieren die Manufaktur. Zu Birmingham allein producirt man etwa 300 Varietäten von Hämmern, wovon jeder nicht nur für einen besondren Produktionsproceß, sondern eine Anzahl Varietäten oft nur für verschiedne Operationen in demselben Proceß dient. Die Manufakturperiode vereinfacht, verbessert und vermannigfacht die Arbeitswerkzeuge durch deren Anpassung an die ausschließlichen Sonderfunktionen der Theilarbeiter. […] (Marx 1991, S. 306 f.)

M03 – Karl Marx (1890): Die Fabrik

Dr. Ure, der Pindar der automatischen Fabrik, beschreibt sie einerseits als „Kooperation verschiedner Klassen von Arbeitern, erwachsnen und nicht erwachsnen, die mit Gewandtheit und Fleiß ein System produktiver Maschinerie überwachen, das ununterbrochen durch eine Centralkraft (den ersten Motor) in Thätigkeit gesetzt wird", andrerseits als „einen ungeheuren Automaten, zusammengesetzt aus zahllosen mechanischen und selbstbewussten Organen, die im Einverständniß und ohne Unterbrechung wirken, um einen und denselben Gegenstand zu produciren, so daß alle diese Organe einer Bewegungskraft untergeordnet sind, die sich von selbst bewegt". Diese beiden Ausdrücke sind keineswegs identisch. In dem einen erscheint der kombinirte Gesammtarbeiter oder gesellschaftliche Arbeitskörper als übergreifendes Subjekt und der mechanische Automat als Objekt; in dem andren ist der Automat selbst das Subjekt und die Arbeiter sind nur als bewußte Organe seinen bewußtlosen Organen beigeordnet und mit denselben der centralen Bewegungskraft untergeordnet. Der erstere Ausdruck gilt von jeder möglichen Anwendung der Maschinerie im Großen, der andere charakterisirt ihre kapitalistische Anwendung und daher das moderne Fabriksystem. Ure liebt es daher auch, die Centralmaschine, von der die Bewegung ausgeht, nicht nur als Automat, sondern als Autokrat darzustellen: „In diesen großen Werkstätten versammelt die wohltätige Macht des Dampfes ihre Myriaden von Unterthanen um sich".

Mit dem Arbeitswerkzeug geht auch die Virtuosität in seiner Führung vom Arbeiter auf die Maschine über. Die Leistungsfähigkeit des Werkzeugs ist emancipiert von den persönlichen Schranken menschlicher Arbeitskraft. Damit ist die technische Grundlage aufgehoben, worauf die Theilung der Arbeit in der Manufaktur beruht. An die Stelle der sie charakterisierenden Hierarchie der specialisirten Arbeiter tritt daher in der automatischen Fabrik die Tendenz der Gleichmachung oder Nivellirung der Arbeiten, welche die Gehülfen der Maschinerie zu verrichten haben, an die Stelle der künstlich erzeugten Unterschiede der Theilarbeiter treten vorwiegend die natürlichen Unterschiede des Alters und Geschlechts.

[…] Die wesentliche Scheidung ist die von Arbeitern, die wirklich an den Werkzeugmaschinen beschäftigt sind (es kommen hierzu einige Arbeiter zur Bewachung, resp. Fütterung der Bewegungsmaschine) und von bloßen Handlangern (fast ausschließlich Kinder) dieser Maschinenarbeiter. Zu den Handlagern zählen mehr oder minder alle „Feeders" (die den Maschinen bloß Arbeitsstoff darreichen).

[…] Die technische Unterordnung des Arbeiters unter den gleichförmigen Gang des Arbeitsmittels und die eigenthümliche Zusammensetzung des Arbeitskörpers aus Individuen beider Geschlechter und verschiedenster Altersstufen schaffen eine kasernenmäßige Disciplin, die sich zum vollständigen Fabrikregime ausbildet und die schon früher erwähnte Arbeit der Oberaufsicht, also zugleich die Theilung der Arbeiter in Handarbeiter und Arbeitsaufseher, in gemeine Industriesoldaten und Industrieunterofficiere vollständig entwickelt. (Marx 1991, S. 377–382)

Als Kritik an Unterdrückung und Ausbeutung im Eigentum an Produktionsmitteln und durch die Organisation des Arbeitsprozesses im Takt der Maschine ist die Technologiekritik hier zunächst frei von einer historisch-materialistischen Geschichtsdeutung. Man kann diese beiden Passagen in allen drei eingangs dargestellten Technologieverständnissen bei Marx deuten. Eine kapitalismuskritische Deutung der Unterdrückung und Ausbeutung und ein strukturalistisches Verständnis, in dem die Maschinenfunktion die problematischen Strukturen schafft und nicht das Kapital, sind denkbar. Insbesondere stellt sich die Frage, inwieweit die Technologie des Werkzeugs und der Maschine in der Fabrik die Arbeit hier gestalten und wer wiederum diese Technologien so gestaltet hat. Mit Feenbergs pragmatischem Minimalmarxismus lässt sich fragen: Warum tun die Arbeiter nichts dagegen? Warum protestieren sie nicht? Durch den historischen Schnitt ist schnell auch die Frage auf dem Tisch, ob unsere heutige Arbeitswelt noch genauso ist. Den Schüler:innen fällt in der Regel auf, dass es die besonderen Härten wie Kinderarbeit und Todesfälle nicht mehr gibt. Hier lässt sich weiter diskutieren, ob dies nun an sozialem Ausgleich oder der Veränderung der heutigen Maschinen liegt. Auch wenn dieses Kritikmodell in jedem Fall von einer Kritik politischer Ökonomie ausgeht, sind also kapitalismus- und strukturkritische Deutungen gleichermaßen möglich.

Es kann sich auch lohnen, die Arbeitsform der sog. „Digital Nomads" hier zu thematisieren. Das Eigentum an den Produktionsmitteln liegt bei diesen Nomaden des Informationszeitalters selbst, sie arbeiten meist als Freelancer. Im Arbeitsprozess führen neue Flexibilitäten dazu, dass die Nomads sich frei einteilen und so auch aus einem Café auf Bali an einem Programmcode arbeiten können. Die klassische Eigentumstheorie und Arbeitsprozesstheorie des Kapitalismus als Grundlage einer starken Kritik wanken hier. In einer neuen Dialektik lässt sich aber anmerken, dass die digitalen Nomaden ihre Endgeräte selbst anschaffen müssen und strukturell gezwungen werden, sich eben im Arbeitsprozess selbst zu kontrollieren (Zuboff 2018, S. 306). Kulturell mag dann gerade die neue Einsamkeit dieses Arbeitslebens als die große Freiheit von der Lohnarbeit träumerisch verklärt werden. Tab. 6.1 zeigt das Kritikmodell der ökonomischen Folgen der Digitalisierung.

6.3 Künstler- und Sportlerkritik

Der große Schritt in der Technologiekritik von Marx zur frühen Kritischen Theorie ist die dort dann erfasste Kulturproduktion. Als solche begegnet die Digitalisierung den Schüler:innen heute sowohl von der Seite der Herstellung

Tab. 6.1 Kritikmodell ökonomische Folgen

Modell	Argument	Diskussion	Interessen (Stakeholder)	Inklusionsziel	Tiefendeutung
Kritik an den ökonomischen Folgen (Open Marxism 1)	P1: Digitaler Technologien als Arbeitsmittel führen zu stetiger Steigerung der Produktivkraft P2: Die Steigerung der Produktivkraft wird auf lange Sicht Herrschaft und Ausbeutung obsolet machen P3: Digitale Technologien führen kurzfristig zur Verstärkung von Herrschaft und Ausbeutung P4: Staatliche Hilfen können Härten von Arbeit abmildern C: Es braucht mittelfristige staatliche Hilfen	Rationalisierung der Arbeit	a) Unternehmer b) Beschäftigte c) Digital Nomads	Soziale Härten ausgleichen	Kapital oder Maschinenstruktur

digitaler Inhalte als auch von der Seite ihrer Nutzung. Die Produktion von Kultur, insbesondere die in den Massenmedien distribuierten Inhalte, sind ein sehr viel präsenterer Gegenstand der Digitalisierung als die digitale Transformation der Industrieproduktion. Selbst aber in der industriellen Produktion nehmen die menschlich verrichteten Tätigkeiten den Charakter der Kulturproduktion an. In Design, Marketing usw. wird in der Industrie in weiten Teilen ebenfalls nicht mehr an einem natürlichen Werkstoff, sondern an Kultur gearbeitet. Andreas Reckwitz fasst diesen Wandel in der Spätmoderne so zusammen: „Im Zentrum der gesellschaftlich leitenden Technologie befindet sich in der Spätmoderne nicht mehr die Produktion von Maschinen, Energieträgern und funktionalen Gütern, sondern die expansive und den Alltag durchdringende Fabrikation von Kulturformaten mit einer narrativen, ästhetischen, gestalterischen, ludischen, moralisch-ethischen Qualität, also von Texten und Bildern, Videos und Filmen, phatischen Sprechakten und Spielen. Damit wird die moderne Technologie in ihrem Herzen erstmals zur Kulturmaschine" (Reckwitz 2017, S. 227). In der Kulturmaschine ist die Maschinenkritik von Marx in die Spätmoderne gehoben.

Die mit der Kulturproduktion etabliert Kritik wird heute oft in zwei Formen geteilt, die *Sozialkritik* und die *Künstlerkritik;* diese Bezeichnungen gehen auf Luc Boltanski und Eve Chiapello zurück. Die Sozialkritik mahnt unterdrückerische oder ausbeuterische Verhältnisse an. Die Künstlerkritik hingegen kritisiert aufbauend auf einer Theorie des guten Lebens die Verhältnisse als unkreativ, einseitig, rezeptiv, einfältig usw. Die Beispiele für diese Kritik entnehmen Boltanski und Chiapello selbst der 1968er Bewegung in Frankreich (Boltanski und Chiapello 2006, S. 213–259), aber diese Kritikform und die hieraus erwachsene Transformation des Kapitalismus deuten sie als globale Phänomene. Die Künstlerkritik passte wohl am allerbesten auf das Medium des Fernsehens, das bis in die 90er landläufig als stumpfe Berieselung durch massengefertigte Kulturformate kritisiert

6.3 Künstler- und Sportlerkritik

wurde. Die kreativen, aktiven und sozialen Formate des Lebens und Arbeitens in der Digitalisierung haben in beeindruckender Weise diese Kritik vereinnahmt, so dass Boltanski und Chiapello davon ausgehen, dass die Künstlerkritik erfolgreich war.

Den Erfolg der Künstlerkritik mag man gerade daran sehen, dass die Kritik der Frankfurter Schule an der Massenkunst später nicht nur in kunsttheoretischen Kreisen auf Unverständnis stieß. So spricht Noël Carroll in seiner Analytik der Massenkunst in Bezug auf Horkheimer und Adorno von ihrer „striking inability to come to terms with mass art" (Carroll 1998, S. 15). Es ist wohl dabei kein Zufall, dass Carroll seine einflussreiche Verteidigung der Massenkunst in den Anfängen des Computerzeitalters schrieb. Gerade die durch die Digitalisierung erst möglich gewordenen Kulturgüter lassen sich kaum noch in den Termini der Künstlerkritik deuten. Carroll suchte mit analytischen Mitteln zu zeigen, dass Massenkunst generell weder den persönlichen Ausdruck einschränkt (1), auf passiven Konsum ausgerichtet ist (2), nach immer gleichem Strickmuster produziert wird (3), noch die ästhetische Autonomie einschränkt (4) (Carroll 1998, S. 20 ff.). Unkontrovers geworden sei heute, so Daniel Martin Feige, „dass Adornos und Horkheimers Kritik am totalitären Zug der Kulturindustrie dahingehend selbst totalitär ausgefallen ist, dass sie die reflexiven wie immanent gegenwendigen Potenziale massenkulturell produzierter Gegenstände nicht angemessen gewürdigt haben" (Feige 2018, S. 202 f.). Nicht aber nur in Bezug auf die von Feige behandelten Computerspiele, sondern auch in Bezug auf die Massenkunst der damaligen Zeit stoßen einige Passagen im Oeuvre Adornos heute auf Irritation, vor allem seine Unterscheidung von Hochkultur und Popkultur und die Kritik des Jazz. In der Lesart von Boltanski und Chiapello sind solche Bauchschmerzen mit der Kritischen Theorie im Rückblick aber einzig darauf zurückzuführen, dass ihre sog. Künstlerkritik letztlich so erfolgreich war, dass heutige Massenkultur die Defizite nicht mehr aufweist und wir sie selbst in den alten Formen nicht mehr wahrnehmen.

Die Künstlerkritik müsste hier entsprechend keine Erwähnung finden, wenn sie nicht auch in der Digitalisierungskritik eine Renaissance erfahren hätte. Das geschah im Umkreis von Hartmut Rosas Beschleunigungstheorie. Hier findet sich eine neue Form der Künstlerkritik, die im Gegenzug zur damaligen Kritik an der passiven Einfalt der Massenkunst und der Reaktion der neuen aktivierenden und inspirierenden Kunstformen der Digitalisierung, gerade wieder die Muße, Einfachheit und Langsamkeit des Lebens zu einer individuellen Utopie macht. Christoph Henning hat in einem Workingpaper der DFG-Kollegforschergruppe *Postwachstumsgesellschaften* gerade deshalb die Künstlerkritik verteidigt, weil sich erst in ihr zeige, wie sich die Strukturen der Sozialkritik in eine positive Idee des eigenen Lebens wenden lassen: „Eine Künstlerkritik vermag Dinge auf den Begriff zu bringen, die von betroffenen Menschen zwar empfunden, aber nicht klar zugeordnet werden können. Sie bietet, anders gesagt, Antworten an auf die von Rio Reiser auf den Punkt gebrachte Frage ‚Warum geht es mir so dreckig?'" (Henning 2013, S. 11). Auch dieser Künstlerkritik kann man aber den Vorwurf machen, dass das hier produzierte Künstlerideal wohl nur der Restauration überholter Kulturgehalte diene und bei Erfolg eine affirmativ wirkende Optimierung der Arbeitswelt zur Folge hat.

Die bleibenden Probleme der Künstlerkritik beruhen wohl darauf, dass sie von einer Sozialkritik nicht getrennt werden können. Boltanski und Chiapello sowie Rosa und Henning ist gemein, dass sie der Künstlerkritik stetig eine Sozialkritik unterlegen. So ist die Kritik an Entfremdung, Ausbeutung etc. immer das eigentliche Sujet der Künstlerkritik. Am Unwohlsein in der Arbeitsweise spürt das Individuum nur das tieferlegende strukturelle Problem. Axel Honneth geht sogar so weit zu sagen, dass eine Künstlerkritik nie wirklich erfolgreich war, weil sie es nicht geschafft hat, tatsächlich an den sozialen Verhältnissen zu rütteln (Honneth 2010, S. 82; vgl. auch den Kommentar hierzu bei Henning 2013, S. 15).

Man kann aktuell verfolgen, dass auch noch eine andere, ebenfalls metaphorische Kritik an der Lebensform in der digitalisierten Arbeitswelt in diese wieder eingearbeitet wird. Sie könnte man die *Sportlerkritik* an der Digitalisierung nennen. Der Medientheoretiker Timo Daum beschreibt dieses Phänomen in seinem Buch *Agiler Kapitalismus* aus der Innensicht der IT-Branche. Hier werden arbeitsteilige Entwicklungsprozesse mit „Scrum" wie ein Teamlauf im Rugby organisiert (Daum 2020, S. 35), Entwicklungs-„Sprints", „Hackathons" und „Makathons" veranstaltet (Daum 2020, S. 118–122), Soloselbstständige arbeiten „Free-Solo" wie beim Klettern in der Steilwand ohne Sicherungsseil (Daum 2020, S. 148). Man mag vielleicht sagen, dass Wettkampfmetaphorik der Marktwirtschaft immer bereits eingeschrieben war, andererseits kann man dies auch als Reaktion auf die Kritik an der stumpf und träge machenden frühen Computerwelt begreifen. So viel Sportlichkeit entspricht in keiner Weise mehr dem in den 90ern oft suggerierten Bild des phlegmatischen Informatikers.

Die Künstler- und Sportlerkritik kennen die Schüler:innen aus ihrem eigenen Leben in allen Facetten. Die klassische Kritik an der Berieselung ist mit dem sog. Binge Watching bei Netflix und anderen Streamingdiensten wieder da. Die Kritik an dem schnellen, gewollt-kreativen, besinnungslosen und von Energydrink-Dosen begleiteten Leben ist vielleicht die Digitalisierungskritik, die Jugendliche in ihrer Pubertät am stärksten am eigenen Leib erfahren. Sie wird ihnen insbesondere in Erziehungskontexten entgegengebracht. Hartmut Rosa selbst schlug kürzlich Erich Fromm als philosophischen Bezugspunkt einer Kritik an solchen Lebensformen vor (Rosa 2019). Diesem Vorschlag möchte ich folgen, weil ich den Text aus Fromms *Die Furcht vor der Freiheit* insbesondere für den Bildungskontext für geeignet halte. Er transportiert den psychoanalytischen Grundgedanken einer Kritik der Lebensformen, wie ihn die Künstler- und Sportlerkritik teilen, ohne die heute aus psychologischer Sicht problematisch gewordenen theoretischen Gehalte der Freudschen Psychonanalyse allzu sehr zu schneiden:

M04 – Erich Fromm (1941): Die Furcht vor der Freiheit

> Die meisten von uns erleben wenigstens Augenblicke eigener Spontaneität, die wir gleichzeitig als Augenblicke echten Glücks empfinden. Ganz gleich, ob wir das frische, spontane Erlebnis einer Landschaft haben, ob uns eine Erkenntnis als Ergebnis unseres

6.3 Künstler- und Sportlerkritik

Nachdenkens dämmert, ob wir ein sinnliches Vergnügen erleben, das nicht stereotyper Art ist, oder ob die Liebe zu einem anderen Menschen plötzlich in uns aufquillt – in solchen Augenblicken wissen wir alle, was ein spontanes Erlebnis ist, und wir haben vielleicht eine Ahnung davon, was das menschliche Leben sein könnte, wenn solche Erfahrungen nicht so selten wären und so wenig gepflegt würden. […] Spontanes Tätigsein ist der einzige Weg, auf dem man die Angst vor dem Alleinsein überwinden kann, ohne die Integrität seines Selbst zu opfern, denn in der spontanen Verwirklichung des Selbst vereinigt sich der Mensch aufs Neue mit der Welt – mit dem Menschen, der Natur, und sich selbst. Die wichtigste Komponente einer solchen Spontaneität ist die Liebe – aber nicht die Liebe, bei der sich das Selbst in einem anderen Menschen auflöst und auch nicht die Liebe, die nur nach dem Besitz des anderen strebt, sondern die Liebe als spontane Bejahung der anderen, als Vereinigung eines Individuums mit anderen auf der Basis der Erhaltung des individuellen Selbst. Die dynamische Eigenschaft der Liebe liegt eben in dieser Polarität, die darin besteht, daß sie aus dem Bedürfnis entspringt, die Absonderung zu überwinden und zum Einssein zu gelangen und trotzdem die eigene Individualität nicht zu verlieren. Die andere Komponente ist die Arbeit – aber nicht die Arbeit als zwanghafte Aktivität, die nur dazu dient, dem Alleinsein zu entfliehen, nicht die Arbeit, die einerseits die Natur beherrschen möchte und andererseits die von Menschen geschaffenen Produkte vergötzt oder sich zum Sklaven dieser Produkte macht, sondern die Arbeit als Schöpfung, bei der der Mensch im Akt der Schöpfung eins wird mit der Natur. (Fromm 1980, S. 369, [260 f.])

Fromm bietet mit seiner Theorie der Spontaneität eine umfängliche Kontrastfolie zu Lebensformen in der digitalisierten Welt. Schüler:innen können aber auch genauso zu der Einschätzung gelangen, dass gerade das digitale Leben ihnen die Möglichkeiten zur Spontaneität bietet. In der Pubertät ist wohl ein Zugang über das Online-Dating hier gut möglich, gerade dort macht der spontane Zugang das Finden der Liebe aber nicht unbedingt einfacher. Die neue Unsicherheit in Liebesbeziehungen, seitdem Dating-Apps wie Tinder hier eine ungeahnte Spontaneität ermöglicht haben, wird literarisch von Michel Houellebecq aufgearbeitet und soziologisch von Eva Illouz analysiert. Illouz bezieht sich dabei auch direkt auf Fromms *Furcht vor der Freiheit*: „Fromm sah jedoch nicht und konnte vielleicht auch nicht sehen, dass die Angst vor der Freiheit eine direkte Folge des Gebots der Selbstverwirklichung war und nicht etwa ihr Gegenteil" (Illouz 2018, S. 332). Für Illouz führen die neuen kreativen und agilen Online-Märkte der Liebe zu negativen Beziehungen: „Sie sind vage – ich kann nicht verbindlich sagen, was ich mit und in ihnen will und wer ich in ihnen bin –, und sie bergen ein Problem, das ich nicht lösen kann" (Illouz 2018, S. 334). Die tieferliegende Problematik erklärt Illouz mit einer neuen Ausformung des Kapitalismus, dem sog. *skopischen* (gr. skopein = betrachten) *Kapitalismus*, in dem Menschen sich wie Waren zur Schau stellen. Die Visualität digitaler Medien hat hier ihren nicht unerheblichen Anteil. Die Künstler- und Sportlerkritik in ihren vielfältigen Reflexionsfiguren sind wegen der dort verhandelten Sinn- und Lebensführungsfragen wohl insbesondere für den Ethikunterricht und vielleicht auch für den Religionsunterricht ab Einsetzen der Pubertät gut geeignet. Eine kapitalismuskritische Tiefendeutung kann hier auf die Warenform der Lebensführung abstellen, während eine strukturelle Deutung die Funktion des Visuellen näher analysieren mag. Tab. 6.2 zeigt das Kritikmodell der Künstler- und Sportlerkritik.

Tab. 6.2 Kritikmodell Künstler- und Sportlerkritik

Modell	Argument	Diskussion	Interessen (Stakeholder)	Inklusionsziel	Tiefendeutung
Künstler- und Sportlerkritik Open Marxism 2)	P1: Digitale Technologien erfordern kreative und agile Arbeits- und Lebensformen P2: Sinnfindung braucht Muße und Ruhe C: Sinnfindung ist in der Digitalisierung erschwert	Kritik an New Work und negativen Beziehungen	a) Sinnsucher b) Sinnstifter	Gutes und gelingendes individuelles Leben	Warenform oder Visualität

6.4 Kritik an soziokulturellen Verwerfungen in drei Stärken

Einen dritten, ebenfalls bedeutenden, auf Marx rekurrierenden Strang aktueller Digitalisierungskritik in der Lebenswelt der Lernenden bildet die *Sozial- und Kulturkritik* der Digitalisierung. Sie baut außerdem auf der sog. „Theorie sozialer Synthesis" auf (Schweppenhäuser 2019, S. 1080), die Horkheimers und Adornos These der Kulturindustrie zugrunde liegt. Diese Theorie besagt, dass sich im individuellen Verstand auf der Grundlage kulturell vermittelter Gehalte Vorstellungen und Wünsche überindividuell formieren und so die Produktion von Kultur selbst nicht unabhängig von der Gesellschaft ist, in der sie entsteht. Die Theorie sozialer Synthesis ist die Idee eines Kreislaufs: Die Gesellschaft ist so, weil die Technologie als Kulturproduktionsmittel und Kulturprodukt so ist – und umgekehrt. Es wird heute sehr unterschiedlich ausgelegt, inwieweit man aus diesem Kreislauf herauskommen kann. Dabei unterscheiden sich solche sozial- und kulturkritischen Digitalisierungskritiken vor allem darin, wie mächtig der Effekt der Technologie über die Kultur auf das Soziale eingeschätzt wird. Ich beginne hier die Darstellung mit den beiden Extremen, der Idee einer übermächtigen Technologie, die das ganze menschliche Leben durchformt, und der Idee einer bloß an den Rändern des Sozialen kolonialisierenden Technologie. Bei der dann folgenden dritten, moderaten und pragmatischen Form verweile ich in Kap. 7 etwas länger. Das ist die Digitalisierungskritik, die sich in Bezug auf Walter Benjamin im Unterricht als gemäßigte Form der Sozial- und Kulturkritik anbietet.

6.4.1 Die starke Wirkung *der* Technologie

Die starke sozial- und kulturkritische Position der Digitalisierungskritik lässt sich allein schon orthografisch fassen. Im Deutschen wird diese Position meist durch den Singular „*die* Technologie" ausgedrückt, wobei die Betonung auf dem Artikel liegt. Im Englischen kann man die Idee der starken Technologie noch viel ein-

6.4 Kritik an soziokulturellen Verwerfungen in drei Stärken

facher erkennen, insofern „Technology" mit großem „T" geschrieben wird, wenn diese Bedeutung gemeint ist (Ihde 1993, S. 34). In der angloamerikanischen Technikphilosophie werden seit der ersten Zusammenfassung des Feldes durch Don Ihde vor allem Jacques Ellul und Herbert Marcuse als Autoren gesehen, die Technologie mit großem „T" als „a new form of totalitarism" begriffen haben (Ihde 1993, S. 34). In den USA hat vor allem Eisenhowers Warnung vor dem „military-industrial complex" in seiner Farewell-Address als Präsident vom 17. Januar 1961 dazu geführt, Technologie auch landläufig in diesem umfassenden, totalitären Sinn zu begreifen (Jasanoff 2017, S. 266). Als Quelle für Materialien für den Unterricht dieser starken Position bieten sich heute die sozial- und kulturkritischen Positionen von Günther Anders, Byung-Chul Han oder Martin Heidegger an.

In der gegenwärtigen Ethikdidaktik zur Digitalisierung kann man eine Renaissance der Philosophie Günther Anders wahrnehmen, die wohl damit zu tun hat, dass die Allgegenwärtigkeit digitaler Medien und die turingsche Revolution, die von Floridi wahrgenomme Enttäuschung der rationalen Fähigkeiten des Menschen (s. o. Kap. 1), Anders' These von der Antiquiertheit wieder sehr aktuell erscheinen lassen. In der Ausgabe 3/2016 von Ethik und Unterricht mit dem Titel *Medienethik* finden sich im von Eva Müller zusammengestellten Materiateil gleich zwei Vorschläge aus Günther Anders *Die Antiquiertheit des Menschen* (Eva Müller 2016 S. 2 und 9). Auch Donat Schmidt zitierte in 2008 eine Allegorie auf den Technikgebrauch, die Anders seinen *Philosophischen Betrachtungen über Rundfunk und Fernsehen* voranstellte (Schmidt 2008, S. 103), und Bodo Kensmann entwarf in 2020 eine Unterrichtseinheit zur medialen Lebenswelt von Schüler:innen in Bezug auf eine Passage zur Fotografie bei Anders (vgl. Anders 2018, S. 178 ff.; Kensmann 2020, S. 169–172). In Deutschland ist Günter Anders vielleicht der Autor im weiteren Kreis der Kritischen Theorie, dem man am ehesten eine Renaissance in der Digitalisierung zusprechen kann (vgl.: Liessmann 2002; Dries 2009; Schmitt 2020), und auch im englischsprachigen Raum sind die Texte von Anders immerhin jetzt zumindest in Übersetzung zugänglich (die erste Ausgabe ist: Christopher John Müller 2016,).

Christian Fuchs hat darauf verwiesen, dass Anders im Gegensatz zu Marcuse keine Dialektik der Technologie auf der sozialen Ebene der Verwendung sieht. Wir könnten nach Anders also weder durch die Art und Weise unserer Interaktion die Technologie beeinflussen noch ihren Einfluss auf uns begrenzen. Stattdessen gäbe es für ihn nur eine historische Dialektik der Technologie (Fuchs 2002). Dennoch, so Christian Dries, sei es unverhältnismäßig Anders Technologiefeindlichkeit und Pessimismus vorzuwerfen, stattdessen sei seine „methodische Übertreibung" ein Weckruf zum moralischen Handeln (Dries 2018, S. 4). Die Wirkmacht der Technologien in der Moderne ist bei Anders aber stets total: „Was den unverbesserlichen Menschenfreund – der ein Leben lang vehement auf der fundamentalen Differenz von Person und Sache beharrte – umtrieb, war der uniform utopische wie totalitäre Zug moderner Technik bzw. Technologien" (Dries 2018, S. 4).

Anders' Technologien sind dabei wahre Weltuntergangsmaschinen, monströse Riesentechnologien. Seine Beispiele sind die Atombombe oder das technische

System der Konzentrationslager und er interpretiert die Automation und Kybernetik seiner Zeit in ähnlicher Weise. Diese Sicht auf Technologie erlebt in der Digitalisierung wohl auch eine Renaissance, weil es hier Phänomene gibt, die mit den Andersschen Weltuntergangsmaschinen durchaus Parallelen aufweisen. So sind im Ubiquitous-Computing, dem Tracking, Datamining und der Künstlichen Intelligenz Ansätze gegeben, mit denen man Anders' Gedanken im 21. Jahrhundert noch einmal auffrischen kann. Anders hatte im Vorwort zur fünften Auflage des ersten Bandes der *Antiquiertheit des Menschen* aber bereits selbst Zweifel, ob er nicht doch den Einfluss der Menschen auf die Wirkung insbesondere der Massenkommunikationstechnologien unterschätze. Nachdem er gesehen hatte, wie Fernsehbilder die politische Meinung über den Vietnamkrieg in den USA kippen ließen, ist die These der starken Technologie auch für Anders selbst fraglich (vgl. Vorwort in: Anders 2018). Digitale Technologie hat sich auf der anderen Seite aber auch der Kritik angepasst, sie ist freundlich, klein, nahbar, handlich und geradezu niedlich geworden. Das Smartphone mit Apps wie der Freundschaftspflege Snapchat ist in dieser Hinsicht eher ein Erbe des Tamagotchis als der Atombombe. Die technische Welt, die Anders beschreibt, ist nichtsdestotrotz immer noch da, sie ist nur nahezu unsichtbar geworden. Sie ist abgewandert in die Maschine-Maschine-Kommunikation und schon lange unabschaltbar.

Die These der starken Technologie wird auch von dem in Berlin lebenden Populärphilosophen Byung-Chul Han vertreten. Han besitzt eine weltweite Leserschaft. Im Jahr 2020 hat ihn das internationale Kunstmagazin Art Review auf Platz 62 der 100 einflussreichsten Menschen der Kunstszene gewählt (Art Review 2020); in den Top 100 waren nur vier Philosoph:innen. Allein diese Breitenwirkung führt zu einer Dissemination seiner philosophischen Positionen, die anders als in der Fachphilosophie in der Didaktik nicht ignoriert werden kann und auch nicht ignoriert wird (z. B.: Eva Müller 2016, S. 6; Pfeifer 2016, S. 52). Hans großes Thema sind dabei die psychologischen Symptome der Pathologien des Spätkapitalismus, die sich vor allem in ihrer bleibenden dialektischen Negativität zeigen. So ist es nicht das Leid, sondern dessen Unterdrückung, die Han zur gesellschaftlichen Symbolik stilisiert von der *Müdigkeitsgesellschaft* über die *Burnoutgesellschaft* bis hin zur *Palliativgesellschaft*. In 2010 war für Han noch die Depression die Pathologie der spaßorientierten Erlebniskultur. In der Coronapandemie ist es für ihn hingegen die Schmerzunterdrückung, die alle metaphysischen Erfahrungen und die Fragen des guten Lebens zum bloßen Überleben degradiert. Solche psychoanalytisch inspirierte Negativität führt dazu, dass gerade die gegenläufigen Phänomene bei Han als bester Beweis seiner zeitdiagnostischen Thesen gefasst werden. Während es 2010 so noch hieß, dass das 21. Jahrhundert pathologisch gerade nicht viral, sondern „neuronal bestimmt" sei (Han 2016b, S. 3) und so Krankheiten wie die Depression uns die Pathologie des bleibenden Spätkapitalismus vorführen, ist es in 2020 gerade das Phänomen des Umgangs der Gesellschaft mit der Coronapandemie, das zeige, wie „das Leben ganz zum Überleben erstarrt", in einer Gesellschaft, die ihren Schmerz nicht mehr fühlen könne (Han 2020, S. 15). Mit Anders teilt Han die Idee einer nur historischen Dialektik der Technik. Der Umgang mit der Technik ist nur Symptom der gesellschaftlichen

Pathologie, an der sich durch die Diagnose nicht viel ändern lasse. So erscheint bei Han die traurige Innenansicht des eigenen Socialmediaprofils als depressives narzisstisches Symptom (Han 2016a, S. 38). Kommunikatives Handeln in der Politik sei ersetzt durch die Präsenz von Meinungen in Twitter-Tweets (Han 2013, S. 34) und das Homeoffice sei das neue Arbeitslager des Neoliberalismus (Han 2020, S. 15). Bei Han erhält religiöse Metaphysik eine melancholisch-konservative Aufwertung.

In seinem 2021 erschienen direkt digitalisierungskritischen Werk *Undinge: Umbrüche der Lebenswelt* schöpft Han aus der Technikkritik Martin Heideggers. Bei Heidegger beginnen die technikphilosophische Kontinuitäten, die sich nicht auf Marx beziehen. Er gilt heute als „pioneer in this field" (Ihde 2010, S. 28). Don Ihdes Postphänomenologie setzt bei ihm an und die amerikanische Critical Theory of Technology von Andrew Feenberg ist über die Linie bei Marcuse mit Heidegger verbunden. Im zweiten Teil dieses Buches werde ich einige bedeutende technikphilosophische Schritte zeigen, die wir dem Denken Heideggers zu verdanken haben. Heideggers sozial- und kulturkritische Perspektive ist aber wesentlich von der Aufgabe geprägt „[to] reflect on the catastrophe of technology", so Feenberg (Feenberg 2005, S. 88). Don Ihde sieht in Bezug auf Heideggers Technikkritik einen dringenden Revisionsbedarf angesichts neuer historischer und ethnologischer Erkenntnisse zu technologischen Praxen antiker und autochthoner Gesellschaften: „That includes and must include the explicit recognition of both the politics of our artifacts, and the demythologization of nostalgic and romantic views of previous times" (Ihde 2010, S. 84 f.). Aus didaktischer Perspektive ist aber gerade die Besprechung dieser raunenden, romantisierenden Technikkritik, die einen hilflos gegenüber einer als übermächtig wahrgenommenen Technologie stehen lässt, wichtig. Es ist eine weit verbreitete soziale Praxis der Kritik, sich mit Hilfe solcher Romantik gegen die Anforderungen von Technologie zu immunisieren, von der man – möglicherweise zu Unrecht – das Gefühl hat, sie nicht mehr ändern zu können. Es ist Teil dieser Strategie, denselben Fatalismus auch schon bei anderen Vordenkern zu sehen, seit deren Einsicht sich nichts verändert hat. Insofern zeigt gerade die Referenz von Han auf Heidegger die soziale Praxis dieser Kritik.

M05 – Byung-Chul Han (2021): Undinge: Umbrüche der Lebenswelt

Heideggers Daseinsanalyse von *Sein und Zeit* bedarf einer Revision, die der Informatisierung der Welt Rechnung trägt. Heideggers „In-der-Welt-sein" vollzieht sich als „hantierender Umgang" mit den Dingen, die entweder „*vorhanden*" oder „*zuhanden*" sind. Die Hand stellt eine zentrale Figur der Heideggerschen Daseinsanalyse dar. Heideggers „Dasein" (die ontologische Bezeichnung für Mensch) erschließt sich die Umwelt mittels der Hand. Seine Welt ist eine Dingsphäre. Wir leben aber heute in einer Infosphäre. Wir hantieren nicht an den Dingen, die passiv vorliegen, sondern wir kommunizieren und interagieren mit den Infomaten, die selbst als Akteure agieren und reagieren. Der Mensch ist nun kein „Dasein", sondern ein „Inforg", der kommuniziert und Informationen austauscht. [...]

Heidegger bekennt sich emphatisch zur Arbeit und zur Hand, als hätte er geahnt, dass der künftige Mensch handlos ist und, statt zu arbeiten, zum Spielen neigt. Eine Vorlesung zu Aristoteles beginnt mit den Worten: „Er wurde geboren, arbeitete und starb." Denken ist Arbeit. Später bezeichnet Heidegger das Denken als Handwerk: „Vielleicht ist das Denken auch nur dergleichen wie das Bauen an einem Schrein. Es ist jedenfalls ein Hand-Werk." Die Hand macht das Denken zu einem dezidiert analogen Vorgang. Heidegger würde sagen: Künstliche Intelligenz denkt nicht, denn sie hat keine Hand.

Heideggers Hand verteidigt entschlossen die terrane Ordnung gegen die digitale Ordnung. Digital geht auf digitus zurück, was der Finger bedeutet. Mit den Fingern zählen und rechnen wir. Sie sind numerisch, das heißt digital. Heidegger unterscheidet die Hand ausdrücklich von Fingern. Die Schreibmaschine, an der nur die Fingerspitzen beteiligt sind, „entzieht dem Menschen den Wesensbereich der Hand". Sie zerstört das „Wort", indem sie es zu einem „Verkehrsmittel", nämlich zur „Information" degradiert. Das Getippte „kommt und geht nicht mehr durch die schreibende und eigentlich handelnde Hand". Nur die „Handschrift" nähert sich dem Wesensbereich des Wortes. Die Schreibmaschine ist, so Heidegger, eine „zeichenlose Wolke", also eine numerische Wolke, eine *Cloud*, die das Wesen des Wortes verdeckt. Die Hand ist insofern ein „Zeichen", als sie auf das zeigt, „was sich dem Denken zuspricht". Allein die Hand empfängt die Gabe des Denkens. Die Schreibmaschine ist für Heidegger eine Vorstufe des Rechners. Sie macht aus dem „Wort" eine „Information". Sie nähert sich dem digitalen Apparat. Der Bau des Rechners wird ermöglicht durch den „Vorgang, daß die Sprache mehr und mehr zum bloßen Instrument der Information wird". Die Hand zählt oder rechnet nicht. Sie steht für das Nicht-Zählbare, das Nicht-Berechenbare, das „schlechthin Singuläre, das in seiner Einzahl einzig das einzig einende Eine vor aller Zahl ist". (Han 2021, S. 9 f. und 79 f.)

An diesem Abschnitt kann man auch gut Zitations-, Betonungspraxis und etymologische Referenzen thematisieren. Der Text ist anspruchsvoll; er ist aber nicht zuletzt wegen der lebensweltlichen Referenzen noch für die Sekundarstufe II geeignet und kann an den dort behandelten Existentialismus anknüpfen. Zur Analyse ist ein wenig historisches Wissen notwendig. Heidegger kannte Smartphone und Cloud natürlich noch nicht, wohl aber die Schreibmaschine und den „Rechner" als frühen Computer. Kapitalismuskritisch kann jede Form der Technokratiekritik hier anschließen, in der Wirtschaft, Verwaltung und Technik untrennbar voneinander sind. Strukturfunktionalistisch findet sich eine derart umfassende Idee von Sozial- und Kulturkritik in Form der Weder-Noch-Kritik der nächsten Gesellschaft, die sich im NOR-Gatter auf der Maschinenebene der Digitalisierung spiegele, so Baecker (Baecker 2016, S. 223). Das Kritikmodell einer Sozial- und Kulturkritik unter den Bedingungen einer starken Wirkung *der* Technologie findet sich in Tab. 6.3.

6.4.2 Die schwache Wirkung der Technologie

In der amerikanischen Critical Theory of Technology wird deutlich wahrgenommen, dass in der Kritischen Theorie deutscher Provenienz seit Jürgen Habermas das Thema der Technologie nicht mehr systematisch aufgegriffen wurde. Das wird als Defizit einer kritischen Sozialtheorie herausgestellt (zuerst: Feenberg 1996, 2017, S. 42–45; Arnold und Michel 2017, S. 1; Delanty und Harris 2021, S. 89). Diese Sicht ist nicht falsch. Im deutschen Raum gibt es heute tat-

Tab. 6.3 Kritikmodell Sozial- und Kulturkritik mit starker Wirkung *der* Technologie

Modell	Argument	Diskussion	Interessen (Stakeholder)	Inklusionsziel	Tiefendeutung
Kritik an soziokulturellen Verwerfungen durch starke Technologie (Open Marxism 3, Han)	P1: Mit digitalen Technologien wird Kultur produziert P2: Kultur bestimmt, wie Menschen denken und leben Pa: Es gibt ein die Gesellschaft durchziehendes und existentiell bedrohendes technologisches System, *die* Technologie Ca: Das Leben der Menschen ist durch *die* Technologie umfassend verformt und sie können es nicht erkennen	Sorge um die Gesellschaft	a) Menschen in technologischen Zusammenhängen b) Aktivisten und Theoretiker (a und b sind dieselben Personen, diese Kritik ist immer immanent)	Inklusion der Gesellschaft in der fragmentierten Spätmoderne	Technokratie oder Form der nächsten Gesellschaft

sächlich einen starken Fokus auf das Politische, das ohne Technologie gedacht wird. Schon die Denkbewegungen der dritten Generation der Frankfurter Schule spielen sich in den Sphären ab, die Hegel den objektiven Geist nannte, also dem Recht, der Sittlichkeit und der Moral, ohne dass dann noch auf die technologischen Determinanten dieser Sphären rekurriert wird (vgl. exemplarisch die Hauptwerke: Forst 2007; Honneth 2011). Die amerikanische Beobachtung, dass Technologie in der Gesellschaftstheorie der deutschen Frankfurter Schule heute nur noch eine schwache Rolle spielt, ist nicht von der Hand zu weisen.

Das Technologieverständnis von Jürgen Habermas wird in der angloamerikanischen kritischen Technikphilosophie als Wendepunkt gesehen, an dem sich eine deutsche Kritische Theorie von Technologie als Analysegegenstand abkehrt. Die Kritik an dieser Abkehr lässt sich in drei Punkten fassen. Erstens werde seit der Differenzierung von Lebenswelt und System in Habermas *Theorie des kommunikativen Handelns* Technologie immer nur in ihrer Bedeutung in Wirtschaft und Administration gesehen, nicht aber in ihrem *Ursprung in der Lebenswelt*. Arbeit in Kommunikationsformen (Fuchs 2016, S. 186) und die Konstruktion und Nutzung alltäglicher Technologien in der Lebenswelt (Feenberg 2017, S. 44) werden so nicht gesehen. Zweitens werde Technologie fälschlicherweise als *essentialistisch* betrachtet, indem sie in Bezug auf die Kommunikationsmittel Geld und Macht interpretiert werde, „outside the domain of the life-world and therefore as non-social, while at the same time it is a possible source of domination, as when it becomes a substitute for politics" (Delanty und Harris 2021, S. 94). Drittens erscheine Technologie so aber auch als *neutral,* weil sie prinzipiell die

Lebenswelt gar nicht tangiert, das sei auch der größte Unterschied zur frühen Kritischen Theorie: „Habermas concludes that the problems of modernity are not due to inherent flaws in instrumental rationality as the first generation theorists believed" (Feenberg 2017, S. 43).

Ähnlich wie bei Anders lässt sich auch bei Habermas das Technologieverständnis als Abgrenzungsbewegung zu Herbert Marcuse verstehen. Habermas vollzog diese Bewegung spätestens in *Technik und Wissenschaft als Ideologie,* einer Festschrift für Marcuse aus dem Jahr 1968. Marcuse und Habermas teilen die „Doppelfunktion des wissenschaftlich-technischen Fortschritts (als Produktivkraft und Ideologie)" (Habermas 1968, S. 60). Während Marcuse aber die Möglichkeit einer Humanisierung der Technik offen lässt, sieht Habermas insbesondere die moderne Naturwissenschaft in einer historischen Sackgasse, „für ihre Funktion, wie für den wissenschaftlich-technischen Fortschritt überhaupt, gibt es kein Substitut, das ‚humaner' wäre" (Habermas 1968, S. 58). An der Wende der 90er erfuhr dieses Technologieverständnis ebenfalls durch die politische Wirkung, die das Fernsehen entfaltet, eine Revision. Auch das kann man als zeitversetzte Parallele zu Günther Anders verstehen. Waren es bei Anders die Bilder aus dem Vietnamkrieg, sind es bei Habermas die sozialen Bewegungen zum Fall des Eisernen Vorhangs, die das Modell der schwachen Technologie ins Wanken bringen. In der Demokratisierung der Staaten Osteuropas spielte ein öffentlicher, herrschaftsfreier Diskurs eine weniger bedeutende Rolle als die physische Präsenz der Menschen an der österreichisch-ungarischen Grenze, der innerdeutschen Grenze und in der Prager Botschaft. Diese Präsenz wurde durch die Technologie des Fernsehens erst sichtbar. Habermas spricht dann auch im neuen Vorwort des *Strukturwandels der Öffentlichkeit* von einer „Entdifferenzierung und Entstrukturierung, die in unserer Lebenswelt mit der elektronisch hergestellten Omnipräsenz der Ereignisse und mit der Synchronisierung von Ungleichzeitigkeiten eintreten" (Habermas 1990, S. 49).

Diese Digitalisierungskritik ist damit aber nicht ad acta gelegt, vielmehr zeigen sich erst in dieser Entstrukturierung Möglichkeiten einer neuen Sozialkritik an jenen technologischen Verhältnissen, in denen die Technologie intendiert oder unintendiert in den Hintergrund tritt. In der vierten Generation der Frankfurter Schule gibt es hierzu den technologiekritischen Ansatz von Titus Stahl. Stahl ersetzt Technologiekritik als „ontologisches Projekt" bewusst im Sinne Habermas' durch ein „politisches Projekt", das auch wieder offen für „ideologiekritische Untersuchung" sei (Stahl 2012, S. 323). So kombiniert Stahl etwa das Habermassche Öffentlichkeitskonzept mit einem demokratischen Verständnis von Privatsphäre, um die Überwachung von öffentlichen Plätzen mit digitaler Videotechnologie zu kritisieren. Diese Kombination ist im klassischen Verständnis der Öffentlichkeit nicht vorgesehen und kann schon als Reaktion auf die eben beschriebene Entstrukturierung der Lebenswelt verstanden werden (Stahl 2020, S. 84). Technologien führen dann zu Problemen, die sich in klassisch kommunikativen und privaten Bereichen zeigen und deren Lösungen auch hier in Form von Rechtsreformen zu suchen seien, so Stahl. Sie können mit dem Blick auf *schwache Technologien* gut erfasst werden. Auch die neueren Kommentare

6.4 Kritik an soziokulturellen Verwerfungen in drei Stärken

von Jürgen Habermas zum Strukturwandel der Öffentlichkeit können als Suchbewegung in diese Richtung didaktisch eingesetzt werden. Die politischen Folgeprobleme der Digitalisierung gehören dann neben dem „Diskurs zwischen Vernunft und Religion" und der „Europafrage" zu jenen möglichen Schulthemen, von denen Stefan Düfel schon 2013 schrieb: „Habermas hat diese Herausforderungen der Zukunft längst thematisiert, es wird Zeit, dass auch seine neueren Einwürfe in Neuauflagen und neue Schulbücher Eingang finden" (Düfel 2013, S. 15). Es ist vor allem in Deutschland auch immer noch weit verbreitet, die Digitalisierung vor dem Modell einer kommunikativ strukturierten und untechnologisch gedachten Lebenswelt zu kritisieren. Das begegnet den Lernenden sicher häufiger von der Seite ihrer Eltern, Großeltern und Pädagog:innen, die mit Habermas als deutschem Hofphilosophen der Nachkriegszeit aufgewachsen sind, als in der digitalen Lebenswelt selbst. Der Fortschritt hin zu einer in sich entstrukturierten Lebenswelt ist hier ein ebenso bedeutender Lernschritt für alle Beteiligten wie ein Gefühl für die Verständnisgrenzen dieses Modells, in dem nach wie vor Technologie selbst kaum Teil des Bildes ist.

M06 – Jürgen Habermas (2020): Gibt es eine digitale Öffentlichkeit?

Wenn Sie mich nun nach der Relevanz der neuen Medien für den Strukturwandel der Öffentlichkeit fragen, denke ich zunächst an die Bedeutung, die die politische Öffentlichkeit, wie wir sie kennen, für die Herausbildung der Demokratie hatte, und gleichzeitig an die wachsende Bedeutung, die die demokratische Willensbildung von Lesern wiederum für die politische und soziale Integration unserer pluralisierten und individualisierten Gesellschaften gehabt hat. Dabei fällt mir das strukturelle Problem auf, das mich seit Einführung der digitalen Kommunikation, also spätestens seit den frühen 1990er Jahren, irritiert und ratlos zurückgelassen hat. Ich weiß einfach nicht, wie in der digitalen Welt ein funktionales Äquivalent für die seit dem 18. Jahrhundert entstandene, aber heute im Zerfall begriffene Kommunikationsstruktur großräumiger politischer Öffentlichkeiten aussehen könnte. Das Netz ist von seinen Pionieren gerade wegen seiner anarchischen Infrastruktur zu Recht als befreiend gefeiert worden. Aber gleichzeitig verlangt das Moment der Gemeinsamkeit, das für die demokratische Meinungs- und Willensbildung konstitutiv ist, auch eine Antwort auf die spezielle Frage: Wie lässt sich in der virtuellen Welt des dezentrierten Netzes – also ohne die professionelle Autorität einer begrenzten Anzahl von Verlagen und Publikationsorganen mit geschulten, sowohl redigierenden wie auswählenden Lektoren und Journalisten – eine Öffentlichkeit mit Kommunikationskreisläufen aufrechterhalten, die die Bevölkerung inklusiv erfassen?

Politische Öffentlichkeiten, wie auch ich sie beschrieben habe, sind ja nicht zufällig im historischen Zusammenhang des Parlamentarismus und der Ausbildung eines Parteiensystems entstanden. Diese Kommunikationsstruktur war eine wesentliche Funktionsvoraussetzung für jede Demokratie, weil sie die Aufmerksamkeit einer großen Bevölkerung auf relativ wenige politisch entscheidungsrelevante Gegenstände lenken und ein allgemeines Interesse für solche Themen wecken und wachhalten konnte. Aber diese vertikalen, inzwischen auf der Verbreitung und Ausstrahlung von Presse-, Radio- und Fernsehprogrammen beruhenden Kommunikationsströme verlieren zunehmend an Bedeutung gegenüber der horizontalen Kommunikation über die neuen, insbesondere die sozialen Medien. Die Infrastruktur der Öffentlichkeit zerbröckelt in Ländern wie den USA schon seit längerem. Die ersten Anzeichen der Erosion zeigten sich nach der breitenwirksamen Privatisierung des Fernsehens und vor allem des Radios mit der Folge einer marktorientierten Anpassung der Programme. (Habermas 2020, S. 28)

Tab. 6.4 Kritikmodell Sozial- und Kulturkritik mit schwacher Wirkung der Technologie

Modell	Argument	Diskussion	Interessen (Stakeholder)	Inklusionsziel	Tiefendeutung
Kritik an soziokulturellen Verwerfungen durch schwache technologische Effekte (Open Marxism 3, Habermas)	P1: Mit digitalen Technologien wird Kultur produziert P2: Kultur bestimmt, wie Menschen denken und leben Pb: Hinter problematischen Technologien stehen immer problematische Sozialverhältnisse Cb: Man muss Sozialverhältnisse kritisch-kommunikativ gestalten, um Kultur und Denken der Menschen zu ändern	Sorge um die Gesellschaft	a) Menschen in technologischen Zusammenhängen b) Aktivisten und Theoretiker (a und b sind dieselben Personen, diese Kritik ist immanent)	Inklusion der Gesellschaft in der fragmentierten Spätmoderne	Einfluss der Ökonomie oder Struktur der Massenmedien

Die Deutung der Öffentlichkeit bei Habermas ist dann direkt kapitalismuskritisch, wenn man diese „marktorientierte Anpassung" der Medien als Funktion der Ökonomie fasst. Dem entgegen kann ein strukturfunktionalistisches Verständnis die Funktion der Massenmedien aus ihrer inneren Struktur heraus erklären (Luhmann 2017). Das Kritikmodell schwacher Wirkung findet sich in Tab. 6.4.

6.4.3 Die mittlere Wirkung von Technologien

Eine häufige Form der Digitalisierungskritik in der Lebenswelt der Lernenden, deren soziale Praxis präsent und deren Effekte auf die Umgestaltung von Technologien direkt sichtbar ist, folgt einem dritten, moderaten Modell der Sozial- und Kulturkritik. In der angloamerikanischen Critical Theory of Technology wird dieses Modell gerne aus den Defiziten vorheriger Strömungen der Technologiekritik in der Tradition der Frankfurter Schule erklärt, aus den „limitations of their view" (Delanty 2020, S. 74). Man mag hier aber auch einen grundsätzlich pragmatischen Gedanken verwirklicht sehen, der sich aus dem amerikanischen Pragmatismus bei John Dewey ergibt. Diese Verbindungslinien zeigt Larry Hickman für die gegenwärtige Technologiekritik im angloamerikanischen Raum auf. In Feenbergs Critical Theory sei es vor allem der konstruktivistische Grundgedanke des Pragmatismus, der sich im Konzept der Konstruktion von Technologie findet: „For Dewey, as for Feenberg, technological decision-making is at each fork in the road precisely about which of many possible values will be secured. […] For Dewey and Feenberg, but not for the early Critical Theorists, there is no contextless technoscience" (Hickman 2019, S. 86). Noch deutlicher ist der Bezug zu Deweys Pragmatismus in der postpänomenologischen Technikkritik, die auf der Philosophie Don Ihdes aufbaut (Thompson 2020). Ein Neopragmatismus ist die Konsequenz, in die schon seit einiger Zeit poststrukturalistische Technologiekritik und kritische Strömungen zugleich münden. Diesen neuen angloamerikanischen Technologiepragmatismus eint eine Absage an alle romantischen Verständnisse von Zuständen jenseits des technologischen Lebens (Vogel 2017, S. 42).

Man kann die mittlere Wirkung so auch gut als eine restaurative Bewegung sehen, die Deutungspotentiale der frühen Kritischen Theorie wiederbelebt. Hier wird dann eher an ein frühes marxistisches Verständnis von technologischer Praxis angeknüpft. Feenberg hat hier bereits früh nicht nur wie die gesamte Bewegung des Open Marxism an Marx, sondern auch an Lukács angeknüpft, der Max Webers soziologische Beschreibung von Rationalisierungsprozessen mit den marxschen Grundlagen verband (Feenberg 1981). Für den philosophiedidaktischen Kontext ist hier besonders interessant, dass so inzwischen auch eine Renaissance der Technologiekritik Walter Benjamins international in der Diskussion ist, um gerade dieses angloamerikanische Kritikverständnis historisch zu fundieren. Gerard Delanty und Neal Harris beschreiben, wie Benjamin auf dem Verständnis instrumenteller Rationalität aufbaut:

> „Capitalism could thus be conceived of as being both technologically driven while being an expression of something more pervasive, namely instrumental rationality. With this concept, which in effect was the master concept through which early critical theory came to understand domination, technology could be viewed through a Marxist perspective while simultaneously going beyond it in capturing its cultural dimensions. In contrast to the conservative critique of technology, its positive aspects could also be seen in making possible new cultural realities. In this respect, the writings of Benjamin are important" (Delanty und Harris 2021, S. 90).

So kann man die aktuelle Wende auch als eine konstruktive Wendung der Technologiekritik verstehen. Auch Andrew Feenbergs Rekonstruktion der Technologiekritik der Frankfurter Schule wendet sich vor diesem Hintergrund gegen den intrinsischen Pessimismus der Frankfurter Sicht und betont das demokratische Potential von Technologie: „technology can deliver more than one type of technological civilization" (Feenberg 2010a, S. 28). In diesem konkreten, pragmatischen und konstruktiven Verständnis agiert eine Vielzahl gegenwärtiger Technologiekritik, die Technologien als Teil unserer Lebenswelt begreift, aber sich auch keine Illusionen darüber macht, dass diese realen Technologien wohl kaum die besten Lösungen darstellen. Dieses Verständnis von Technologiekritik hat sich in den philosophischen Teilen von technologiebezogenen Studiengängen weltweit etabliert. Schon in 2006 schrieb Michael Peters: „Technology has become the new star ship in the policy fleet for governments around the world" (Peters 2006, S. 95). Dieser im Ursprung ökonomische Trend wird zunehmend kritisch begleitet. Das ist in einem größeren interdisziplinären Rahmen der Science and Technology Studies zu sehen. So schreiben Felt et al. im 2017 neu erschienen Handbuch dieses Feldes: „STS has always asked *cui bono* – Who benefits from specific configurations of science and technology? Increasingly, STS also asks, how can our insights be put to work in ways that improve outcomes for people and the planet?" (Felt et al. 2017, S. 2).

Nicht nur die Technologiekritik im akademischen Feld der Science and Technology Studies läuft nach dem Muster einer Sozial- und Kulturkritik mit mittlerer Wirkung ab. Das ist auch der verbreitete Typ der Technologiekritik in den gegenwärtigen sozialen Bewegungen. Das geschieht prominent in der Auseinandersetzung der großen sozialen Bewegungen mit den Technologiekonzernen. Aber es geschieht auch im kleinen: „Indymedia, Makerspaces, and hacktivism around the world may be seen as creating alternative structures and anarchic publics outside of traditional targets of movement activism" (Breyman et al. 2017, S. 303). Diese kritischen Bewegungen setzen direkt auf ein „Critical Making" – sie wollen Technologien nicht nur von außen kritisieren, sondern sie direkt und bewusst verändern oder ihnen gar fertige technologische Alternativen gegenüberstellen.

Wie auch bei den übrigen Kritikmodellen, ist auch hier bei diesem letzten Standardmodell der philosophischen Digitalisierungskritik die Behandlung im Unterricht allein deshalb schon sinnvoll, weil diese Kritik in der Lebenswelt der Lernenden vorkommt. Für den didaktischen Gebrauch halte ich dieses Verständnis von Technologiekritik für besonders geeignet, weil es einerseits Technologien als Teil der Lebenswelt begreift, andererseits aber Lernende zu einem kritischen Umgang mit ihnen befähigt. Mit diesem Kritikmodell lernen sie, dass Technologien durch demokratische Kritik verändert werden und dass diese Änderungen auch humanere Lösungen bereitstellen. Das hat sowohl Potentiale im Sinne eines persönlichen „Empowerment" als auch Konvergenzen mit anderen Zielen des Unterrichts, wie etwa der Demokratiebildung. Wenn von all den Standardmodellen der Digitalisierungskritik nur eines im Unterricht behandelt werden sollte, würde ich also wegen der aktuellen Prominenz und der emanzipatorischen didaktischen Zielrichtung dazu raten, dieses Modell zu thematisieren. Im folgenden Kap. 7 stelle ich mehrere Materialien vor, die in Bezug auf Walter Benjamin solch eine Sozial- und Kulturkritik im Unterricht ermöglichen, daher fehlt das Materialbeispiel hier an dieser Stelle.

Das Modell ist selbst aber natürlich auch wiederum zu kritisieren. Erstens ist fraglich, inwieweit eine pragmatische Kritik nicht doch zur Affirmation der Verhältnisse führt. Arbeitet man also durch eine solche Kulturkritik nicht an der Akzeptanz von Technologien mit, die *an sich* problematisch sind (vgl.: Adorno 1977b, S. 27)? Zweitens, hat diese Kritik möglicherweise schon in gewisser Weise akzeptiert, dass die problematischen Rahmenbedingungen der Technologie nicht zu ändern sind, wenn die großen technologischen Probleme „auf materielle Tendenzen und soziale Kämpfe" im Alltag reduziert werden (vgl.: Adorno 1977a, S. 247)? Drittens, läuft man nicht Gefahr, wenn man konkrete Technologien und ihre Probleme betrachtet, die soziokulturelle Konstellation der Technologie doch wieder im Fehlschluss in irgendeiner Weise zu konkretisieren (vgl.: Adorno 1977a, S. 243 und 251)?

Auch dieses letzte *Standardmodell philosophischer Digitalisierungskritik,* das ich hier für eine Thematisierung im Philosophie- und Ethikunterricht vorschlage, kann in der Tiefe sowohl kapitalismuskritisch als auch strukturfunktionalistisch ausgedeutet werden. In erster Lesart ist es dann die immer etwas andere Warenform jeder konkreten Technologie, die jene mittleren Effekte bedingt, in struktur-

Tab. 6.5 Kritikmodell Sozial- und Kulturkritik mit mittlerer Wirkung der Technologie

Modell	Argument	Diskussion	Interessen (Stakeholder)	Inklusionsziel	Tiefendeutung
Kritik an soziokulturellen Verwerfungen durch mittlere technologische Effekte (Open Marxism 3, Benjamin)	P1: Mit digitalen Technologien wird Kultur produziert P2: Kultur bestimmt, wie Menschen denken und leben Pc1: Menschen produzieren Kultur vor dem Hintergrund einer pfadabhängigen Geschichte der Verhältnisse, in denen sie leben Pc2: Man kann soziokulturelle Bedeutungen im Kleinen durchschauen Cc: Eine begrenzte Kritik konkreter Technologie ist möglich und notwendig	Sorge um die Gesellschaft	a) Menschen in technologischen Zusammenhängen b) Aktivisten und Theoretiker (a und b sind dieselben Personen, diese Kritik ist immer immanent)	Inklusion der Gesellschaft in der fragmentierten Spätmoderne	Spezifische Warenform oder konkretes Interaktionssystem

funktionalistischer Sicht ist es die Funktion konkreter Technologien in begrenzten Interaktionssystemen, die sich kritisch analysieren lässt (Kieserling 1999). Das Kritikmodell einer Sozial- und Kulturkritik mit einer mittleren Wirkung der Kritik findet sich in Tab. 6.5. Ein Philosoph, der dieses Kritikmodell genutzt hat, ist Walter Benjamin, dem das nächste Kapitel mit ausführlichen Beispielen gewidmet ist.

Literatur

Adorno, Theodor W. 1977a. Charakteristik Walter Benjamins. In *Kulturkritik und Gesellschaft I. Prismen/Ohne Leitbild. Gesammelte Schriften*, Hrsg. Rolf Tiedemann, Bd. 10,1, 238–253. Frankfurt a. M.: Suhrkamp.

Adorno, Theodor W. 1977b. Kulturkritik und Gesellschaft. In *Kulturkritik und Gesellschaft I. Prismen/Ohne Leitbild. Gesammelte Schriften*, Hrsg. Rolf Tiedemann, Bd. 10,1, 11–30. Frankfurt a. M.: Suhrkamp.

Anders, Günther. 2018. *Die Antiquiertheit des Menschen. Über die Seele im Zeitalter der zweiten industriellen Revolution*, Bd. 1. München: Beck.

Arnold, Darrell P., und Andreas Michel. 2017. Introduction. In *Critical theory and the thought of Andrew Feenberg*, Hrsg. P. Darrell und Arnold und Andreas Michel, 1–14. Cham: Palgrave Macmillan.

Art Review. 2020. Power 100. *Art review*. https://artreview.com/power-100/. Zugegriffen: 2. Jan. 2021.

Baecker, Dirk. 2016. Wahr ist nur, dass alles falsch ist: Zur Kritik in der nächsten Gesellschaft. In *Systemtheorie und Gesellschaftskritik*, Hrsg. Kolja Möller und Jasmin Siri, 223–242. Bielefeld: transcript.

Bayertz, Kurt, und Michael Quante. 2013. Marxistische Technikphilosophie. In *Handbuch Technikethik*, Hrsg. Armin Grunwald und Melanie Simonidis-Puschmann, 89–93. Stuttgart: J.B. Metzler.

Bock, Wolfgang. 2019. Neue Medien und Ideologie: Zur Dialektik der digitalisierten Aufklärung. In *Handbuch Kritische Theorie*, Hrsg. Uwe H. Bittlingmayer, Alex Demirović, und Tatjana Freytag, 1213–1246. Wiesbaden: Springer.

Boltanski, Luc, und Ève Chiapello. 2006. *Der neue Geist des Kapitalismus*. Konstanz: UVK.

Bonefeld, Werner, Richard Gunn, und Kosmas Psychopedis. 1992. *Open marxism. Volume 1. Dialectics and history*. London: Pluto Press.

Breyman, Steve, Nancy Campbell, Virginia Eubanks, und Abby Kinchy. 2017. STS and social movements: Pasts and futures. In *The Handbook of science and technology studies*, Hrsg. Ulrike Felt, Rayvon Fouché, Clark A. Miller und Laurel Smith-Doerr, 289–318. Cambridge: The MIT Press.

Carroll, Noël. 1998. *A Philosophy of mass art*. Oxford [England]: Clarendon Press.

Daum, Timo. 2020. *Agiler Kapitalismus: Das Leben als Projekt*. Hamburg: Edition Nautilus.

Delanty, Gerard. 2020. *Critical theory and social transformation. Crises of the present and future possibilities*. London: Routledge.

Delanty, Gerard, und Neal Harris. 2021. Critical theory and the question of technology: The Frankfurt school revisited. *Thesis Eleven 166(1):88-108*.

Dries, Christian. 2009. *Günther Anders*. München: Fink[utb].

Dries, Christian. 2018. Editorial: Günther Anders aktuell. *Behemoth* 11(1):1–7.

Düfel, Stefan. 2013. Jürgen Habermas in Schulbüchern des Philosophie- und Ethikunterrichts. Ein Überblick. *Zeitschrift für Didaktik der Philosophie und Ethik* 34(4):12–15.

Feenberg, Andrew. 1981. *Lukács, Marx and the sources of critical theory*. Totowa: Rowman and Littlefield.

Feenberg, Andrew. 1991. *Critical theory of technology*. New York [u. a.]: Oxford University Press.

Feenberg, Andrew. 1996. Marcuse or Habermas: Two critiques of technology. *Inquiry* 39:45–70.

Feenberg, Andrew. 2005. *Heidegger and Marcuse: The catatstrophe and redemption of history*. New York: Routledge.

Feenberg, Andrew. 2010a. *Between reason and experience: Essays in technology and modernity*. Cambridge: MIT Press.

Feenberg, Andrew. 2010b. Marxism and the critique of social rationality: From surplus value to the politics of technology. *Cambridge Journal of Economics* 34(1):37–49.

Feenberg, Andrew. 2017. *Technosystem: The social life of reason*. Cambridge: Harvard University Press.

Feige, Daniel Martin. 2018. Videospiele im Spannungsfeld von Kunst und Kulturindustrie. In *„Kulturindustrie": Theoretische und empirische Annäherungen an einen populären Begriff*, Hrsg. Martin Niederauer und Gerhard Schweppenhäuser, 201–219. Wiesbaden: Springer.

Felt, Ulrike, Rayvon Fouché, Clark A. Miller, und Laurel Smith-Doerr. 2017. Introduction to the fourth edition of the handbook of science and technology studies. In *The handbook of science and technology studies*, Hrsg. Ulrike Felt, Rayvon Fouché, Clark A. Miller und Laurel Smith-Doerr, 1–26. Cambridge: MIT Press.

Forst, Rainer. 2007. *Das Recht auf Rechtfertigung. Elemente einer konstruktivistischen Theorie der Gerechtigkeit*. Frankfurt a. M.: Suhrkamp.

Fromm, Erich. 1980. Die Furcht vor der Freiheit (1941a). In *Analytische Sozialpsychologie. Gesamtausgabe*, Bd. I., 217–392. Stuttgart: Deutsche Verlags-Anstalt.

Fuchs, Christian. 2002. Zu einigen Parallelen und Differenzen im Denken von Günther Anders und Herbert Marcuse. In *Geheimagent der Massenremiten – Günther Anders*, Hrsg. Dirk Röpcke und Raimund Bahr, 113–127. St. Wolfgang: Ed. Art & Science.

Fuchs, Christian. 2016. *Critical theory of communication: New readings of Lukács, Adorno, Marcuse, Honneth and Habermas in the age of the internet*. London: University of Westminster Press.

Literatur

Fuchs, Christian. 2019. *Rereading Marx in the age of digital capitalism*. London: Pluto Press.
Habermas, Jürgen. 1968. Technik und Wissenschaft als „Ideologie". In *Technik und Wissenschaft als „Ideologie"*, 48–103. Frankfurt a. M.: Suhrkamp.
Habermas, Jürgen. 1990. *Strukturwandel der Öffentlichkeit. Untersuchungen zu einer Kategorie der bürgerlichen Gesellschaft*. Frankfurt a. M.: Suhrkamp.
Habermas, Jürgen. 2020. Moralischer Universalismus in Zeiten politischer Regression. Jürgen Habermas im Gespräch über die Gegenwart und sein Lebenswerk. *Leviathan* 48(1):7–28.
Han, Byung-Chul. 2020. *Palliativgesellschaft: Schmerz heute (Fröhliche Wissenschaft 169)*. Berlin: Matthes & Seitz.
Han, Byung-Chul. 2013. *Digitale Rationalität und das Ende des kommunikativen Handelns*. Berlin: Matthes & Seitz.
Han, Byung-Chul. 2016a. Burnoutgesellschaft. In *Müdigkeitsgesellschaft. Burnoutgesellschaft. Hoch-Zeit (Fröhliche Wissenschaft 98)*, 33–44. Berlin: Matthes & Seitz.
Han, Byung-Chul. 2016b. Müdigkeitsgesellschaft. In *Müdigkeitsgesellschaft. Burnoutgesellschaft. Hoch-Zeit (Fröhliche Wissenschaft 98)*, 3–32. Berlin: Matthes & Seitz.
Han, Byung-Chul. 2021. *Undinge. Umbrüche der Lebenswelt*. Berlin: Ullstein.
Henning, Christoph. 2013. *Entfremdung lebt: Zur Rettung der Künstlerkritik. Drei Wege aus einer sozialtheoretischen Selbstverhedderung.* https://www.kolleg-postwachstum.de/sozwgmedia/dokumente/WorkingPaper/wp3_2013.pdf.
Hickman, Larry A. 2019. *Pragmatism as post-postmodernism*. New York: Fordham University Press.
Honneth, Axel. 2010. *Das Ich im Wir. Studien zur Anerkennungstheorie*. Frankfurt a. M.: Suhrkamp.
Honneth, Axel. 2011. *Das Recht der Freiheit*. Frankfurt a. M.: Suhrkamp.
Ihde, Don. 1993. *Philosophy of technology. An introduction*. New York: Paragon House.
Ihde, Don. 2010. *Heidegger's technologies: Postphenomenological perspectives*. New York: Fordham University Press.
Illouz, Eva. 2018. *Warum Liebe endet. Eine Soziologie negativer Beziehungen*. Berlin: Suhrkamp.
Jasanoff, Sheila. 2017. Science and democracy. In *The handbook of science and technology studies*, Hrsg. Ulrike Felt, Rayvon Fouché, Clark A. Miller, und Laurel Smith-Doerr, 259–287. Cambridge: MIT Press.
Kensmann, Bodo. 2020. Lebenswelt- und Problemorientierung – Zwei didaktische Formeln und einige Überlegungen dazu. In *Philosophische Bildung und Didaktik: Dimensionen, Vermittlungen, Perspektiven*, Hrsg. Christian Thein, 151–173. Stuttgart: Metzler.
Kieserling, André. 1999. *Kommunikation unter Anwesenden. Studien über Interaktionssysteme*. Frankfurt a. M.: Suhrkamp.
Lenin, Vladimir Il'ič. 1978. Unsere aussen- und innenpolitische Lage und die Aufgaben der Partei. Rede auf der Moskauer Gouvernementskonferenz der KPR(B). 21. Nov. 1920. In *Werke. Ins Deutsche übertragen nach der vierten russischen Auflage*. Bd. 31, 402–424. Berlin: Dietz.
Liessmann, Konrad Paul. 2002. *Günther Anders: Philosophieren im Zeitalter der technologischen Revolutionen*. München: Beck.
Luhmann, Niklas. 2017. *Die Realität der Massenmedien*. Wiesbaden: Springer.
Marx, Karl. 1991. *Das Kapital. Kritik der Politischen Ökonomie. Erster Band. Hamburg 1890. MEGA Bd. II,10*. Hrsg. Institut für Geschichte der Arbeiterbewegung. Berlin: Dietz.
Marx, Karl, und Friedrich Engels. 1962. *Deutsche Ideologie. Kritik der neuesten deutschen Philosophie und ihrer Repräsentanten Feuerbach, B. Bauer und Stirner, und des deutschen Sozialismus in seinen verschiedenen Propheten*. In MEW. Bd. 3. Berlin: Dietz.
Müller, Christopher John. 2016. *Prometheanism: Technology, digital culture, and human obsolescence*. London: Rowman & Littlefield International.
Müller, Eva. 2016. Material Extra zum Themenheft Medienethik (3/2016). *Ethik und Unterricht* 26(3), Beiheft: 1–12.

Peters, Michael A. 2006. Towards philosophy of technology in education: Mapping the field. In *The International Handbook of Virtual Learning Environments*, Hrsg. Joel Weiss, Jason Nolan, Jeremy Hunsinger, und Peter Trifonas, 95–116. Dordrecht: Springer Netherlands.

Pfeifer, Markus. 2016. Homo digitalis. Digitale Medien zwischen Befreiung, Optimierung und Verblendung. *Ethik und Unterricht 26(3):* 47–52.

Piketty, Thomas. 2014. *Das Kapital im 21. Jahrhundert*. München: Beck.

Precht, Richard David. 2018. *Jäger, Hirten, Kritiker. Eine Utopie für die digitale Gesellschaft*. München: Goldmann.

Quante, Michael, und David P. Schweikard. 2016. *Marx-Handbuch. Leben-Werk-Wirkung*. Stuttgart: J.B. Metzler.

Reckwitz, Andreas. 2017. *Die Gesellschaft der Singularitäten. Zum Strukturwandel der Moderne*. Frankfurt a. M.: Suhrkamp.

Rosa, Hartmut. 2016. *Resonanz. Eine Soziologie der Weltbeziehung*. Frankfurt a. M.: Suhrkamp.

Rosa, Hartmut. 2019. Erich Fromm-Lecture 2018: Die Quelle aller Angst und die Nabelschnur zum Leben: Erich Fromms Philosophie aus resonanztheoretischer Sicht. *Fromm Forum (Deutsche Ausgabe – ISSN 1437–0956), 23/2019,* Tuebingen (Selbstverlag), 144–160. d23/2019k.

Rosa, Hartmut, Stephan Lessenich, Margrit Kennedy, und Theo Waigel. 2014. Weil Kapitalismus sich ändern muss: Im Gespräch mit Hartmut Rosa und Stephan Lessenich. In *Weil Kapitalismus sich ändern muss*, Hrsg. Hartmut Rosa, Stephan Lessenich, Margrit Kennedy, und Theo Waigel, 21–65. Wiesbaden: Springer.

Schmidt, Donat. 2008. Nicht mehr zu Fuß. *Zeitschrift für Didaktik der Philosophie und Ethik* 29(2):103–115.

Schmitt, Peter. 2020. *Medienkritik zwischen Anthropologie und Gesellschaftstheorie zur Aktualität von Günther Anders und Theodor W. Adorno*. Paderborn: Fink.

Schweppenhäuser, Gerhard. 2019. Kulturindustrie. In *Handbuch Kritische Theorie*, Hrsg. Uwe H. Bittlingmayer, Alex Demirović, und Tatjana Freytag, 1079–1104. Wiesbaden: Springer.

Stahl, Titus. 2012. Verdinglichung und Herrschaft. Technikkritik als Kritik sozialer Praxis. In *Ding und Verdinglichung. Technik- und Sozialphilosophie nach Heidegger und der Kritischen Theorie*, Hrsg. Christian Lotz, Hans Friesen, Jakob Meier und Markus Wolf, 299–324. Leiden: Fink.

Stahl, Titus. 2020. Privacy in public: A democratic defense. M*oral philosophy and politics* 7(1):73–96.

Thompson, Paul B. 2020. Ihde's Pragmatism. In *Reimagining philosophy and technology, reinventing Ihde*, Hrsg. Glen Miller und Ashley Shew, 43–61. Cham: Springer.

Vogel, Steven. 2017. What is the „Philosophy of Praxis"? In *Critical theory and the thought of Andrew Feenberg*, Hrsg. P. Darrell und Arnold und Andreas Michel, 17–45. Cham: Springer International Publishing.

Zuboff, Shoshana. 2018. *The age of surveillance capitalism. The fight for a human future at the New Frontier of Power*. Frankfurt a. M: Campus.

Digitalisierungskritik mit Walter Benjamin

7

Zusammenfassung

Walter Benjamin gilt als ein Klassiker der Medientheorie. Seine journalistische und schriftstellerische Tätigkeit hatte teils direkt Kinder und Jugendliche als Adressaten oder war aus ihrer Perspektive verfasst. In Bezug auf eine Kritik soziokultureller Verwerfungen in der Digitalisierung ergeben sich fünf Problemkontexte, die sich mit der Philosophie Benjamins eröffnen lassen: Die *Allgegenwärtigkeit* der Medien in der Digitalisierung und damit das vermeintliche Verschwinden der Langeweile, die schwierige Identifikation *publizistischer Qualität* in den sozialen Medien, die Notwendigkeit einer *Ethik des Kopierens* durch die Möglichkeit der verlustlosen Reproduktion, die Frage nach *Authentizität* vor dem Hintergrund von Retusche und Computergenerierung und die *soziale Funktion* von Technologien wie dem Smartphone im Alltag. Alle Problemkontexte werden direkt am didaktischen Material entfaltet.

Schlüsselwörter

Walter Benjamin · Ubiquitous Computing · Soziale Medien · Kopieren · Retusche · Smartphone

7.1 Das Zeitalter der Reproduktion

Ich werde im Folgenden exemplarisch fünf Beispiele vorstellen, wie Digitalisierungskritik mit didaktischen Materialien, die einen Bezug zu Walter Benjamins Philosophie aufweisen, im Unterricht behandelt werden könnte. Benjamin besitzt den didaktisch nicht von der Hand zu weisenden Vorteil, dass er in seiner Arbeit für den Südwestdeutschen Rundfunk ab Ende der 1920er Jahre

Hörspiele für Kinder produzierte und mit der *Berliner Kindheit um neunzehnhundert* einer der ganz wenigen Autoren ist, die perspektivisch aus dem Blick der eigenen Kindheit philosophierten (Benjamin 1989). Wie im vorigen Kapitel vorgestellt, wird Benjamin hier aber nur deshalb so deutlich hervorgehoben, weil er einen philosophischen Bezug für eine Sozial- und Kulturkritik mittlerer Stärke eröffnet. Weil dieses Modell an konkreten Technologien operiert, werde ich im Folgenden soziokulturelle Konstellationen der Digitalisierung an konkreten philosophischen Problemstellungen behandeln. Ich werde dabei Phänomene der aktuellen Digitalisierung anschneiden, die aber nur als Beispiel gelten sollen für das tieferliegende philosophische Problem der Kritik in diesem Bereich soziokultureller Effekte von Technologie. Ich denke, es wird schnell deutlich, dass die „Phantasmagorie" der Technologien, in all ihren „geisterhafte[n], unheimliche[n] und irrationale[n] Erscheinungen" (Blättler 2021, S. 7) bei Benjamin dazu geeignet ist, auch unseren Blick auf digitale Technologien im 21. Jahrhundert zu irritieren.

Die Reproduktion ist das zentrale kulturelle Phänomen, mit dem Technologie und Kultur etwa um das Jahr 1930 nicht nur für jeden erschwinglich, sondern auch für eine breite Bevölkerungsschicht selbst bearbeitbar wurde – das ist die Zeitenwende, an der sich Benjamins Philosophie entfaltet und die in vielerlei Hinsicht mit der Digitalisierung erst voll zu Buche schlägt. An den Materialitäten der Digitalisierung ist vielleicht noch viel deutlicher als an den jungen Massenmedien damals, dass sie „kein rein naturwissenschaftlicher Tatbestand" sind (Benjamin 1977c, S. 474), sondern ein weitgehend sozial- und kulturphilosophisch erschließbarer. Das begründet Benjamin in seinem Essay *Eduard Fuchs, der Sammler und der Historiker,* in dem er den Gegenstand der neuen Technologien für die kritische Kulturwissenschaft erschließt. Diese Erschließung geschieht einerseits aus ihrer Genese, andererseits über ihre Wirkung. Einerseits ist die Technologie der modernen Massenmedien in einem historischen Prozess aus sozialen Gründen entstanden, das nennt Benjamin mit Rückblick auf die Klassenverhältnisse „historisch" (Benjamin 1977c, S. 474). Andererseits bestimmt sich für ihn das Verhältnis von Erfahrung und Wahrnehmung durch die Mediennutzung neu.

Die modernen Massenmedien und insbesondere das Radio machten es ab ca. 1930 möglich, dass die Gesellschaft sich auch technologisch als Ganzes wahrnahm. Vom stotternden britischen Monarchen „Bertie" bis hin zum 1924 gegründeten Arbeiter-Radio-Klub sah man in jeder sozialen Gruppe die Möglichkeit zur Sendung über Klassengrenzen hinweg (Dussel 2010, S. 44). Benjamin selbst experimentierte in einer an Brecht orientierten didaktischen Absicht mit dem Radio (Palmier 2019, S. 1123). Für Benjamin war die Kultur über die Philosophie gestaltbar geworden. Wie die Grenze zum Literaten verschwimmt bei ihm auch die Grenze zum Techniker. Die Zeilen aus Benjamins Essay *Vereidigter Bücherrevisor* lesen sich vor dem Hintergrund einer gestaltbaren medialen Technik im digitalen Programmcode fast schon prophetisch: „An dieser Bilderschrift werden Poeten, die dann wie in Urzeiten vorerst und vor allem Schriftkundige sein werden, nur mitarbeiten können, wenn sie sich die Gebiete erschließen, in denen (ohne viel Aufhebens von sich zu machen) deren Konstruktion sich vollzieht; die des statistischen und technischen Diagramms" (Benjamin 1972a, S. 104). Das bezieht sich hier natürlich nicht auf die Vorläufer digitaler Technologie, sondern allein auf technische Zeichnungen, dennoch zeigt es, wie Benjamin die Aufgabe des Technologiekritikers im Sinne einer emanzipativen Praxis fasst. Das ist auch in späteren, deutlich weniger marxistisch geprägten Werken so.

Walter Benjamin ist entsprechend in der Digitalisierungskritik kein Unbekannter. Das liegt vor allem daran, dass sein sog. Reproduktionsaufsatz *Das Kunstwerk im Zeitalter seiner technischen Reproduzierbarkeit,* den er 1936 im Pariser Exil schrieb, zu einem Klassiker der Medientheorie avancierte (vgl.: Helmes und Köster 2002, S. 163–189). Für den Schulunterricht ist er aber wegen der Jahrhunderte umfassenden theoretischen Denkbewegung schwer zugänglich. Ich werde im Folgenden einige weniger prominente Quellen und Bezüge Benjamins als Material vorschlagen und damit einige aktuelle Problemfelder einer Kultur- und Sozialkritik der Digitalisierung eröffnen.

- Lärm und das Ende der Langeweile in der Allgegenwärtigkeit der Musik (Valéry: Die Eroberung der Allgegenwärtigkeit)
- Qualität und politische Tendenz im Web (Benjamin: Die Zeitung)
- Original und Fälschung im Zeitalter technischer Reproduktion (Benjamin: Briefmarkenschwindel)
- Authentizität und Retusche in der Fotografie (Benjamin: Kleine Geschichte der Photographie und dort referierte Fotografien)
- Das Telefon als Möbel und Familienmitglied (Benjamin: Das Telefon)

7.2 Lärm und das Ende der Langeweile in der Allgegenwärtigkeit der Musik

Oft wird in verkürzter Rezeption angenommen, dass Benjamin im *Reproduktionsaufsatz,* dessen dritte und letzte autorisierte Fassung 1939 erschien, das Verschwinden des Originals eines Kunstwerks und dessen Aura beklagte. Vielmehr hat Benjamin zwei Bezugspunkte bei Valéry und Marx, die er auch dem Reproduktionsaufsatz voranstellte, mit denen die Möglichkeiten ubiquitärerer Kopie durchaus begrüßt werden konnten. Das sind die Zugänglichkeit der schönen Künste bei Valery und die Politisierung des Überbaus, also Politik, Recht, Kunst etc., durch emanzipative Kulturproduktion in Bezug auf Marx (Benjamin 1974, S. 472 f.). Benjamin relativiert aber im Folgenden diese Hoffnungen dialektisch; es etabliere sich eine neue Kultur der Kunstproduktion, die ebenfalls wieder kritisierbare Aspekte aufweise. Die Allgegenwärtigkeit der reproduzierbaren Kulturprodukte ist dann bei Horkheimer und Adorno wesentlich, um die Kulturindustrie als totalitär zu beschreiben. So bemerkt Adorno, „wie man außerhalb der Arbeitszeit kaum einen Schritt tun kann, ohne über eine Kundgebung der Kulturindustrie zu stolpern" (Adorno 1977b, S. 507). Heute wundert man sich, wie Adorno überhaupt *während* der Arbeitszeit davon noch unbehelligt bleiben konnte. Schon bei Benjamin und in Ansätzen auch schon bei Valéry ist die Kulturproduktion sowohl von der Seite des Konsumenten als auch der des Produzenten bereits über die technische Reproduktion als ubiquitär und fundamental kulturverändernd gedacht.

Es mag sinnvoll sein, in jüngeren Jahrgangsstufen nicht mit Benjamin selbst, sondern mit der einfachen, optimistischen Sicht bei Valéry einzusteigen. Benjamins Bezugspunkt ist Paul Valérys kurzer Essay *Die Eroberung der Allgegenwärtigkeit,* der im 1928 erstmals erschienenen Original *La conquête de l'ubiquité* heißt. Schon der Originaltitel erinnert an das Ubiquitous Computing, mit dem digitale Technologie in Kühlschränke, Automobile oder verborgene Lautsprecher eingebaut sind und „quasi unsichtbar im Hintergrund unseres Handlungsfeldes" agieren (Wiegerling 2013, S. 374). In der *Eroberung der Allgegenwärtigkeit* wird die neue Zugänglichkeit von Musik durch Tonaufnahme und Radio mit Fortschrittsbegeisterung wahrgenommen. Valerys Idee einer „Gesellschaft zur Lieferung SinnlichErfahrbarerWirklichkeitFreiHaus" (Valéry 1959, S. 47), die bald möglich sein werde, nimmt sich vor dem Hintergrund der Multimedialität der Digitalisierung als Realität aus. Für Valéry stellt die Allgegenwart der Musik durch Reproduktion dann aber auch ein persönliches Problem der Lebensführung dar. Diese Schlusspassage eignet sich auch für den didaktischen Einsatz in der Unterstufe oder Grundschule, insbesondere weil das von Valéry hier erwähnte unbekannte Märchen vielen Schüler:innen durch eine ähnliche Szene doch bekannt vorkommen dürfte. Es ähnelt sehr dem französischen Volksmärchen *La Belle et la Bête,* das von Gabrielle-Suzanne de Villeneuve 1740 aufbereitet wurde und den deutschen Schulkindern über die Adaption *Die Schöne und das Biest* von Walt Disney bekannt ist. Hier findet sich ein sehr ähnliches, magisch – nicht technologisch – beseeltes Schloss. Die Musik ist nach wie vor in der Digitalisierung der wesentliche mediale Inhalt. Die beiden einflussreichsten YouTube Channels sind laut der Socialmedia-Rating-Agentur *Socialblade* in 2021 der Disney Musik Kanal mit über 5 Mrd. Views und der indische Musikkanal T-Series (Socialblade 2021). Im Unterricht ist einerseits die Besprechung der Disney-Märchenszene mit Vergleich zu unserer heutigen Technologie möglich, sowie Valérys Idee der „Gesellschaft zur Lieferung SinnlichErfahrbarerWirklichkeitFreiHaus" als Gedankenexperiment. Hier könnte man fragen, was davon schon verwirklicht ist und ob das gut oder schlecht ist? Auch die folgende Passage bei Valéry ist schon in der Grundschule einsetzbar. Lärm und Langeweile sind die philosophischen Problemfelder, die hier eine Rolle spielen.

M07 – Paul Valéry (1928): Die Eroberung der Allgegenwärtigkeit

Der französische Schriftsteller und Philosoph Paul Valéry schrieb den folgenden Text in der Zeit, als die Tonaufnahme und das Radio gerade erfunden waren.

[…] Mir fällt hier ein Märchenstück ein, das ich als Kind in einem Theater des Auslands gesehen habe, oder das ich gesehen zu haben glaube. Im Schloß des Zauberers sprachen die Möbel, sangen sie, nahmen sie poetisch und schalkhaft an der Handlung teil. Eine Tür die aufging, blies eine dünne oder gellende Fanfare. Man setzte sich nicht auf einen

Puff, ohne daß dieser eine passende Höflichkeitsfloskel ausgeseufzt hätte. Jedes Ding, das angerührt wurde, veratmete eine Melodie.

Ich hoffe zu Gott, daß wir nicht dabei sind, dieser Ausschweifung tönender Magie zuzuschreiten. Schon kann man in einem Kaffee weder mehr essen noch trinken ohne durch Darbietung von Musik gestört zu werden. Aber es wäre von wundersamer Köstlichkeit, nach seinem Belieben eine leere Stunde, einen Abend, der eine Ewigkeit dauert, einen Sonntag, der nicht zu Ende gehen will, in Wunderwelten, in Zärtlichkeiten, in geistiges Erleben verwandeln zu können. Es gibt Tage der Verdrießlichkeit; es gibt Menschen, die sehr allein sind, und es ist kein Mangel an solchen, die Alter oder Siechtum mit sich selber einsperren, mit sich, den sie doch nur zu sehr kennen... Diese leeren und freudlosen Weilen und diese dem Gähnen oder den düsteren Gedanken ausgelieferten Wesen, nun haben sie endlich etwas, das ihnen das Herrenrecht gibt, in die Leere, zu der sie verurteilt sind, etwas zu holen, das ihr Farbe gibt, oder darin den Atem der Leidenschaft wehen zu lassen.

Dies sind die ersten Früchte, die uns die neue Vertrautheit von Musik und Physik in Aussicht stellt, deren unvordenklich alter Bund uns ihrer schon so viele geschenkt hat – und es ist noch nicht aller Tage Abend. (Valéry 1959, S. 50 f.)

7.3 Qualität und politische Tendenz im Web

Benjamin beobachtete, wie mit dem neuen Medium des Radios Kultur ganz anders vermittelt wurde. Zuvor wurde Hochkultur durch Volksbildung vermittelt. Die Popularisierung, die vorher Teil der Kultur war und in ihrer „wohlmeinenden menschenfreundlichen Absicht" dem einfachen Volk Goethe, Schiller u. a. näherringen sollte, wandelte sich durch das Aufkommen des neuen Mediums des Radios, das eine adressatenlose Masse erreichte (Benjamin 1972b, S. 671). Die Popularisierung wurde zur Popularität im neuen Medium: „hier handelt es sich um eine Popularität, die nicht allein das Wissen mit der Richtung auf die Öffentlichkeit, sondern zugleich die Öffentlichkeit mit der Richtung auf das Wissen in Bewegung setzt" (Benjamin 1972b, S. 672). Damit bekommt die Öffentlichkeit für Benjamin überhaupt auch erst einen Einfluss auf die kulturellen Wissensbestände. Gegen die *Popularität* einiger neuer Inhalte werde schnell die *Qualität* anderer ins Feld geführt. Durch die politische Gestaltbarkeit der neuen Medien im Umbruch werde dann aber klar, dass die Unterscheidung von Popularität und Qualität jetzt in der Unterscheidung von *politischer Tendenz* und *Qualität* aufgehe (Benjamin 1977a, S. 686). Mit dem Medium des Films entstanden in Benjamins Zeit Werke, die erst als politisch tendenziös wahrgenommen wurden, dann aber für ihre filmische Qualität gelobt wurden. Benjamins Beispiel ist Eisensteins *Panzerkreuzer Potemkin* von 1926. Tendenziös war Kunst aus Benjamins Sicht dabei immer schon; am neuen Medium fällt es nur auf: „Die technischen Revolutionen, das sind die Bruchstellen der Kunstentwicklung, an denen die Tendenzen je und je, freiliegend sozusagen, zum Vorschein kommen. In jeder neuen technischen Revolution wird die Tendenz aus einem sehr verborgenen Element der Kunst wie von selbst zum manifesten. Und damit wären wir denn endlich beim Film" (Benjamin 1977d, S. 752). Dabei handelt es sich für Benjamin aber um ein Übergangsphänomen. Es sei bei jedem neuen Medium so, dass politische Tendenz gerade im Übergang besonders augenscheinlich ist, weil die Qualitätsmaßstäbe älterer Medien nicht mehr gelten. Seine Kritik richtet sich in dieser Hinsicht nicht an die starke politische Tendenz in neuen Medien, sondern an die restaurativen Versuche, die Qualitätsmaßstäbe der alten Medien angesichts der neuen zu halten. Dies geschieht aber nur durch das Zeigen bestimmter Konstellationen oder Passagen. Gerade die „nicht beurteilende Kritik" (Salonia 2011, S. 64) Benjamins ist eine Stärke im Digitalisierungsdiskurs, insbesondere wenn es um die politische Seite der Medialität geht.

Es gibt in der Digitalisierung einen kulturkonservativen Impuls, Beiträge im Web mit den Qualitäts- und Tendenzmaßstäben der bekannten Massenpresse zu lesen. Dies hat man eindrucksvoll am YouTube-Video des Bloggers Rezo *Die Zerstörung der CDU* im Europawahlkampf 2019 gesehen. Ähnlich wie von einem Zeitungsredakteur der FAZ oder Süddeutschen forderte man hier Faktencheck (Qualität) und politische Selbstverortung über ein Parteibuch (Tendenz). Im Unterricht kann Benjamins Verschiebung von Populismus und Popularität, Qualität und politischer Tendenz an dem 17 Mio. mal aufgerufenen Video von Rezo auf YouTube und der Replik des CDU-Generalsekretärs Paul Ziemiak als Diskussionsstunde eingeleitet werden, die sich ebenfalls auf der Videoplattform findet (Rezo 2019; WELT Nachrichtensender 2019). Der Wandel von der gedruckten Presse zur digitalen Publizistik lässt sich vor dem Hintergrund des Benjaminschen Modells von *politischer Tendenz* und *Qualität* im Unterricht diskutieren. Eine Textbasis hierfür kann Benjamins Essay *Die Zeitung* sein. Am Ende des Essays findet sich die Idee, dass die „Literarisierung der Lebensverhältnisse" die Zeitungskultur retten könnte. Hier kann diskutiert werden, inwieweit dies durch YouTube und andere politisch nutzbare Plattformen heute schon stattfindet. Die Diskussion um politische Tendenz und Qualität im Web und der Text sind gut am Ende der Mittelstufe einsetzbar, möglicherweise im Zuge einer Reihe zu Medien als Erkenntnisquellen.

M08 – Walter Benjamin (ca. 1934): Die Zeitung

In unserem Schrifttum sind Gegensätze, die sich in glücklichen Epochen wechselseitig befruchten, zu unlösbaren Antinomien geworden. So fallen Wissenschaft und Belletristik, Kritik und Produktion, Bildung und Politik beziehungslos und ungeordnet auseinander. Schauplatz dieser literarischen Verwirrung ist die Zeitung. Ihr Inhalt „Stoff", der jeder anderen Organisationsform sich versagt als der, die ihm die Ungeduld des Lesers aufzwingt. Denn Ungeduld ist die Verfassung des Zeitungslesers. Und diese Ungeduld ist nicht allein die des Politikers, der eine Information, oder des Spekulanten, der einen Tip erwartet, sondern dahinter schwelt diejenige des Ausgeschlossenen, der ein Recht zu haben glaubt, selbst mit seinen eigenen Interessen zu Wort zu kommen. Daß nichts den Leser so an seine Zeitung bindet wie diese zehrende, tagtägliche neue Nahrung verlangende Ungeduld, haben die Redaktionen sich längst zunutze gemacht, indem sie immer wieder neue Sparten seinen Fragen, Meinungen und Protesten eröffneten. Mit der wahllosen Assimilation von Fakten geht also Hand in Hand die gleich wahllose Assimilation von Lesern, die sich im Nu zu Mitarbeitern erhoben sehen. Darin aber verbirgt sich ein dialektisches Moment: der Untergang des Schrifttums in dieser Presse erweist sich als die Formel seiner Wiederherstellung in einer veränderten. Indem nämlich das Schrifttum an Breite gewinnt, was es an Tiefe verliert, beginnt die Unterscheidung zwischen Autor und Publikum, die die Presse auf konventionelle Art aufrechterhält (auf routinierte aber bereits lockert), auf die gesellschaftlich erstrebenswerte zu verschwinden. Der Lesende wird jederzeit bereit, ein Schreibender, nämlich ein Beschreibender oder auch ein Vorschreibender zu werden. Als Sachverständiger – und sei es auch nicht für ein Fach, vielmehr für den Posten, den er versieht – gewinnt er einen Zugang zur Autorschaft. Die Arbeit selbst kommt zu Worte. Und ihre Darstellung im Wort macht einen Teil des Könnens, der zu ihrer Ausübung erfordert wird. Die literarische Befugnis wird nicht mehr in der spezialisierten, sondern in der polytechnischen Ausbildung begründet und so Gemeingut. Es ist, mit einem Wort, die Literarisierung der Lebensverhältnisse, welche der sonst unlöslichen Antinomien Herr wird, und es ist der Schauplatz der hemmungslosen Erniedrigung des Wortes – die Zeitung also –, auf welchem seine Rettung sich vorbereitet. (Benjamin 1977b, S. 628 f.)

7.4 Original und Fälschung im Zeitalter technischer Reproduktion

Mit der Reproduktionsmöglichkeit ist für Benjamin die Dialektik von geweihtem und profanem Gegenstand, von *Original* und *Fälschung* hinfällig. Die Reproduktion, das Recht auf Kopie, wird zu einer politischen Frage: „In dem Augenblick aber, da der Maßstab der Echtheit an der Kunstproduktion versagt, hat sich auch die gesamte soziale Funktion der Kunst umgewälzt. An die Stelle ihrer Fundierung aufs Ritual tritt ihre Fundierung auf eine andere Praxis: nämlich ihre Fundierung auf Politik" (Benjamin 1974, S. 482). Mit der Möglichkeit der Reproduktion nimmt eine Ethik des Kopierens eine zentrale Stellung ein. Die ab dem 25. Mai 2018 anzuwendende Datenschutz-Grundverordnung (DS-GVO) und die breite Debatte in der gesamten Blogosphäre haben das Thema des Datenschutzes in Kontrast zu einer Kultur der „Commons" gesetzt (Stalder 2016, S. 252), in der in Online Communities schon länger Kulturproduktion unter freien Lizenzen distribuiert und geteilt wird. Herausragende Beispiele hierfür sind etwa die Wikipedia-Community und die Ethik von Forschungsdaten in der Wissenschaft.

Waren es früher Medienträger, wie CDs oder MP3-Dateien, die von vielen Jugendlichen illegal kopiert wurden, sind es heute Zugangsrechte für Plattformen. Die Technologie der Blockchain ist die Grundlage für Kryptowährungen wie Bitcoin, von der sich heute erhofft wird, eine Vielzahl digitaler Objekte fälschungssicher zu machen. Mit ihr ist auch so etwas wie eine digitale Originalität wieder möglich, auch wenn der Inhalt eigentlich beliebig oft kopiert werden kann. Diese digitale Originalität kommt etwa bei nicht austauschbaren Tokens, den NFTs, zum Zug.

Reinold Schmücker hat in Grundzügen eine Ethik des Kopierens entwickelt, die sich gerade in den juristisch zu regelnden Bereichen entfalten muss, in denen das Kopieren weder notwendig, noch streng verboten oder zumindest anstößig ist (Schmücker 2016, S. 32). Eine solche Ethik des Kopierens weist eine hohe Komplexität aus, weil erstens nicht einfach bestehende allgemeine Ethiken angewandt werden können und zweitens zur Entwicklung dieser Ethiken wohl notwendig auch mit der Zeit der realexistierenden Kopierpraktiken gegangen werden muss. Eine erste umfängliche Theorie der Kopie hat Amrei Bahr vorgelegt (Bahr 2022).

Für das Fach Praktische Philosophie besonders geeignet, weil bereits als Rundfunkbeitrag für Kinder konzipiert, ist Benjamins *Briefmarkenschwindel*. Auch wenn hier vor gut 100 Jahren der Abschied der Briefmarke vorhergesagt wird, kennen die meisten Schüler:innen die Marken noch und es gibt sogar noch vereinzelt Sammler:innen. Interessant an der Passage ist das Nachdenken über den Status der Fälschung. Auch die Idee der Originalität durch „Stempel" ist in Zeiten von Blockchain gut diskutierbar.

M09 – Walter Benjamin (1933): Briefmarkenschwindel

Ich spreche von einer Sache, in der auch die allergelehrtesten und klügsten Briefmarkenkenner nicht auslernen: vom Schwindel. Vom Schwindel mit Briefmarken. Seitdem im Jahre 1840 Rowland Hill, bis dahin ein einfacher Schullehrer, für seine Erfindung der Briefmarke von der englischen Regierung zum Generalpostmeister von England ernannt, geadelt und mit einer Nationalspende von 400.000 Mark beschenkt wurde, sind Millionen und Abermillionen an diesen kleinen Fetzchen Papier verdient worden. [...]

Ihr wißt, daß es Fälschungen auf allen Sammelgebieten, ohne Ausnahme, gibt und neben solchen, die für die Dummen bestimmt sind, sehr groben und flüchtigen, solche, an denen die größten Sachverständigen sich die Zähne ausbeißen, solche, von denen es erst nach Jahrzehnten, manchmal überhaupt nicht, zutage kommt, daß es Fälschungen waren. Bei Briefmarken glauben nun viele Sammler, vor allem Anfänger, gegen Fälschungen sich zu schützen, indem sie sich nur mit gebrauchten Marken befassen. [...] Der private Fälscher aber, der sich an die fein ausgeführte Marke heranwagt, kann natürlich auch den rohen Stempel nachmachen. Und wenn er seine Fälschung nun fertig hat, dann besieht er sie noch einmal ganz genau, und die doch immer vorhandene schwache Stelle sucht er durch einen aufgedrückten Stempel zu verdecken. [...]

Um ihre Erzeugnisse loszuwerden, haben die Fälscher einen großartigen Trick gefunden, der ihnen erstens größere Umsätze erlaubt und sie zweitens gegen Bestrafung sichert. Sie zeigen nämlich ihre Fälschungen ausdrücklich als solche an. Damit verzichten sie auf Phantasiegewinne, indem sie ja die gefälschten Marken nicht als echte verkaufen. Da aber ihre Abnehmer zum größten Teil Leute sind, welche sich mit der sauberen Absicht tragen, ihrerseits dies zu tun, so können die Hersteller sich für ihre angeblich nicht gefälschten, sondern, wie sie sagen, nur zu wissenschaftlichen Zwecken nachgebildeten Marken ganz anständige Preise bezahlen lassen. [...]

So viel zum Briefmarkenschwindel, soweit er den Briefmarkensammler selber näher angeht. Aber es gibt ja noch einen ganz anderen, viel mächtigeren Interessenten für Briefmarkenschwindel und besonders für Briefmarkenfälschungen als die Sammler; das ist die Post. [...] So gibt es Leute, die behaupten, daß die Postverwaltungen jährlich um hunderte von Millionen Mark betrogen werden. Man kann das, wie gesagt, nicht nachweisen, aber wenn man bedenkt, daß sie auf noch viel einfachere Weise als durch gefälschte Briefmarken dadurch betrogen werden können, daß man von den entwerteten den Stempel wieder sauber entfernt, dann kann die Ansicht dieser Leute einen nachdenklich machen [...] Sie wollen die Abschaffung der Marken und ihren Ersatz durch Stempel erreichen. Daß für Massensendungen heute schon das Porto nicht mit Briefmarken sondern mit Stempeln quittiert wird, habt ihr ja alle beobachtet. Dieses Verfahren, so meinen die Feinde der Briefmarke, soll nun auch für private Postsendungen angewandt werden, indem man z. B. Briefkästen einführt, die mit Automaten verbunden werden. Da gäbe es dann also 5, 8, 15, 25 Pfennig-Briefkästen usw., je nach dem Porto, das für einen Brief zu bezahlen wäre. Und damit sich der Schlitz öffne, müßte man vorher den entsprechenden Betrag in Münzen in den Briefkasten werfen. Vorläufig aber ist es noch nicht so weit, und die Sache hat noch verschiedenen Schwierigkeiten. Vor allem erkennt der Weltpostverein nur Briefmarken, keine Stempel an. Aber daß im Zeitalter der Mechanisierung und Technisierung die Briefmarke kein sehr langes Leben mehr hat, ist bei alledem doch wahrscheinlich. Und wer von euch sich frühzeitig darauf einrichten will, der wird vielleicht klug tun, sich zu überlegen, wie er sich eine Stempelsammlung einrichtet. Wir können ja heute schon sehen, wie die Stempel immer mannigfacher und reicher werden, wie sie mit Worten oder Bildern Reklamen anzeigen, und die Feinde der Briefmarke haben schon, um die Sammler für sich zu gewinnen, versprochen, man werde Stempel mit Landschaften, mit historischen Bildern mit Wappen usw. genauso schön schmücken, wie es früher bei den Marken der Fall war. (Benjamin 1991, S. 195–200)

7.5 Authentizität und Retusche in der Fotografie

Dem Reproduktionsaufsatz ging die 1931 veröffentlichte *Kleine Geschichte der Photographie* voraus. Diese Geschichte reicht von den frühen Portraits mit den Mitteln der Daguerreotypie zu den realistischen Inventaraufnahmen des alltäglichen Paris von Eugène Atget. Erst das 20. Jahrhundert konnte den „Kunstcharakter" der Fotografie überhaupt wahrnehmen (Osterhammel 2009, S. 78) und erst in dieser Rückschau wurde deutlich, dass mit der Fotografie ein neuer, vorher nicht gekannter, unauratischer Ausdruck möglich war: die inventarisierende Fotografie. Die Aura, bestehend aus den zwei Seiten der physischen „Echtheit" und des sozialen „Umstands" der Aufführung, verkümmerte nach Benjamin zwar um 1900 durch die Möglichkeiten der Reproduktionstechnik (Benjamin 1974, S. 476 f.). Dieser Prozess sei aber nur dialektisch zu begreifen als die „Kehrseite der gegenwärtigen Krise und Erneuerung der Menschheit" (Benjamin 1974, S. 478). Auch hier beschreibt Benjamin also nur einen Wandel ohne den Verlust der Aura zu beklagen, die als Teil spezifischer Herrschaftsoperationen der Kunst fungiere.

Benjamins historische Verortung der Aura geht aus vom Kunstwerk im Kult, das als Medium der Priester gegenüber den Göttern einen praktischen Nutzen habe im „magischen" und später „religiösen" Kultwert (Benjamin 1974, S. 480). Dem gegenüber stehe der „Ausstellungswert" einer Madonna oder höfischen Büste, mit der Macht sich darstelle (Benjamin 1974, S. 482). Erst in der Fotografie sei Kunst zumindest bürgerlich: „An die Stelle ihrer Fundierung aufs Ritual tritt ihre Fundierung auf eine andere Praxis: nämlich ihre Fundierung auf Politik" (Benjamin 1974, S. 482). Das ist einerseits eben eine Befreiung – endlich kann jeder die Kunst der Fotografie oder des Kinos sehen. Andererseits ist es auch eine neue Abhängigkeit. Aufgrund der fehlenden Aura müssten sich Zuschauer im Kino erst noch in die Darsteller hineinfühlen und Schauspieler trotz Marktförmigkeit „personality" aufbauen (Benjamin 1974, S. 492). Mit Blick auf den sozialistischen Film hat das Fehlen der Aura für Benjamin aber auch eine emanzipative Seite: „Jeder heutige Mensch kann einen Anspruch vorbringen, gefilmt zu werden" (Benjamin 1974, S. 493).

Die Frankfurter Kulturwissenschaftlerin Katja Gunkel hat eine der Hauptplattformen der digitalen fotografischen Kulturproduktion, *Instagram*, einer aufschlussreichen Analyse unterzogen. Dabei zielt sie darauf ab, dass diese kulturelle Software bei der Schnappschussfotografie im Polaroid und der Lomografie zwar Anleihen bei materiellen fotografischen Formen nimmt (Gunkel 2018, S. 221).

Den Kern der Kulturproduktion mache aber tatsächlich hier gerade die Nachbearbeitung und Platzierung im größeren Kulturzusammenhang der Software aus. Sie sucht zu zeigen, dass eine „ontologische Anbindung an fotografische Genealogie am Wesen der Digitalität und somit gleichsam an zeitgenössischen Bildpraxen vorbeigeht" (Gunkel 2018, S. 340). In *Instagram, TikTok* und *Snapchat* spielen heute Filter wohl zumindest eine ebenso wichtige Rolle wie die Qualität der Originalaufnahme. Es hat sich ein vielschichtiges Wechselspiel von Authentizität und Retusche ergeben, das mit den Anfängen der Fotografie reflektiert werden kann. Die von Benjamin zitierten Fotografien in der *Kleinen Geschichte* von 1931 können dabei auch ohne den Text im Unterricht verwendet und von den Lernenden mit eigenen oder beispielhaften Fotografien in den sozialen Medien verglichen werden. Wenn man auch den Text nutzen möchte, sei darauf verwiesen, dass dies kein Historikertext ist. Dennoch sind die Arbeiten von Benjamin „von überragender Bedeutung auch in der neuen Fotografiegeschichte" (Jäger 2009, S. 23) als kultursoziologisches und philosophisches Dokument der Reflexion auf die Fotografie: „Benjamins Analyse hat vor allem den Blick für die soziale Funktion der Fotografie und die Zusammenhänge zwischen kulturellen Normen und gesellschaftlicher Entwicklung geöffnet" (Jäger 2009, S. 25). Fraglich, so der Fotografiehistoriker Jens Jäger, sei aber ein Narrativ der frühen Fotografiegeschichte von „Blüte-Verfall-Blüte" (Jäger 2009, S. 25). Man muss wohl jede Fotografie- und -Retuscheform mit Benjamin für sich betrachten.

Die Materialien M10.1–M10.3 sind jeweils Text-Bild-Kombinationen: Daguerreotypie und Schellingportrait (1848), Kommerzielle Portraitfotografie und Kinderbild von Kafka (ca. 1887), moderne Fotoreportage und Straßenbaueraufnahme von Atget (ca. 1900). Auf genau dieses Portrait des Philosophen Schelling wird explizit von Benjamin verwiesen (Benjamin 1977e, S. 373), ebenso auf die Kinderaufnahme von Kafka (Benjamin 1977e, S. 375). Die Aufnahme Atgets ist ein bekanntes gemeinfreies Werk aus der Sammlung des Metropolitan Museums of Art (The Met) in New York.

M10.1 – Walter Benjamin (1931): Daguerreotypie und Portrait Schellings (Abb. 7.1)

> Daguerres Lichtbilder waren jodierte und in der camera obscura belichtete Silberplatten, die hin und hergewendet sein wollten, bis man in richtiger Beleuchtung ein zartgraues Bild darauf erkennen konnte. Sie waren unica; im Durchschnitt bezahlte man im Jahr 1839 für eine Platte 25 Goldfrank. Nicht selten wurden sie wie Schmuck im Etui verwahrt. […] Diese ersten reproduzierten Menschen traten in den Blickraum der Photographie unbescholten oder besser gesagt unbeschriftet. Noch waren Zeitungen Luxusgegenstände, die man selten käuflich erwarb, eher in Cafehäusern einsah, noch war das photographische Verfahren nicht zu ihrem Werkzeug geworden, noch sahen die wenigsten Menschen ihren Namen gedruckt. Das menschliche Antlitz hatte ein Schweigen um sich, in dem der Blick ruhte. Kurz, alle Möglichkeiten dieser Porträtkunst beruhen darauf, daß noch die Berührung zwischen Aktualität und Photo nicht eingetreten ist. Auf dem Edinburger Friedhof von Greyfriars sind viele Bildnisse Hills entstanden – nichts ist für diese Frühzeit bezeichnender, es sei denn, wie die Modelle auf ihm zu Hause waren. […] Nie aber hätte dies Lokal zu seiner großen Wirkung kommen können, wäre seine Wahl nicht technisch begründet gewesen. Geringere Lichtempfindlichkeit der

7.5 Authentizität und Retusche in der Fotografie

Abb. 7.1 Hermann Biow: Portrait Friedrich Wilhelm Joseph Schellings, 1848, Würzburg, private Sammlung, ausgerahmt. Abgedruckt mit Genehmigung des Bildarchivs Foto Marburg. Hierher stammt auch die Bilddatei

frühen Platten machte eine lange Belichtung im Freien erforderlich. Diese wiederum ließ es wünschenswert scheinen, den Aufzunehmenden in möglichster Abgeschiedenheit an einem Orte unterzubringen, wo ruhiger Sammlung nichts im Wege steht. (Benjamin 1977e, S. 370–373)

M10.2 – Walter Benjamin (1931): Portraitfotografie und Portrait Kafkas (Abb. 7.2)

Die Dinge entwickelten sich so schnell, daß schon um 1840 die meisten unter den zahllosen Miniaturmalern Berufsphotographen wurden, zunächst nur nebenher, bald aber ausschließlich. Dabei kamen ihnen die Erfahrungen ihrer ursprünglichen Brotarbeit zustatten, und nicht ihre künstlerische, sondern ihre handwerkliche Vorbildung ist es, der man das hohe Niveau ihrer photographischen Leistungen zu verdanken hat. […] Schließlich aber drangen von überall Geschäftsleute in den Stand der Berufsphotographen ein, und als dann späterhin die Negativretusche, mit welcher der schlechte Maler sich an der Photographie rächte, allgemein üblich wurde, setzte ein jäher Verfall des Geschmacks ein. Das war die Zeit, da die Photographiealben sich zu füllen begannen. An den frostigsten Stellen der Wohnung, auf Konsolen oder Gueridons im Besuchszimmer, fanden sie sich am liebsten: Lederschwarten mit abstoßenden Metallbeschlägen und den fingerdicken goldumrandeten Blättern, auf denen närrisch drapierte oder verschnürte Figuren – Onkel Alex und Tante Riekchen, Trudchen wie sie noch klein war, Papa im ersten Semester – verteilt waren und endlich, um die Schande voll zu machen, wir selbst: als Salontiroler, jodelnd, den Hut gegen gepinselte Firnen schwingend, oder als adretter Matrose, Standbein und Spielbein, wie es sich gehört gegen einen polierten Pfosten gelehnt. (Benjamin 1977e, S. 374 f.)

Abb. 7.2 Unbekannter Fotograf: Kafka etwa vier Jahre alt, Prag 1887. Abgedruckt mit Genehmigung des Archivs Klaus Wagenbach Berlin. Hierher stammt auch die Bilddatei

M10.3 – Walter Benjamin (1931): Fotoreportage und ein Foto des Fotografen Atget (Abb. 7.3)

Atget war ein Schauspieler, der, angewiedert vom Betrieb, die Maske abwischte und dann daran ging, auch die Wirklichkeit abzuschminken. Arm und unbekannt lebte er in Paris, seine Photographien schlug er an Liebhaber los, die kaum weniger exzentrisch sein konnten als er, und vor kurzem ist er, unter Hinterlassung eines oeuvre von mehr als viertausend Bildern, gestorben. […] Als erster desinfiziert er die stickige Atmosphäre, die die konventionelle Porträtphotographie der Verfallsepoche verbreitet hat. Er reinigt diese Atmosphäre, ja bereinigt sie: er leitet die Befreiung des Objekts von der Aura ein, die das unbezweifelbare Verdienst der jüngsten Photographenschule ist. […] Was ist eigentlich Aura? Ein sonderbares Gespinst von Raum und Zeit: einmalige Erscheinung und Ferne, so nah sie sein mag. An einem Sommermittag ruhend einem Gebirgszug am Horizont oder einem Zweig folgen, der seinen Schatten auf den Betrachter wirft, bis der Augenblick oder die Stunde Teil an ihrer Erscheinung hat – das heißt die Aura dieser Berge, dieses Zweiges atmen. Nun ist, die Dinge an sich, vielmehr den Massen „näherzubringen", eine genau so leidenschaftliche Neigung der Heutigen, wie die Überwindung des Einmaligen in jeder Lage durch deren Reproduzierung. Tagtäglich macht sich unabweisbarer das Bedürfnis geltend, des Gegenstands aus nächster Nähe im Bild, vielmehr im Abbild habhaft zu werden. Und unverkennbar unterscheidet sich das Abbild, wie illustrierte Zeitung und Wochenschau es in Bereitschaft halten, vom Bilde. Einmalig-

Abb. 7.3 Eugéne Atget: Straßenbauer, ca. 1900, Metropolitan Museum of Art, David Hunter McAlpin Fund, 1956, CC 1.0 gemeinfrei. (Quelle der Bilddatei: https://upload.wikimedia.org/wikipedia/commons/2/27/Eug%C3%A8ne_Atget%2C_Street_Paver%2C_1899%E2%80%931900_-_Metropolitan_Museum_of_Art.jpg. Stand: 31.05.2022)

keit und Dauer sind in diesem so eng verschränkt wie Flüchtigkeit und Wiederholbarkeit in jenem. Die Entschälung des Gegenstands aus seiner Hülle, die Zertrümmerung der Aura ist die Signatur einer Wahrnehmung, deren Sinn für alles Gleichartige auf der Welt so gewachsen ist, daß sie es mittels der Reproduktion auch dem Einmaligen abgewinnt. Atget ist „an den großen Sichten und an den Wahrzeichen" fast immer vorübergegangen; nicht aber an einer langen Reihe von Stiefelleisten; nicht an den Pariser Höfen, wo von abends bis morgens die Handwagen in Reih und Glied stehen; nicht an den abgegessenen Tischen und unaufgeräumten Waschgeschirren, wie sie zu gleicher Zeit zu Hunderttausenden da sind. (Benjamin 1977e, S. 377–379)

7.6 Das Telefon als Möbel und Familienmitglied

Eine neue Wechselwirkung, die Hegel in der Rückwirkung des absoluten Geistes auf den subjektiven Geist angedacht hat, manifestiert sich bei Benjamin über den Effekt der Technologie auf das Subjekt. Anders als bei Hegel sind dies aber keine Wirkungen von in die soziologische Bedeutsamkeit hinein verallgemeinerten

Begriffen, etwa „der Kunst" über „die Technik" auf „das Subjekt". Gerade in den komplexen Zusammenhängen der technisch durchdrungenen Welt sind begrenzte Einsichten für Benjamin sinnvoller „als die Suche nach jenem sich selbst gleichbleibenden Begriffsskelett, das er in die Rumpelkammer verbannte", wie Adorno über Benjamin formulierte (Adorno 1977a, S. 241). Die technologischen Wirkungen sind bei Benjamin partikulär und vielschichtig, so dass sie sich nicht generell beschreiben lassen. Man kann also gar nicht sagen, wie zum Beispiel das Telefon generell auf eine Gesellschaft wirkt. Man kann aber wohl beschreiben, wie es konkrete soziokulturelle Zusammenhänge verändert und darüber Rückschlüsse auf größere gesellschaftliche Strukturen versuchen. Das hat Adorno später als „Technik der Vergrößerung" beschrieben, die Benjamin selbst der Fotografie entlehnt habe (Adorno 1977a, S. 251).

Eine der schönsten Vergrößerungen dieser Art ist gleichzeitig auch eine Rückblende in Benjamins Kindheit. Für einen Unterricht zu den soziokulturellen Verschiebungen durch die Digitalisierung ist der Text allein schon durch diese Erzählerperspektive prädestiniert. Die Vergleiche mit der Funktion des Smartphones im heutigen Familienleben liegen auf der Hand. In der Unterrichtspraxis hat sich die zusätzliche Fotografie eines Kurbeltelefons als hilfreiches Zusatzmaterial erwiesen. Die Funktionsweise des Apparats muss hier Teil der soziokulturellen Analyse sein, insbesondere zur Analyse der Passage, in der es um die – typisch preußische – alltägliche Kommunikation mit den Beamt:innen geht.

M11 – Walter Benjamin (1934): Das Telefon und Bild eines Kurbeltelefons aus dieser Zeit (Abb. 7.4)

In dem folgenden Text „Das Telefon" erinnert sich der Philosoph Walter Benjamin im Jahre 1934 an seine Kindheit in Berlin zur Jahrhundertwende zurück. Eine wichtige Rolle spielt dabei das Telefon im Haus seiner Familie, ein Kurbeltelefon. Neben dem Text findest du hier auch ein Bild solch eines Telefons aus einem Museum für Alltagsgegenstände in Nordenham, Niedersachsen.

Es mag am Bau der Apparate oder der Erinnerung liegen – gewiß ist, daß im Nachhall die Geräusche der ersten Telefongespräche mir anders in den Ohren liegen als die heutigen. Es waren Nachtgeräusche. Keine Muse vermeldet sie. Die Nacht, aus der sie kamen, war die gleiche, die jeder wahren Geburt vorhergeht. Und eine neugeborne war die Stimme, die in den Apparaten schlummerte. Auf Tag und Stunde war das Telefon mein Zwillingsbruder. Ich durfte erleben, wie es die Erniedrigungen seiner Erstlingsjahre im Rücken ließ. Denn als Lüster, Ofenschirm und Zimmerpalme, Konsole, Gueridon und Erkerbrüstung, die damals in Vorderzimmern prangten, schon längst verdorben und gestorben waren, hielt, einem sagenhaften Helden gleich, der in der Bergschlucht ausgesetzt gewesen, den dunklen Korridor im Rücken lassend, der Apparat den königlichen Einzug in die gelichteten und helleren, nun von einem jüngeren Geschlecht bewohnten Räume. Ihm wurde er der Trost der Einsamkeit. Den Hoffnungslosen, die diese schlechte Welt verlassen wollten, blinkte er mit dem Licht der letzten Hoffnung. Mit den Verlaßnen teilte er ihr Bett. Die schrille Stimme, die ihm im Exil geeignet hatte, klang nun, wo alles auf seinen Anruf wartete, abgedämpft.

Nicht viele, die den Apparat benutzen, wissen, welche Verheerungen einst sein Erscheinen in den Familien verursacht hat. Der Laut, mit dem er zwischen zwei und vier, wenn wieder ein Schulfreund mich zu sprechen wünschte, anschlug, war ein Alarmsignal,

7.6 Das Telefon als Möbel und Familienmitglied

Abb. 7.4 Kurbeltelefon um 1900 im Historischen Kaufhaus Nordenham. Dort mit der Bildunterschrift: „nicht zu schnell kurbeln, sonst wird der Beamte geschädigt." Foto: Wilfried Wittkowsky, 2005. Lizenz CC BY-SA 3.0. (Quelle der Bilddatei: https://upload.wikimedia.org/wikipedia/commons/4/4f/Altes-telefon.jpg. Stand: 31.05.2022)

das nicht allein die Mittagsruhe meiner Eltern sondern das Zeitalter, in dessen Herzen sie sich ihr ergaben, gefährdete. Meinungsverschiedenheiten mit den Ämtern waren die Regel, zu schweigen von den Drohungen und Donnerworten, die mein Vater gegen die Beschwerdestelle ausstieß. Doch seine eigentlichen Orgien galten der Kurbel, der er sich minutenlang und bis zur Selbstvergessenheit verschrieb. Seine Hand war dabei ein Derwisch, den der Taumel überwältigt. Mir schlug das Herz, ich war gewiß, in solchen Fällen drohe der Beamtin als Strafe ihrer Säumigkeit ein Schlag.

In diesen Zeiten hing das Telefon entstellt und ausgestoßen zwischen der Truhe für die schmutzige Wäsche und dem Gasometer in einem Winkel des Hinterkorridors, von wo sein Läuten die Schrecken der berliner Wohnung vervielfachte. Wenn ich dann, meiner Sinne mit Mühe mächtig, nach langem Tasten durch den finstern Schlauch, anlangte, um den Aufruhr abzustellen, die beiden Hörer, welche das Gewicht von Hanteln hatten, abriß und den Kopf dazwischen preßte, war ich gnadenlos der Stimme ausgeliefert, die da sprach. Nichts war, was die Gewalt, mit der sie auf mich eindrang, milderte. Ohnmächtig litt ich, daß sie mir die Besinnung auf meine Zeit, meinen Vorsatz und meine Pflicht zunichte machte; und wie das Medium der Stimme, die von drüben seiner sich bemächtigt, folgt, ergab mich dem ersten besten Vorschlag, der durch das Telefon an mich erging. (Benjamin 1989, S. 390 f.)

Mit dieser Geschichte aus der Berliner Kindheit endet der erste Teil *Die Digitalisierung kritisch reflektieren*. Im Folgenden wird deutlich werden, dass sich so mancher Teil der Digitalisierungskritik und vor allem die Perspektive Walter

Benjamins mit dem zweiten Teil *Digitale Technologien philosophisch analysieren* ganz gut ergänzt. Sind es hier die soziokulturellen Effekte, die reflektiert werden, ist es dort die Technologie selbst, die analysiert wird.

Literatur

Adorno, Theodor W. 1977a. Charakteristik Walter Benjamins. In *Kulturkritik und Gesellschaft I. Prismen/Ohne Leitbild. Gesammelte Schriften. Band 10,1*, Hrsg. Rolf Tiedemann, 238–253. Frankfurt a. M.: Suhrkamp.
Adorno, Theodor W. 1977b. Prolog zum Fernsehen. In *Kulturkritik und Gesellschaft II. Eingriffe/ Stichworte/Anhang. Gesammelte Schriften. Band 10,2*, Hrsg. Rolf Tiedemann, 507–517. Frankfurt a. M.: Suhrkamp.
Bahr, Amrei. 2022. *Was ist eine Kopie?* Hamburg: Meiner.
Benjamin, Walter. 1972a. Einbahnstraße. In *Gesammelte Schriften. Band IV,1*, Hrsg. Tillmann Rexroth, 83–148. Frankfurt a. M.: Suhrkamp.
Benjamin, Walter. 1972b. Hörmodelle. In *Gesammelte Schriften. Band IV,2*, Hrsg. Tillmann Rexroth, 627–720. Frankfurt a. M.: Suhrkamp.
Benjamin, Walter. 1974. Das Kunstwerk im Zeitalter seiner technischen Reproduzierbarkeit (Zweite Fassung). In *Gesammelte Schriften. Band I,2*, Hrsg. Rolf Tiedemann und Hermann Schweppenhäuser, 471–508. Frankfurt a. M.: Suhrkamp.
Benjamin, Walter. 1977a. Der Autor als Produzent. Ansprache im Institut zum Studium des Fascismus in Paris am 27. April 1934. In: Vorträge und Reden. In *Gesammelte Schriften. Band II,2*, Hrsg. Rolf Tiedemann und Hermann Schweppenhäuser, 683–701. Frankfurt a. M.: Suhrkamp.
Benjamin, Walter. 1977b. Die Zeitung. In: Ästhetische Fragmente. In *Gesammelte Schriften. Band II,2*, Hrsg. Rolf Tiedemann und Hermann Schweppenhäuser, 628–629. Frankfurt a. M.
Benjamin, Walter. 1977c. Eduard Fuchs, der Sammler und der Historiker. In *Gesammelte Schriften. Band II,2*, Hrsg. Rolf Tiedemann und Hermann Schweppenhäuser, 465–505. Frankfurt a. M.: Suhrkamp.
Benjamin, Walter. 1977d. Erwiderung an Oscar A. H. Schmitz. In: Kulturpolitische Artikel und Aufsätze. In *Gesammelte Schriften. Band II,2*, Hrsg. Rolf Tiedemann und Hermann Schweppenhäuser, 751–755. Frankfurt a. M.: Suhrkamp.
Benjamin, Walter. 1977e. Kleine Geschichte der Photographie. In: Literarische und ästhetische Fragmente. In *Gesammelte Schriften. Band II,1*, Hrsg. Rolf Tiedemann und Hermann Schweppenhäuser, 368–385. Frankfurt a. M.: Suhrkamp.
Benjamin, Walter. 1989. Berliner Kindheit um neunzehnhundert. Fassung letzter Hand. In *Gesammelte Schriften. Band VII,1*, Hrsg. Rolf Tiedemann und Hermann Schweppenhäuser, 385–434. Frankfurt a. M.: Suhrkamp.
Benjamin, Walter. 1991. Briefmarkenschwindel. In: Nachträge. In *Gesammelte Schriften. Band VII,1*, Hrsg. Rolf Tiedemann und Hermann Schweppenhäuser, 195–200. Frankfurt a. M.: Suhrkamp.
Blättler, Christine. 2021. *Benjamins Phantasmagorie. Wahrnehmung am Leitfaden der Technik*. Berlin: DEJAVU Gesellschaft für Fotografie und Wahrnehmung e. V.
Dussel, Konrad. 2010. *Deutsche Rundfunkgeschichte*. Konstanz: UVK.
Gunkel, Katja. 2018. *Der Instagram-Effekt. Wie ikonische Kommunikation in den Social Media unsere visuelle Kultur prägt*. Bielefeld: transcript.
Helmes, Günter., und Werner Köster. 2002. *Texte zur Medientheorie*. Stuttgart: Reclam.
Jäger, Jens. 2009. *Fotografie und Geschichte*. 60486 Frankfurt a. M.: Campus.
Osterhammel, Jürgen. 2009. *Die Verwandlung der Welt. Eine Geschichte des 19. Jahrhunderts*. München: Beck.

Palmier, Jean-Michel. 2019. *Walter Benjamin. Lumpensammler, Engel und bucklicht Männlein. Ästhetik und Politik bei Walter Benjamin*. Frankfurt a. M.: Suhrkamp.
Rezo. 2019. Die Zerstörung der CDU. YouTube. https://www.youtube.com/watch?v=4Y1lZQsyuSQ. Zugegriffen: 5. Nov. 2020.
Salonia, Michele. 2011. *Walter Benjamins Theorie der Kritik*. Berlin: De Gruyter.
Schmücker, Reinold. 2016. Normative resources and domain-specific principles for an ethics of copying. *ZiF-Mitteilungen* (1):28–36.
Socialblade. 2021. Top 50 youtube channels. https://socialblade.com/youtube/top/50. Zugegriffen: 1. Okt. 2020.
Stalder, Felix. 2016. *Kultur der Digitalität*. Frankfurt a. M.: Suhrkamp.
Valéry, Paul. 1959. Die Eroberung der Allgegenwärtigkeit. In *Über Kunst. Essays*, Hrsg. Carlo Schmid, 46–51. Frankfurt a. M.: Suhrkamp.
WELT Nachrichtensender. 2019. Zerstörung der CDU: So klar reagiert Union auf YouTuber Rezo. YouTube. https://www.youtube.com/watch?v=8XaGI2YqJEA. Zugegriffen: 4. Jan. 2021.
Wiegerling, Klaus. 2013. Ubiquitous computing. In *Handbuch Technikethik*, Hrsg. Armin Grunwald und Melanie Simonidis-Puschmann, 374–378. Stuttgart: J.B. Metzler.

Teil II
Digitale Technologien philosophisch analysieren

Probleme bisheriger Technikdidaktik im Philosophieunterricht

8

> **Zusammenfassung**
>
> Technikphilosophisches Wissen ist heute implizit und explizit im Unterricht notwendig und auch für Schulentwicklungsprozesse in der Bildungsreform der Digitalisierung hilfreich. Nach dem *Empirical Turn* gilt die klassische Frage „Was ist Technik?" in der Technikphilosophie als unbeantwortbar, stattdessen werden konkrete Technologien mit technikphilosophischen Mitteln analysiert. Damit ergibt sich die Möglichkeit, auch im Unterricht konkrete digitale Technologien philosophisch zu analysieren. Bisher wurde im Philosophieunterricht vor dem Hintergrund eines *verantwortungsethischen Ansatzes* die Rolle von Techniker:innen angesichts technologischer Katastrophen wie Tschernobyl und Bhopal problematisiert. Oder es wurde mit einem *differenzierenden Ansatz* jene Techniknutzung identifiziert, die zu weit geht; Klonen und KI sind hier Beispiele. Bisherige Ansätze verfolgten also abstrakte ethische Fragestellungen in Bezug auf Technologie, nicht aber konkrete technikphilosophische Analysen.
>
> **Schlüsselwörter**
>
> Technikphilosophie · Technikfolgenabschätzung · Verantwortungsethik · Künstliche Intelligenz

Der zweite Imperativ an den Philosophieunterricht in der Digitalisierung ist der Imperativ der Technologie. Lehrkräfte und Lernende müssen Technologien verwenden und fortentwickeln und dazu erst einmal – auch philosophisch – verstehen. Das macht eine neue Technikdidaktik im Philosophieunterricht möglich, die erstmals wirklich die Frage nach der Technik stellt. Ausgangspunkt hierzu ist der stumme Impuls, den Technologien haben, einfach weil sie da sind. So ist jede Lehrkraft und jede(r) Lernende heute dazu aufgefordert sich irgendwie zu den

© Der/die Autor(en), exklusiv lizenziert an Springer-Verlag GmbH, DE, ein Teil von Springer Nature 2022
M. Bohlmann, *Bildung – Philosophie – Digitalisierung,* Digitalitätsforschung / Digitality Research, https://doi.org/10.1007/978-3-662-65792-8_8

Technologien zu verhalten, die selbst im Unterricht ständig anwesend sind. Eine philosophische Sicht auf Technologien ist in der Digitalisierung allein deshalb schon dringend geboten. Ich will hier zu Beginn des zweiten Buchteils *Digitale Technologien philosophisch analysieren* erstens motivieren, warum die Theorien, Modelle und Methoden einer neuen, empirisch arbeitenden Technikphilosophie als *implizites Wissen* notwendig sind, um in der gegenwärtigen Bildungsreform digitale Technologien als Ganzes zu verstehen und zweitens auch aktiv an der Entwicklung dieser Technologien in Schule mitarbeiten zu können. Drittens werde ich begründen, warum auch eine *explizite Thematisierung* dieser Technikphilosophie im Unterricht, also als Teil des philosophischen Curriculums, nahe liegt, angesichts der in der Digitalisierung nicht mehr zeitgemäßen Inhalte gegenwärtiger Technikdidaktik im Unterricht. In den folgenden Kapiteln werde ich dann darstellen, welche technikphilosophischen curricularen Inhalte für eine *explizite* Behandlung (Kap. 9 und 10) heute aus philosophiedidaktischer Sicht geeignet erscheinen. Abschließend zeige ich dann, wie *implizites* Wissen auch als empirisches Wissen aus der Technikforschung für Lehrkräfte in Schule relevant werden kann (Kap. 11).

Ein *implizites Wissen* zur Technikphilosophie ist allein deshalb schon ganz übergreifend und für alle Lehramtskandidat:innen, also nicht nur die angehenden Philosoph:innen, notwendig, weil in der Praxis der aktuellen Bildungsreform viel zu oft noch zwischen Technologien, Medieninhalten und der Nutzung im Unterricht getrennt wird. Die Entwicklung der Digitalisierung geht hierdurch Irrwege. Die philosophisch problematische, unabhängige Entwicklung von Technologien, Medieninhalten und Nutzung will ich zunächst kurz skizzieren.

Digitale Technologien in Form physischer Artefakte sind mittlerweile in Schule weit verbreitet, das war vielerorts auch schon so, bevor die Mittel des *Digitalpakts Schule* in 2020 die ersten Bildungseinrichtungen in Deutschland erreichten. Spätestens jetzt sind aber Tablets mit Apps, Gondelsysteme mit Wifi, Schulserverlösungen, Klassenmanagement-Clouds, Videokonferenz- und Immersionstechnologien in jeder Schule – das schafft Realitäten. Dass das Vorhandensein der physischen Technologien *allein* niemals die positiven Effekte haben kann, die man sich von ihr erhofft haben mag, ist mittlerweile Konsens. Der Medienpädagoge Michael Kerres stellt heraus, dass dies auch ein Denkfehler der bisherigen Wirkungsforschung zu digitaler Technologie war: „Der Forschung ist ganz selbstverständlich die Annahme hinterlegt, es sei die jeweilige Technik selbst, die einen Lernerfolg beeinflussen würde, nicht aber Faktoren wie die in dem Medium realisierte didaktische Konzeption, nicht die Qualität der Interaktion der Lernenden mit einer Technik, nicht die Passung der in der Technik umgesetzten Konzepte zu Lehrzielen oder weiteren Merkmalen des didaktischen Feldes, wie sie als Erfolgsbedingungen in der Mediendidaktik diskutiert werden" (Kerres 2020, S. 3).

Weit verbreitet sind inzwischen Modelle der didaktischen Adaption von Technologie, wie das sog. SAMR-Modell, das auf den Pädagogen Ruben Puentedura zurückgeht (Puentedura 2006; Hamilton et al. 2016). Hier stellen die Phasen der Ersetzung (S = Substitution), Erweiterung (A = Augmentation), Veränderung (M = Modification) und Neubesetzung (R = Redefinition) von Unterrichtsinhalten eine Prozessordnung der Adaption neuer Technologien dar. Die Idee dahinter ist, dass man zunächst erst einmal bekannte Inhalte mit digitalen Pendants ersetzt und so eine Bildanalyse etwa per digitaler Projektion anstatt mit dem Overheadprojektor angeht. Erst im nächsten Schritt lohnt es sich dann z. B. mit der Zoomfunktion die Bildanalyse zu erweitern und dann didaktisch zu verändern, etwa durch Felder im Bild, die anklickbar sind. So kommt man dazu, dass irgendwann die Bildanalyse im Philosophieunterricht gar keine mehr ist und man letztlich ein digitales didaktisches Material behandelt, das wesentlich durch seine Tiefenstruktur in Hyperlinks lebt. In der Geschichtsdidaktik gibt es mit der Lernplattform *segu* (selbstgesteuert-entwickelnder Geschichtsunterricht), die unter Leitung von Christoph Pallaske an der Universität zu Köln entwickelt wurde, einige gute Beispiele dafür, wie solch eine Adaption in allen Stufen aussehen könnte. Mit den dort entwickelten Quizformaten, digitalen Zeitleisten, Lernvideos, digitalen Karten und virtuellen Erkundungen von historischen Orten, existieren im geisteswissenschaftlichen Schwesterfach der Philosophie somit schon einige Formen der „Redefinition" (Pallaske 2016). Aus der Erfahrung im Fach Geschichte ist weiter auch klar, dass an solchen digitalen Materialien die Lehrkräfte nicht alleine arbeiten können, sondern es darum geht, die Lehre „durch Praxisinnovationen aus der geschichtsdidaktischen Hochschullehre heraus langfristig zu verändern" (Bernhardt und Neeb 2020, S. 69). Auch in der Philosophiedidaktik wurden digitale Lehr-Lern-Materialien auf Onlineplattformen entwickelt, die bisher eher untere Stufen des SAMR-Modells bedienen. Beispiele sind etwa die Lernplattform zum *Genome Editing* mithilfe der Genschere CRISPR-Cas9, das an der FU Berlin entwickelt wurde (Dietrich 2021), die Materialsammlung zu in der Philosophie aktuell diskutierten Themen *philovernetzt* (Burkard 2021) und der Blog zur Klimaethik *Doing Geo & Ethics* (Applis 2021). Insgesamt geht es nach Patrick Baum in der aktuellen Phase im Philosophieunterricht noch darum „quick and dirty" zunächst einmal überhaupt mit der didaktischen Digitalisierung zu beginnen (Baum 2019b, S. 10). Baum hat vorgeschlagen, ein Klassifikationssystem von didaktischen Materialien einzuführen, das eine Kennzeichnung ermöglicht, für welche Phase der Adaption nach dem SAMR-Modell ein neu entwickeltes Material eingesetzt werden kann (Baum 2019a, S. 9). Damit ist das SAMR-Modell im Philosophieunterricht auch ein Transformationsmodell der jeweils eigenen Praxis. Und jede Lehrkraft kann sich fragen: Welchen Grad an Digitalisierung möchte ich anlegen? Der Digitalisierungsgrad des Unterrichts hängt in diesem praktischen Verständnis an der Kompetenz der jeweiligen Lehrkraft.

Die Kompetenz der Lehrkräfte wird derzeit auch im generellen Bildungsdiskurs als ein weiteres seperates Problem der Digitalisierung von Schule verhandelt. Durch das Gutachten *Digitale Souveränität und Bildung* des mit Erziehungswissenschaftler:innen prominent besetzten und von der Vereinigung der Bayerischen Wirtschaft unterstützten *Aktionsrats Bildung* aus dem Jahr 2018 hat sich eine Dreiteilung der Lehrerschaft als Bestandsaufnahme des didaktischen Adaptionsprozesses in der Digitalisierung etabliert (Aktionsrat Bildung 2018, S. 63–86). Diese Triade geht auf den Medienpädagogen Daniel Süss zurück (Süss et al. 2010). Nach Süss gibt es drei Grundhaltungen zur medialen Innovation, die

„kulturpessimistische", die „medieneuphorische" und die „kritisch-optimistische", die Risiken und Chancen in einem ausgewogenen Maße erwartet. Zunehmend hat sich aus dieser Sicht auf die Haltungen unter den Lehrkräften die Lehrerbildung zurStellschraube für digitale Innovation entwickelt. Die Digitalisierung, das hatte ich ja bereits in der Einleitung geschrieben, wird als notwendigerweise gestaltungsoffenes Projekt begriffen, das eine „offene Haltung" und eine „reflektierte Flexibilität" in der Digitalisierung voraussetze (van Ackeren et al. 2019, S. 106). Daran wird inzwischen verstärkt auch in der Ausbildung der Lehrkräfte gearbeitet, indem ihnen eine Kultur der Digitalität bewusst vermittelt wird (vgl.: Eickelmann und Medienberatung NRW 2020).

Ich habe gerade ein Bild der aktuellen technologischen Reformlandschaft gezeichnet, das drei Elemente enthält, die meist getrennt voneinander vorkommen, obwohl man schon deutlich sieht, dass sie eigentlich nicht getrennt werden können. Das ist erstens die *Bereitstellung digitaler Technologien,* das ist zweitens *die Entwicklung digitaler Medien und Materialien* und drittens die Entwicklung einer *offenen und reflektierten Haltung der Lehrkräfte.* Ein über das fachinterne Curriculum hinausreichender Beitrag des Faches Philosophie durch eine erweiterte Lehrkräftebildung in Technikphilosophie könnte es an dieser Stelle sein, so meine These, diese drei nicht mehr auseinander zu denken. Die Trennung von Technologie, Medien und Nutzung kann als ontologischer Fehlschluss betrachtet werden, weil Technologie nie nur ein Ding ist, sondern immer in Relationen und Kontexten steht. In aktueller Technikphilosophie ist dieser Gedanke von der falschen Konkretheit von Technologie ein gewichtiger Ausgangspunkt. Man kann zwar bei den materiellen Artefakten mit der Analyse beginnen, die einen dann aber in die Tiefen komplexer Relationen von Menschen in Kontexten führen wird: „The ‚things themselves' are a fine investigative target to be sought. Nevertheless, we should prepare for the possibility that we may find something else" (vgl.: Rosenberger 2022, S. 374). Derzeit werden Technologien bereitgestellt, Inhalte entwickelt und Lehrkräfte fortgebildet, ohne diese drei Bereiche zusammen zu denken. Das mag auch daran liegen, dass die technologische Entwicklung an Schule mittlerweile im Interesse vieler unterschiedlicher Akteure liegt, was wohl in einer Bildungsreform nicht ausbleibt. Historisch gesehen war die technologische Entwicklung seit etwa 2011, seit es die ersten vielseitigen Apps für Apples IPad2 gab, konkret und aus einem Guss. Technologie, Inhalte und Lehrkräfteausbildung entwickelten sich von unten – die Digitalisierung von Schule war ein Grassroots Movement. Lehrkräfte co-konstruierten digitale Technologien ausgehend von zweckentfremdeten Tabletapps im Unterricht, entwickelten fachdidaktische Anwendungen und veränderten die Soft- und Hardware selbst. Teils bauten sie sich ihre Lösungen allein, teils brachte Feedback an die Producer entscheidende Veränderungen der Technologie, teils Lösungen aus den digitalen Communitys. Ich selbst habe von 2014 bis 2020 diese Entwicklungen in Schule begleitet. In Kap. 11 am Ende dieses zweiten Buchteils werde ich eine technikphilosophische Analyse der Entwicklung von Technologien in Schule zeigen. Das geschieht auf der Grundlage eines technikphilosophischen Wissensbestandes, der auch als eine Methodologie für empirische Untersuchungen konkreter Technologie dienen kann. Empirische technikphilosophische Studien dieser Art können selber nämlich auch wieder *implizites* Wissen in einer Kultur der Digitalität generieren.

Das führt mich zu einem zweiten Argument für die Nützlichkeit eines technikphilosophischen Wissens für Lehrkräfte in der Digitalisierung, diesmal im Sinne einer empirischen Methodologie. Ein implizites Wissen aus der Technikphilosophie muss nicht rein rezeptiv gewonnen sein. Philosophielehrkräfte haben in der Bildungsreform der Digitalisierung die besondere Chance, durch ihr Fach konkrete Technologien mit den Mitteln der Technikphilosophie auch selbst zu hinterfragen, empirisch zu analysieren und Schulentwicklung hier kritisch zu begleiten. Ähnliches galt schon in der noch nicht abgeschlossenen Bildungsreform der Inklusion, wie ich bereits in der Einleitung geschrieben habe. Dort waren es die normativen Grundlagen der Inklusion, die mit der Philosophie in besonderem Maße reflektiert werden konnten – hier sind es nun die technologischen Relationen in der Digitalisierung. Das Philosophiestudium kann zukünftige Lehrkräfte dazu befähigen, Technologien in der Lebenswelt zu hinterfragen. Hierzu gibt es bereits an vielen Hochschulen, insbesondere an denen mit technischer Ausrichtung, fachphilosophische Expert:innen. Die KMK-Anforderungen von 2019 für die Lehrkräfteausbildung könnten auch heute schon als Aufforderung zur Lehre der Technikphilosophie gelesen werden (KMK 2019, S. 47). Tatsächlich werden Sie das bisher aber nicht. Technologie wird – wenn sie überhaupt Inhalt von Lehramtsstudiengängen ist – über die Ethik erschlossen.

Die Technikphilosophie ist ein sehr junges Feld der Philosophie. Am ersten *Oxford Handbook*, das Shannon Vallor herausgibt, wurde noch geschrieben, während ich dieses Buch hier verfasste. Die erste Monographie, in der „Philosophy of Technology" Selbstbeschreibung einer philosophischen Disziplin ist, ist erst Anfang der 1990er Jahre erschienen (Ihde 1993). Als Feld der Philosophie hat sie sich in den vergangenen Jahren vor allem dadurch etablieren können, dass sie einen neuen Modus philosophischer Arbeit ermöglichte: empirische Analysen. Das hat sich mittlerweile darin niedergeschlagen, dass die Technikphilosophie vor dem *Empirical Turn* als „classical philosophy of technology" bezeichnet wird und erst die empirisch arbeitende Variante als Technikphilosophie im engeren Sinne (Verbeek 2022). Als ein Urvater der klassischen Technikphilosophie gilt Martin Heidegger. Von ihm grenzt sich die neue Technikphilosophie auch theoretisch ab. Die „Frage nach der Technik", die sich Heidegger 1953 prominent stellte (Heidegger 2000) und die in modernerer Formulierung etwa „Was ist Technologie?" heißen könnte, wird heute in dieser *Philosophy of Technology* für unbeantwortbar gehalten. Stattdessen werden einzelne und konkrete Technologien in philosophischen Analysekategorien untersucht. Damit wird die Frage „Was ist Technologie?" ersetzt durch die Frage „Wie kann man Technologien untersuchen?" In dieser Formulierung könnte die Frage nach der Technik für empirische Studien an Lehr-Lern-Technologien z. B. im Lehramtsstudium im Rahmen des Forschenden Lernens im Praxissemester interessant sein (vgl. zum Forschenden Lernen: Bärmann et al. 2021). So kann *implizites* technikphilosophisches Wissen für Lehrkräfte im Studium auch aktiv forschend generiert werden.

Diese neue Technikphilosophie bietet aber auch die Möglichkeit, sie *explizit*, d. h. als Inhalt des Philosophieunterrichts zu betreiben. Und das ist auch dringend notwendig, so mein drittes Argument für eine Reform . Die Einheiten zur Technik im Philosophie- und Ethikunterricht bedürfen einer Curriculumrevision. Tatsächlich ist nämlich Technikphilosophie nie wirklich in Schule angekommen. Dabei veröffentlichte Herbert Maschat schon 1989 einen ersten Entwurf einer Philosophiedidaktik der Technik. Angesichts einer Technikerausbildung, in der Technik „absolut, d. h. losgelöst von religiösen, sozialen, individuellen, emotionalen und historischen Einflüssen vermittelt" (Maschat 1989, S. 227) werde, müsse man als Gegengewicht schon in den Schulen einen Unterricht etablieren, der philosophisch unter anderem die Frage „Was bedeutet eigentlich Technik?" stellt (Maschat 1989, S. 227). Maschats Ansatz, der vor allem technikhistorisch und praktisch orientiert war, hat es nie bis in die Umsetzung in den Schulen geschafft, obwohl er vielleicht noch der am ehesten *technikphilosophische Ansatz zur Thematisierung von Technik* war. Alles, was danach entwickelt wurde, war Ethik mit dem Gegenstand Technik.

Heute gibt es zwei etablierte Ansätze, Technik im Philosophieunterricht explizit zu behandeln. Da ist erstens der *verantwortungsethische Ansatz*. In Folge der großen technischen Katastrophen der 80er Jahre wie Bhopal und Tschernobyl war der erste Zugriff des Philosophie- und Ethikunterrichts die ethische Diskussion der Verantwortung von Techniker:innen, während die Frage nach der Technik gar nicht gestellt wurde. Wie Hans Lenk und Matthias Maring in einem programmatischen Artikel in der *Zeitschrift für Didaktik der Philosophie und Ethik* 1996 schrieben: „Macht und Wissen sind ins Ungeheuerliche gewachsen, doch Macht und Wissen sind nicht unbegrenzt. Sie sind durch Achtung, Vorsorge oder gar Fürsorge für andere Menschen, Lebewesen und Natur einzuschränken – also durch Ethik und Recht" (Lenk und Maring 1996, S. 82). Dabei war aber andererseits auch klar: „Ein völliges Stillstellen der Technik und der Industrialisierung, des technischen und ökonomischen Fortschritts wäre ebenso fatal wie eine völlig uneingeschränkte, sich selbst immer weiter aufschaukelnde Übertechnisierung, ein Sich-Überschlagen der technisch-industriellen Dynamik" (Lenk und Maring 1996, S. 83). Technik ist hier also verstanden als ein gesellschaftliches Abstraktum, dessen philosophische Analyse in Schule gar nicht geleistet werden kann. Es sind bei Lenk und Maring die *Techniker:innen*, die man, wenn sie zu weit gehen, in die Verantwortung des Rechtssystems nehmen muss. Die Technikdidaktik im Philosophie- und Ethikunterricht begann also mit einem Verständnis von Technik als Spezialproblem der Verantwortungsethik. Die meisten Lehrpläne für die Mittelstufe in der Fächergruppe Philosophie sehen heute eine Einheit direkt zur Technik vor; in NRW heißt sie: „Technik – Nutzen und Risiko" und findet in der siebten oder achten Klasse statt (MSB NRW 2008, S. 23). Lehrbücher folgen diesem verantwortungsethischen Ansatz in der Regel mit Materialien zur Technikfolgenabschätzung (vgl.: Sistermann 2009, S. 134–137; Lorenzen 2010, S. 156 f.).

In den 00er Jahren gab es dann unter den ersten Vorzeichen der Digitalisierung eine Revision des verantwortungsethischen Ansatzes. Diese Revision möchte ich den *differenzierenden Ansatz* nennen. In *Ethik & Unterricht* beschrieb Georg

Schöffel im Jahr 2007 zunächst den verantwortungsethischen Ansatz als defizitär. Die Art und Weise des Umgangs mit der Technik, die sich im Philosophie- und Ethikunterricht nach den Katastrophen der 80er Jahre etabliert hatte, fokussiere „technische Großprojekte (Atomkraft, Staudammbau) und ethisch bedenkliche Verfahren der Bio- und Medizintechnik" (Schöffel 2007a, S. 1). Sie vermittele so ein Bild der Technik, das nicht zeigen kann „in welchem Ausmaß unser alltägliches Leben von Technik geprägt und von Technik abhängig ist" (Schöffel 2007a, S. 1). Schon in 2007 vermutete Schöffel, dass dahinter die fehlende Kompetenz der Lehrkräfte auf technikphilosophischem Gebiet stecke, während man in der Ethik gut bewandert sei (Schöffel 2007b, S. 15). Sein neuer Ansatz arbeitete mit Abgrenzungen, weshalb ich ihn hier auch den *differenzierenden Ansatz* nenne. So ergab sich ein Begriff der Technik durch Abgrenzungen, die die Philosophie leisten könne und angesichts unserer technisch durchwobenen Lebenswelt auch müsse: „Begrifflich lassen sich die Sphären Natur, Kultur und Technik voneinander scheiden, aber in den Realitätsausschnitten, mit denen wir es zu tun haben, sind sie auf eine nur schwer zu entwirrende Weise ineinander verflochten" (Schöffel 2007b, S. 15). In der Folge wurden von Schöffel einige Differenzen aufgemacht; die Unterscheidung von Lebenswelt und „System" der Technik, von „Mensch und Technik", Tier und Mensch – wobei der Mensch „das Technik verwendende Tier" sei – und die Unterscheidung von Technik und Natur (Schöffel 2007b, S. 16–18). Noch eine weitere Differenz stellt Schöffel in derselben Ausgabe von *Ethik & Unterricht* an einem Unterrichtsbeispiel zum Ikarus-Mythos vor, der antiken Sage vom technischen Höhenflug (Schöffel 2007c). Im Mythos ist es die Differenz von technikgebrauchendem Menschen und Gott. Die meisten Themen in der Mittelstufenreihe „Technik – Nutzen und Risiko" folgen heute diesem differenzierenden Ansatz, wenn sie etwa von den Grenzen der Naturbeherrschung (vgl.: Blesenkemper 2009, S. 194 f.; Pfeifer 2009, S. 220 f.; Lorenzen 2010, S. 154 f.), oder den Grenzen von Techniken am Menschen wie dem Klonen handeln (vgl.: Blesenkemper 2009, S. 204). In der gymnasialen Oberstufe taucht die Technikphilosophie dann in der Einheit zur Anthropologie „Der Mensch als Natur- oder Kulturwesen" ebenfalls mit dem differenzierenden Ansatz noch einmal auf (MSB NRW 2014, S. 35). Beliebt sind hier Zugänge mit Arnold Gehlen und die Cyborg- und Transhumanismus-Thematik.

Die Phänomene, die mit dem *differenzierenden Ansatz* untersucht werden, wie Klonen (Tier-Technologie), Cyborgs (Mensch-Technologie), künstliche Intelligenz (Technologie-Mensch), Klimawandel und genmodifizierte Nahrung (Natur-Technologie) sind aber gerade solche, an denen *Technologien aufhören, Technologien zu sein*. Das sind mit Ihde gesprochen „horizonal phenomena" (Ihde 1990, S. 112). An ihnen verschiebt sich wie am Horizont stetig eine Grenze, hier die Grenze zwischen Technologien und Nicht-Technologien. Beim Klimawandel etwa ist die Trennung von Natur und Technik, die in vielen didaktischen Ansätzen noch diskutiert wird, längst überholt. Es gibt keinen Ort auf der Erde und keinen Kubikzentimeter der Atmosphäre mehr, den Technologien noch nicht verändert haben, der also in diesem Sinne überhaupt noch unberührte Natur ist (vgl.: Bohlmann 2020). Die Horizontverschiebung von Technologie und Nicht-Technologie ist philosophisch spannend, aber komplex und oft spekulativ. Es ist dabei jedoch ganz unmöglich, an dieser Grenze festzumachen, was Technologie *ist,* weil gerade diese Bestimmung sich hier verändert. Die didaktischen Entwürfe laufen deshalb alle auf die normative Frage hinaus: „Was darf Technologie *nicht sein*?" Wo geht also Klonen, Transhumanismus, genetische Manipulation oder Klimaveränderung zu weit? So muss man letztlich konstatieren, dass die explizite Behandlung der Technikphilosophie nach dem *differenzierenden Ansatz* auch nie bei der Frage „Was ist Technologie?" angekommen ist. Sie bleibt ebenfalls ein rein *ethischer* Ansatz, auch wenn Schöffel in 2007 exakt das kritisiert hat.

Der hier im zweiten Buchteil vorgestellte, dezidert technikphilosophische Ansatz für den Schulunterricht zur Frage nach der Technik greift in gewisser Weise auf die sehr frühe Idee Herbert Maschats zurück, die ich zu Beginn dieses Abschnitts erwähnt habe. Ich werde hier aber nicht die Frage „Was ist Technologie?" verfolgen, wie Maschat es 1989 noch vorgesehen hatte, sondern einzig die empiriebezogene technikphilosophische Frage: „Wie kann man Technologien untersuchen?" In diesem zweiten Buchteil werde ich eine erste *Curriculumtheorie für philosophische Analysen von konkreten Technologien* bieten. Ich halte es angesichts der bisherigen Geschichte der Technikdidaktik, der aktuellen Praxis im Philosophieunterricht und der hoffentlich bald durch die Bildungsreform der Digitalisierung weitergehenden Kenntnisse von Lehrkräften in der Technikphilosophie für gut machbar und notwendig, Inhalte hieraus explizit im Unterricht zu thematisieren. Die Frage „Wie kann man Technologien untersuchen?" kann dann die Frage nach der Technik beerben, die im eigentlichen, d. h. im technikphilosophischen Sinn, bisher nie gestellt wurde. Erst das ist dann auch ein wirklich *technikkritischer Ansatz,* der es Lernenden ermöglicht, die digitalen und nichtdigitalen Technologien ihrer Lebenswelt zu hinterfragen. Anstatt an den Wolken, wie im berühmten Stück des Aristophanes, oder am phänomenologischen Horizont zu philosophieren, geht es hier dann um den Boden unserer technologischen Lebenswelt, auf dem wir alle stehen.

Auch zu diesem zweiten Teil möchte ich noch ein paar Präliminarien vorwegschicken. Es geht hier nicht um den Abriss einer Geschichte der Technikphilosophie oder ein umfassendes Bild der Technikphilosophie unserer Gegenwart. Auch vertrete ich hier keine eigene Position auf diesem Gebiet. Meine Darstellung geschieht in rein didaktischer Absicht. Ich habe die Bezüge unter didaktischen Gesichtspunkten nach der Möglichkeit ausgewählt, sie in einem Kurs in der neunten Klasse in Praktischer Philosophie zur Frage nach der Technik zu behandeln. Ich möchte dabei innerhalb des Diskursfeldes der Technikphilosophie keine Position favorisieren. Wie bereits im ersten Teil versuche ich ein möglichst breites Spektrum an Hintergrundtheorien zu akquirieren. Im ersten Teil habe ich Strukturfunktionalismus und Kritische Theorie als gegensätzliche Theorien herangezogen, um ein Spektrum der didaktischen Möglichkeiten zu zeigen. Das mache ich hier jetzt wieder. So werde ich die *Postphänomenologie* (Ihde, Verbeek, Rosenberger) und den *Critical Constructivism* (Feenberg) als unterschiedliche Möglichkeiten der Analyse von Technologien in der Lebenswelt vorstellen. Ich werde auch hier wieder zeigen, in welchen Punkten diese beiden Theorien konvergieren.

Sie bauen nämlich beide auf einer Vorgeschichte der Technikphilosophie auf und gehen in einem Konsens davon aus, dass Technologien *untrennbarer Teil der Lebenswelt* sind, dass *Technologien weder instrumentalistisch noch substantialistisch* zu deuten sind, dass *Konstruktion und Nutzung von Technologie nicht zu trennen* sind und dass *Technologien normativ* sind. Das werde ich in Kap. 9 zeigen. In Kap. 10 werde ich dann Unterschiede des Critical Constructivism und der Postphänomenologie für den Unterricht aufbereiten. Diese Unterschiede mag man sich aus den jeweiligen technikanalytischen Hintergrundtheorien erklären. Während der Critical Constructivism in einer Tradition seit Max Weber Rationalität und Rationalisierung zur Analysekategorie macht, sind es bei der Postphänomenologie technisch vermittelte Relationen von Ich und Welt, die in einer Tradition seit Edmund Husserl stehen. Freilich sind die Theorien jeweils deutlich modifiziert und insbesondere mit Elementen aus dem Pragmatismus verwoben. Damit ist auch eine Trennung von rationalisiertem System und phänomenaler Lebenswelt nicht mehr möglich. In Technologie eingearbeitete Rationalität durchwirkt mit smarten Technologien der Digitalisierung die Lebenswelt bis ins Detail; wir sind in unserer nächsten Umgebung nicht mehr die bedachtesten Entitäten und „nicht mehr die Herren der Infosphäre" (Floridi 2015, S. 128). Gleichzeitig stehen wir aber mit diesen technologischen Möglichkeiten einem technologischen System nicht mehr hilflos gegenüber, wir können es demokratisch und sozial rationalisieren und so auch dieses System zu einem lebenswerten Ort machen. Es ist vielmehr ein unterschiedlicher Fokus der empiriebezogenen technikphilosophischen Analysen, der beim Critical Constructivism den Fokus auf Technologien, die weiter vom Körper weg sind, legt und bei der *Postphänomenologie* auf jene Technologien, die sich näher am Körper befinden, wie es etwa Interfaces tun; ich nenne das in Anlehnung an Begriffe aus der Medizin *distale* und *proximale* Technologien (diese Unterscheidung erstmals in: Bohlmann 2022). So werde ich in den folgenden beiden Kapiteln also zunächst Gemeinsamkeiten und dann Unterschiede in gegenwärtigen philosophischen Technologieanalysen zeigen. Die detaillierte Kenntnis dieser beiden Hintergrundtheorien ist keine Voraussetzung für den Einsatz im Unterricht. Ich möchte meine Ausführungen hier, wie auch bereits im ersten Teil, lediglich als Curriculumtheorie in Beziehung auf das didaktische Material verstanden wissen und nicht als Einführung in den Critical Constructivism und die Postphänomenologie.

Ich werde im Folgenden also eine Curriculumtheorie für die Technikphilosophie im Unterricht an konkreten Technologien als didaktischem Material vorstellen. Wie im ersten Teil können diese Materialien wieder direkt im Unterricht verwendet werden. Das wird hier aufgrund der Buchform mit Texten und Bildern stattfinden. Ich halte es aber – wo möglich – für den besten Weg, direkt am Gegenstand zu philosophieren und Technologien in den Unterricht oder den Unterricht zu den Technologien zu bringen (vgl.: Bohlmann 2013). Die Art und Weise der Verwendung ist immer Teil der Technologie und es ist viel spannender, den Schüler:innen die philosophisch zugänglichen Ebenen der Technologien in ihrer Lebenswelt direkt zu zeigen. Ebenso wie im ersten Teil soll es auch hier nicht darum gehen, *was* hier analysiert wird, sondern *wie*. Ich werde die polynesische

Navigationstechnologie, ein paar Schuhe, frühe Fahrräder, die Brücken von Long Island, einen Dosenöffner und eine Parkbank zeigen, weil das wichtige Beispiele in der Technikphilosophie sind. Es geht jeweils darum, an diesen Technologien philosophische Analysemethoden zu erlernen. Diese können dann idealerweise auch schon im Unterricht auf digitale Technologien transferiert werden. Das ist dann jedoch jeweils aktuell und abhängig von der konkreten technologischen Erfahrung der Lernenden, so dass der genaue Transfer nur in der Hand der jeweiligen Lehrkraft liegen kann.

Im letzten Kapitel dieses zweiten Teils, Kap. 11, stelle ich in Grundzügen eine empirische Analyse mit den Mitteln der empirischen Technikphilosophie vor, die dann zeigt, wie eine Technologieanalyse auf der Ebene empirischer Untersuchungen durch Lehrkräfte, etwa im Praxissemester der Lehramtsausbildung, aussehen könnte. Die dort vorgestellte Fallanalyse habe ich in den Jahren 2014 bis 2020 betrieben, während ich an der praktischen Entwicklung von Technologien in Schule beteiligt war. Ich werde hier zweckentfremdete Apps auf Tablets, Classroom-Management-Clouds, Schulmailing- und Serversysteme und Videokonferenz und -immersionstechnologien mit den Mitteln des Critical Constructivism und der Postphänomenologie untersuchen.

Wie die Digitalisierung die Kritik verändert hat, verändert sie auch die Technikphilosophie. Technikphilosophie ist selbst eine Praxis im direkten Bezug zur Lebenswelt geworden – und so erstmals wirklich zugänglich und greifbar für Lehrende und Lernende. Thomas Macho hat in der ersten Ausgabe der *Zeitschrift für Didaktik der Philosophie und Ethik* zum Thema *Technik* noch von der „marginalen Randstellung" der Technikphilosophie in der Philosophie und auch im Unterricht geschrieben (Macho 1989, S. 194). Mit der Digitalisierung ist nun nicht nur eine ausgearbeitete Technikphilosophie vorhanden und technikphilosophisches Wissen zu einer bedeutenden Kompetenz innerhalb der Schulentwicklung geworden, auch Lernende können die Technologien ihrer Lebenswelt mit Hilfe empiriebezogener Technikphilosophie verstehen lernen. Je rationaler digitale Technologien werden und je mehr Relationen wir mit ihnen eingehen, desto mehr braucht es eine kritische Untersuchung mit der *Philosophy of Technology*.

Literatur

Aktionsrat Bildung. 2018. *Digitale Souveränität und Bildung*. Hrsg. vbw – Vereinigung der Bayerischen Wirtschaft e. V. Münster: Waxmann.

Applis, Stefan. 2021. *Doing Geo & Ethics. Ethische Fragen im Unterricht behandeln.* https://doinggeoandethics.com/. Zugegriffen: 9. Okt. 2021.

Bärmann, Julia, Markus Bohlmann, und Christian Thein. 2021. Forschendes Lernen durch experimentelle Erkundung von Unterrichtsphänomenen im Schulfach Philosophie. In *Forschendes Lernen in der fach- und fachrichtungsbezogenen, universitären Lehrkräftebildung*, Hrsg. Maike Busker, Birgit Peuker und Jens Winkel. Flensburg: [im Druck].

Baum, Patrick. 2019a. Digitaler Klimawandel. Digitale Medien im Ethik- und Philosophieunterricht. *Ethik & Unterricht* 29(1):8–9.

Baum, Patrick. 2019b. Digitalisierung quick and dirty. Digitale Medien in das analoge Umfeld Schule einführen. *Ethik & Unterricht* 29(1):10–11.

Bernhardt, Markus, und Sven Neeb. 2020. Apps & Co – Grundlagen, Potenziale und Herausforderungen historischen Lernens in digitalen Lernumgebungen. *Zeitschrift für Didaktik der Gesellschaftswissenschaften* 11(1): 65–82.

Blesenkemper, Klaus. 2009. *Leben leben 2. Schulbuch für praktische Philosophie und Ethik für Klasse 7–9 an Gymnasien und 7–10 an Real- und Gesamtschulen*. Stuttgart: Klett.

Bohlmann, Markus. 2013. Didaktik der philosophischen Gegenstände. Ein dritter Weg zwischen argumentativ-diskursiven und präsentativen Formen im Unterricht. In *Didaktische Konzeptionen*, Hrsg. Johannes Rohbeck, 65–82. Dresden: Thelem.

Bohlmann, Markus. 2020. Kritik der Natur als Ideal. Zum Sprechen über die Natur in unserer Gegenwart und zur Gegenwart des Naturbegriffs des Deutschen Idealismus. In *Wie über Natur reden? Philosophische Zugänge zum Naturverständnis im 21. Jahrhundert*, Hrsg. Nils Höppner und Klaus Feldmann, 197–216. Freiburg/München: Karl Alber.

Bohlmann, Markus. 2022. Distale und proximale Technologien der Krise im Distanzunterricht. Critical Theory of Technology und Postphänomenologie. In *Technologien der Krise. Die Covid-19-Pandemie als Katalysator neuer Formen der Vernetzung*, Hrsg. Dennis Krämer, Joschka Haltaufderheide und Jochen Vollmann, 21–44. Bielefeld: transcript.

Burkard, Anne. 2021. Philovernetzt. Bausteine für den Philosophie- und Ethikunterricht. http://www.philovernetzt.de/impressum/. Zugegriffen: 9. Okt. 2021.

Dietrich, Julia. 2021. Genome Editing am Menschen. Die Ethik-Lernplattform. https://userblogs.fu-berlin.de/genome-editing/. Zugegriffen: 9. Okt. 2021.

Eickelmann, Birgit, und Medienberatung NRW. 2020. Lehrkräfte in der digitalisierten Welt. Orientierungsrahmen für die Lehrerausbildung und Lehrerfortbildung in NRW. https://www.medienberatung.schulministerium.nrw.de/_Medienberatung-NRW/Publikationen/Lehrkraefte_Digitalisierte_Welt_2020.pdf. Zugegriffen: 7. Okt. 2020.

Floridi, Luciano. 2015. *Die 4. Revolution. Wie die Infosphäre unser Leben verändert. Aus dem Englischen von Axel Walter*. Berlin: Suhrkamp.

Hamilton, Erica R., Joshua M. Rosenberg, und Mete Akcaoglu. 2016. The Substitution Augmentation Modification Redefinition (SAMR) Model: A Critical Review and Suggestions for its Use. *TechTrends* 60 (5): 433–441.

Heidegger, Martin. 2000. Die Frage nach der Technik (1953). In *Vorträge und Aufsätze. Gesamtausgabe Band 7*, 5–36. Frankfurt a.M.: Klostermann. 2000.

Ihde, Don. 1990. *Technology and the Lifeworld. From Garden to Earth*. Bloomington, Ind.: Indiana University Press.

Ihde, Don. 1993. *Philosophy of Technology. An Introduction*. New York: Paragon House.

KMK. 2019. Ländergemeinsame inhaltliche Anforderungen für die Fachwissenschaften und Fachdidaktiken in der Lehrerbildung (Beschluss der Kultusministerkonferenz vom 16.10.2008 i. d. F. vom 16.05.2019). Berlin. https://www.kmk.org/fileadmin/veroeffentlichungen_beschluesse/2008/2008_10_16-Fachprofile-Lehrerbildung.pdf.

Kerres, Michael. 2020. Bildung in der digitalen Welt: Über Wirkungsannahmen und die soziale Konstruktion des Digitalen. *MedienPädagogik: Zeitschrift für Theorie und Praxis der Medienbildung* 17: 1–32.

Lenk, Hans, und Matthias Maring. 1996. Technik und Ethik. *Zeitschrift für Didaktik der Philosophie und Ethik* 17 (2): 82–89.

Lorenzen, Arnold. 2010. *Menschen in ihrer Welt. Praktische Philosophie – Klassen 7/8. Nordrhein-Westfalen*. Leipzig: Militzke.

Macho, Thomas H. 1989. Editorial. *Zeitschrift für Didaktik der Philosophie und Ethik* 10 (4): 194.

Maschat, Herbert. 1989. Philosophie der Technik. Anregungen für die Praxis. *Zeitschrift für Didaktik der Philosophie und Ethik* 10 (4): 227–240.

MSB NRW. 2008. *Kernlehrplan Sekundarstufe I in Nordrhein-Westfalen. Praktische Philosophie*. Düsseldorf: Ritterbach Verlag.

MSB NRW. 2014. *Kernlehrplan für die Sekundarstufe II Gymnasium/Gesamtschule in Nordrhein-Westfalen. Physik*. Düsseldorf: Schulministerium.

Pallaske, Christoph. 2016. segu Geschichte | Konzeptionsmerkmale und Statements | Projektvorstellung beim OER Festival #OERde16. *Historisch Denken | Geschichte machen.* https://historischdenken.hypotheses.org/3550.

Pfeifer, Volker. 2009. *Fair Play 2. Für den Unterricht im Fach Praktische Philosophie.* Paderborn: Schöningh.

Puentedura, Ruben. 2006. Transformation, technology, and education [Blog post]. http://hippasus.com/resources/tte/. Zugegriffen: 29. Juni 2020.

Rosenberger, Robert. 2022. Technological Multistability and the Trouble with the Things Themselves. In *The Oxford Handbook of Philosophy of Technology*, Hrsg. Shannon Vallor, 374-392. Oxford: Oxford University Press.

Schöffel, Georg. 2007a. Editorial. *Ethik & Unterricht* 17(4):1.

Schöffel, Georg. 2007b. Eine Frage der Technik. *Ethik & Unterricht* 17(4):15–18.

Schöffel, Georg. 2007c. Ikarus als Testpilot. *Ethik & Unterricht* 17(4):19–21.

Sistermann, Rolf. 2009. *weiterdenken. Ethik/Praktische Philosophie. Band B. Ab Jahrgangsstufe 6.* Hannover: Siebert.

Süss, Daniel, Claudia Lampert, und Christine W. Wijnen. 2010. Mediensozialisation: Aufwachsen in mediatisierten Lebenswelten. In *Medienpädagogik: Ein Studienbuch zur Einführung*, Hrsg. Daniel Süss, Claudia Lampert und Christine W. Wijnen, 29–52. Wiesbaden: VS Verlag für Sozialwissenschaften.

van Ackeren, Isabell, et al. 2019. Digitalisierung in der Lehrerbildung. *Die Deutsche Schule (DDS)* 111 (1): 103–119.

Verbeek, Peter-Paul. 2022. The Empirical Turn. In *The Oxford Handbook of Philosophy of Technology*, Hrsg. Shannon Vallor, 35-54. Oxford: Oxford University Press.

Analysen mit der Technikphilosophie nach dem *Empirical Turn*

9

> **Zusammenfassung**
>
> Der *Empirical Turn* hat zu einer Technikphilosophie geführt, in der Analysen konkreter Technologien genauso bedeutend sind wie ein philosophisch fundierter Theorierahmen. Einige Philosopheme sind in dieser Technikphilosophie über Theoriedifferenzen hinweg Konsens. Es bietet sich an, die für diese Philosopheme ikonischen Technologien im Unterricht explizit zu analysieren. Das sind: die Situiertheit von technologischen Praxen in der *Lebenswelt* an Don Ihdes Beispiel der polynesischen Navigation; die Zurückweisung eines *Instrumentalismus* und eines *Substantialismus* von Technologien, die man bereits an Heideggers Beispiel der Schuhe van Goghs erläutern kann; die *soziale Konstruktion* von Technologie am Beispiel der frühen Entwicklung des Fahrrads von Pinch und Bijker; sowie die intrinsische *Normativität* von Technologien, wie sie sich an Langdon Winners Beispiel der Brücken des Architekten Robert Moses zeigt. Die so erlernten philosophischen Analysekategorien können dann auf digitale Technologien angewandt werden.

> **Schlüsselwörter**
>
> Technikphilosophie · Lebenswelt · Instrumentalismus · Soziale Konstruktion · Normativität

9.1 Die historische und die ingenieurswissenschaftliche Perspektive

Es gibt zwei Denkbewegungen, die den *Empirical Turn* in der Technikphilosophie bewirkt haben. Beide sind auch didaktisch interessant. Sie sind jeweils Ausgänge aus vorherigen Differenzen in der philosophischen Sicht auf Technologie. Die eine

Sicht entstammt einer Perspektivänderung auf die Geschichte der Technologie als Geschichte der Moderne, die andere Sicht einer Perspektivänderung auf den Prozess der ingenieurstechnischen Herstellung von Technologie.

Die erste Perspektivänderung neuer Technikphilosophie geht mit der Deutung der *Moderne als kontingentem technologischen Prozess* einher. Ausgangspunkt dieser Überlegung ist erst einmal die Annahme, dass die Moderne tatsächlich ein technologischer Prozess ist und dass auch die Postmoderne so zu deuten sei. Thomas Misa hat schon in 2003 gezeigt, wie in der historischen Entwicklung die Konzepte „technology und „modernity" miteinander verwoben sind (Misa 2003, S. 5). Was die Moderne ist, sei selbst eine Reflexionsleistung, insbesondere auf das Verhältnis von sozialem Fortschritt und Technologie. Während in Amerika Elektrizität, Automobile und moderne Unternehmensstrukturen entstanden, reflektierten etwa die europäischen Modernisten wie Le Corbusier oder Walter Gropius „order, regularity, system and control" als Prinzipien der Moderne (Misa 2003, S. 5). Die „scientific revolution, the Enlightenment, the consumer revolution, and the industrial revolution" seien Vorläufer dieser Reflexionsform von Modernisten auf den technologischen Wandel (Misa 2003, S. 6). Man könne, so Misa, die Moderne dabei nicht ohne Bezug auf Technologien begreifen (Misa 2003, S. 8). Technologien formten die Gesellschaft, aber würden ihrerseits sozial konstruiert. Auch die Postmoderne sei in ihren Analysen von Medien und IT-Technologien noch in dieser wechselseitigen Abhängigkeit zu verstehen (Misa 2003, S. 13). In diesem Prozess gäbe es *keinen Determinismus;* die Geschichte der Moderne sei weder eine Geschichte des Aufstiegs noch des Niedergangs. Einen solchen Determinismus hätten aber moderne und postmoderne Deutungen der Technologie in großem Maßstab auf ihre Erzählungen gelegt: „these technologically determinist theories – common to many modernists and postmodernists alike – simply miss the theoretical salience of technology. It is in the details of technology, and not its macro-level abstractions, that one can escape the (various) traps that Heidegger, Ellul, Lyotard, Borgmann, and others have set for themselves" (Misa 2003, S. 13). Schon bei Misa ist es also eine veränderte Sicht auf die Moderne als technologischem Prozess, die kleine empirische Analysen von Technologie anstatt großer Deutungen der Weltgeschichte erfordert. Philip Brey, der den Empirical Turn in 2010 explizit vor dem Hintergrund dieser neuen historischen Sicht als Programm beschrieben hat, nennt das den „society oriented approach" in der neuen Philosophy of Technology nach dem Empirical Turn (Brey 2010, S. 41). Für ihn sind es vor allem die neu gewonnenen Instrumente der *Science and Technology Studies* (STS), die eine neue Sicht auf Technologie im Prozess der Moderne ermöglichen, und Technologie im empirischen Detail als „contingent, socially shaped and contextually dependent" aufzeigen (Brey 2010, S. 40). Für Brey muss mit dieser neuen Sicht auf den Zusammenhang von Technologie und Moderne auch mit der philosophischen Tradition gebrochen werden, in der in allzu optimistischer Aufklärungsphilosophie (Descartes, Francis Bacon, Hobbes, Leibniz) und allzu pessimistischer „classical philosophy of technology" (frühe Frankfurter Schule, Heidegger, Borgmann,

Dreyfus, Ellul, auch noch Lyotard und Baudrillard) in Extremen auf die technologische Entwicklung geblickt wurde (Brey 2010, S. 36–38).

Mit der zweiten Perspektivänderung wird Technologie nicht mehr als gegeben angenommen, sondern in ihrem *Konstruktionsprozess* untersucht. Carl Mitcham hat 1994 diese ingenieurstechnische Sicht auf Technologie bereits in Aussicht gestellt, als er die damals noch gängige philosophische Sicht auf Technologie als humanistisch beschrieb, „which is more concerned with external relations and the meaning of technology", und so die technologischen Artefakte selbst nie analysiert habe, „it has failed to pay sustained or detailed attention to what really goes on in engineering and technology" (Mitcham 1994, S. ix). Diese Idee korrespondiert mit dem Impuls, den viele frühe historische und soziologische Untersuchungen in STS hatten, der Idee, dass man die „black box" der Technologien tatsächlich öffnen müsse, wenn man philosophische Aussagen über das Wesen der Technologie treffen will. Die technologischen Artefakte werden nämlich aus der humanistischen Sicht insofern als „black box" begriffen, als dass man nur ihren Input und Output kennt, aber nicht sagen kann, wie sie heute funktionieren, einst entstanden sind oder sich durch frühe Nutzung verändert haben (Pinch und Bijker 1987, S. 21; Winner 1993, S. 365). Andererseits könnten Technologien aber, wenn man sie wirklich einmal untersuchen würde, auch ein Fahrtenschreiber sein, wie eine „black box" im Flugzeug. Sie könnten einiges über Technologien verraten, das uns dann zu den philosophisch interessanten Fragen führt, man könnte durch diese Tiefenanalysen der Artefakte auch die großen Unfälle der Technologien rekonstruieren. Ein solcher „engineering oriented approach" (Brey 2010, S. 41) wird seit den 00er Jahren verstärkt von Philosoph:innen und philosophisch interessierten Ingenieur:innen an Technischen Universitäten betrieben (Kroes und Meijers 2000; Achterhuis 2001). Das geschieht auch um die philosophisch problematisierbaren Dimensionen des Handelns im Gestaltungsprozess zu beleuchten. In einer Neubetrachtung des Ansatzes schreiben Franssen et al.: „The black box in which technology had long remained hidden has been opened wide and its contents have become a primary topic for the philosophy of technology to study", endlich sei die „*practice* of technology and engineering" für die Philosophie erschlossen (Franssen et al. 2016, S. 4, Herv. i. O.). Maarten Franssen und Stefan Koller machen dann aber in ihrer tiefergehenden Analyse die bleibenden Probleme dieses Ansatzes aus: „Greater systematicity is *needed* to counteract the fragmentation and lack of substantive unity in philosophy of technology" (Franssen und Koller 2016, S. 31, Herv. i. O.). Sie schlagen drei Themen als Systematisierung dieser Forschung vor: „1. The nature of artefacts; 2. The concept of design; 3. The notion of use" (Franssen und Koller 2016, S. 36). Diese drei Felder sind die primären Untersuchungsgebiete des ingenieurswissenschaftlichen Ansatzes im *Empirical Turn*.

Breys Bedenken um des Auseinanderdriftens der *historischen* und der *ingenieurswissenschaftlichen* neuen Perspektive auf die Technikphilosophie ist immer noch aktuell. Dabei ist deutlich, dass sie sich gegenseitig befruchten könnten, insbesondere im Wechselspiel von technischem Know-How, empirischer

Analyse und philosophisch-theoretischem Hintergrund (Brey 2010, S. 45). Ein Rückhalt in philosophischen Theorien, wie sie der Critical Constructivism und die Postphänomenologie bieten, könnte der von Scharff befürchteten „radical concreteness" entgegenwirken (Scharff 2012, S. 173). Andererseits ist aber auch ein Zurückfallen hinter den *Empirical Turn* vermeidbar, wenn innerhalb dieser Theorien konkrete *Beispiele aus empirisch-technologischem Material* herangezogen werden. Dieser Gedanke findet sich bei Mithun Bantwal Rao. Bantwal Rao beschreibt den Beispielgebrauch auch der früheren, polemisch oft *transzendental* genannten Technikphilosophie ebenso als empiriebezogene Praxis des Philosophierens wie die konkreten Technologieanalysen nach dem Empirical Turn (Bantwal Rao 2021). Im Folgenden werde ich darauf aufbauend stets *Theorie* und *Beispiel konkreter Technologie* zusammen vorstellen, was so auch einen ersten didaktischen Konsens der Technikphilosophie nach dem *Empirical Turn* darstellen mag.

9.2 Technologien als Teil der Lebenswelt

Dass Technologien Teil der Lebenswelt sind, ist in der Digitalisierung solch ein Allgemeinplatz, dass man hier eigentlich gar keine Argumentation braucht. Nichtsdestotrotz haben sich sowohl die Postphänomenologie als auch der Critical Constructivism aus philosophiehistorischen Gründen hierzu positioniert.

In der Postphänomenologie war es vor allem die Absetzbewegung von „The Heideggers and their followers who claim that only a god can save us" (Ihde 1990, S. 224) und damit von einem technologische Fatalismus. Ebenso setzte sich die frühe Postphänomenologie bei Ihde aber auch von der ebenfalls bei Heidegger zu findenden Romantik des einfachen, bäuerlichen Lebens ab. So trenne Heidegger die handwerklichen Technologien, die man auf einer Schwarzwaldhütte gebrauchen könnte und der er eine Erdverbundenheit zuspricht von den entbergenden Technologien, die einen Bestand der Natur ausbeuten. Heideggers Beispiele für fatale Technologien sind das Wasserkraftwerk im Rheinstrom im Vergleich zur Windmühle und der Braunkohle-Tagebau im Vergleich zum Ackerbau: „Das Erdreich entbirgt sich jetzt als Kohlenrevier, der Boden als Erzlagerstätte. Anders erscheint das Feld, das der Bauer vormals bestellte, wobei bestellen noch hieß: hegen und pflegen" (Heidegger 2000, S. 15 f.). Neben der bäuerlichen Entgegensetzung gibt es bei Heidegger auch noch eine abendländisch-kulturell verwurzelte Romantisierung des Alten Griechenlands. In dieser romantischen Vorstellung von Technik, ist diese im Ursprung als *techné* eng mit der Kunst verwoben und vermittelt Himmel und Erde. Heidegger beschreibt das etwa mit der silbernen Opferschale und dem griechischen Tempel in *Der Ursprung des Kunstwerkes* (Heidegger 1977, S. 27, 2000, S. 10). Für Don Ihde sind beide, die bäuerliche und die altgriechische Technik, Romantiken. Historiker wie J. Donald Hughes hätten gezeigt, dass auch die antiken Zivilisationen ihre Technologien, insbesondere den Schiffsbau, auf der massiven Ausbeutung der Natur gründeten (vgl.: Hughes 1975, S. 1). So sei die Akropolis auch in der Antike, allein schon bildlich, nicht ohne die kahlen Hügel Attikas in ihrem Hintergrund denkbar gewesen (Ihde 2010, S. 75).

9.2 Technologien als Teil der Lebenswelt

Die bäuerliche Romantik und der altgriechische Mythos, in denen eine technologisch unberührte Lebenswelt vorgestellt werden, müssten, so Ihde, ihrerseits demythologisiert werden. Dann werde Heideggers bis heute bedeutende Grundeinsicht in „technology as a culturally embedded phenomenon" sichtbar in „all of the facets of our technologically textured mode of life" (Ihde 2010, S. 84). So hätten die von Heidegger problematisierten Technologien natürlich Defizite, die aber eine Frage der „politics of our artifacts" seien (Ihde 2010, S.85).

Im Critical Constructivism wird die Technologieintegration in die Lebenswelt vor allem in einer Absetzbewegung von Habermas vollzogen. Dass die Trennung von System und Lebenswelt aus Habermas *Theorie kommunikativen Handelns*, die erstmals 1981 erschien (Habermas 2011a, b), grundlegend falsch sei, ist neben der Ablehnung von Heideggers Bauernromantik und Griechenmythik der zweite Konsens in der neuen empiriebezogenen Technikphilosophie in Bezug auf die Lebenswelt. Misa schreibt: „Habermas's elegant opposition of ‚lifeworld' and ‚system', and the legion of philosophers, critics, and commentators who have followed his lead, takes you straight to dead ends or to despair. As humans we identify deeply with lifeworld, but as inhabitants of a modern world we are enmeshed in systems" (Misa 2003, S. 4). Für Feenberg sind es vor allem die technologischen Proteste, die es unmöglich machen, diese Trennung noch zu denken. Feenberg nennt die Technologieproteste in den Automobilwerken der 1968er Bewegung (Feenberg 2009, S. 55 f.), die Modifikation früher Kommunikationstechnologie durch den Nutzerprotest am Beispiel des Minitel-Systems in Frankreich (Feenberg 1995, S. 165) und den Patientenprotest bei der Bestimmung des vermeintlichen Nutzens von Medikamenten, einerseits bei der AIDS-Medikation und andererseits bei der Alzheimer-Medikation (Feenberg 1995, S. 100, 2017, S. 60; i. B. a. Moreira 2011, S. 320–324). In all diesen Fällen wirken Technologien direkt in die Lebenswelt hinein und teils in den Körper selbst; Menschen können aber ihrerseits demokratisch auf die größeren technologischen Systeme der Wirtschaft, Verwaltung und der medizinischen Forschung einwirken und diese wiederum im Protest verändern. Feenberg schreibt: „system and lifeworld can no longer be distinguished as seperate spheres, and social critique is no longer confined to establishing the boundaries between them" (Feenberg 2017, S. 44). Systeme hätten ihre innere Logik, die aber nie Technologien ganz bestimmen. Soziale Akteure konstruieren hingegen Technologien mit und folgen dabei nicht nur normativen, sondern auch technischen Prinzipien, so Feenberg. Das gelte für Verwaltung und Wirtschaft gleichermaßen (Feenberg 2017, S. 44 f.).

Die eben genannten Beispiele von Ihde und Feenberg sind jeweils innerhalb der theoretischen Abgrenzungen sinnvoll. Für den didaktischen Einsatz in Schule sind sie aber zu komplex. Beide Theoriefamilien, die Postphänomenologie und der Constructivism, haben aber jeweils zugängliche Beispiele dafür, wie sich lebensweltliche Technologien in anderen Kulturen herausgebildet haben. Feenberg beschreibt das am Beispiel des Spiels *Go* in Japan, das auch das gesellschaftliche System spiegele (Feenberg 1995, S. 193–220). Eines von Ihdes vielfältigen Beispielen in diesem Kulturpluralismus der Technologien ist besonders gut für die Schule geeignet. Es zeigt, dass Technologien *immer bereits*

Teil der Lebenswelt sind und das in jeder Kultur und zu jedem historischen Zeitpunkt. Jeder Romantik oder Mythologie einer technologiefreien Lebenswelt hingegen kann man so auch einen kolonialistischen Grundgedanken nachsagen. Dass Technologien der Fluch des Abendlandes sind, ist in der Perspektive Ihdes ein heuchlerisches Selbstmitleid mit dem unausgesprochen die eigene – eben technologische – Hegemonie des Westens immer mitgedacht wird. Ich habe Ihdes Hauptbeispiel für eine postkoloniale Idee von Technologie in einen sog. „Mit-Text" didaktisch aufbereitet, einem fiktiven Gespräch mit einer jungen Philosophin oder einem jungen Philosophen namens „Philo" (Blesenkemper 2020, S. 26, Typ 2b):

> **M12** – Was ist Technologie? Interview mit dem Technikphilosophen Don Ihde
>
> Philo: Wenn man an Technologie denkt, dann denken wir an Computer, Tablets und Smartphones. Das sind Dinge, die erst in den letzten Jahrzehnten entwickelt wurden.
> Ihde: Das ist aber ein falsches Bild von Technologie, Menschen haben immer schon und überall Technologien verwendet und das teilweise ganz anders als wir das so erwarten würden. Technologien sind etwas Praktisches. Sie sind also nicht nur die Gegenstände, sondern auch das, was wir damit machen. Nehmen wir mal die Navigation als Beispiel. Heute verlassen wir uns auf unser Handy und GoogleMaps, wenn wir den Weg wissen wollen. Wir müssen aber immer noch mitdenken und selber gehen. Es gibt für das Problem der Navigation viel ältere technologische Lösungen, mit denen Menschen sehr weit gekommen sind.
> Philo: Meinen Sie die großen Seefahrer im Zeitalter der Entdeckungen? Ich erinnere mich da etwa an Christoph Kolumbus, der 1492 Amerika entdeckte, und an Ferdinand Magellan, dessen Flotte von 1519 bis 1522 zum ersten Mal die Welt einmal ganz umrundete.
> Ihde: Diese europäischen Seefahrer hatten See- und Sternenkarten und den Kompass. Im Grunde baut unsere Handynavigation heute darauf auf. Aber es geht auch ganz anders. Wusstest Du, dass der ganze Pazifik schon im Mittelalter von polynesischen Seefahrerinnen und Seefahrern bereist wurde?
> Philo: Wie haben sie das denn geschafft? Die ersten Europäer segelten doch erst viel später in den Pazifik.
> Ihde: Diese polynesischen Navigatoren haben sich die Sterne und die See verbunden vorgestellt, man reiste mit dem Boot also nicht nur durch das Meer, sondern immer auch durch den Himmel. Schon früh übten die Kinder, mit dem Kanu zu fahren. Dabei sangen sie Lieder, die den Weg anzeigten: „Wenn du Tahiti erreichen willst, folge dem großen Ostvogel, bis dir die Geisterinsel Mapu begegnet, dann drehst du dich und folgst dem Fisch". Vogel und Fisch sind Sternenbilder. Die Polynesier konnten auch die Wolken lesen und wie sich das Wasser durch den Passatwind an bestimmten Stellen im Meer auftürmt.
> Philo: Aber sie hatten keine Karten?
> Ihde: Sie dachten einfach nicht so wie die Europäer. Sie hatten nicht die Idee von der sog. Vogelperspektive, aus der europäische Karten gezeichnet sind. Ihre Art der Navigation geht von dem Ort in der Welt aus, an dem ich und mein Kanu gerade sind, es ist also eher eine Ich-Perspektive. So war ihre Navigationstechnologie auch ganz anders. Sie war aber weder besser noch schlechter als die europäische. (auf der Grundlage von: Ihde 1993, S. 99–101)

Die polynesische Navigation spielt auch eine Rolle im Disneyfilm *Vaiana* von 2016. Sie ist daher den Schüler:innen oft schon bekannt. Im Jahr 2017 umrundeten polynesische Seefahrer auf einem Kanu namens Hokulea mit Hilfe der polynesischen Navigation einmal die Welt, ohne GPS oder andere Hilfsmittel „moderner" Technologie. Mittlerweile findet man auch reichlich edukatives Material hierzu online, weil diese Art der Navigation ein wichtiges Thema in der polynesischen postkolonialen Bildung auf Hawaii ist.

9.3 Kritik des Instrumentalismus und Substantialismus

Es gibt zwei Standardsichten auf Technologie, die heute auf breiter Basis in der empirisch arbeitenden Technikphilosophie abgelehnt werden. Auch wenn es noch keine empirischen Studien hierzu gibt, ist es sehr wahrscheinlich, dass diese beiden Sichtweisen auch zu den Schülervorstellungen über Technologie zählen, die diese mit in den Philosophieunterricht bringen: die *instrumentalistische* und die *substantialistische* Sicht auf Technologie.

Andrew Feenberg ging 1991 davon aus, dass die instrumentalistische Sicht „the most widely accepted view of technology" ist (Feenberg 1991, S. 5). Ich glaube, das ist auch heute noch so; in aller Regel nehmen wir Technologien *als ein Werkzeug* wahr, das wir einfach benutzen. Technologie erfüllt für uns erst einmal nur einen *Zweck* und Technologien verändern uns dabei scheinbar nicht. Don Ihde hat hier wieder ein schönes Beispiel für diese Sicht, in der Technologien als „artifacts-in-themselves" wahrgenommen werden und so vermeintlich „the way we act, perceive, and understand" unberührt lassen (Ihde 1990, S. 4). Es sind die Sticker aus der amerikanischen Waffendebatte „Guns don´t kill people, people kill people", die jene instrumentalistische Sicht vielleicht am deutlichsten illustrieren. Mit dem Instrumentalismus geht einher, so Feenberg, dass man Technologien nur nach ihrer Effektivität beurteilt. Das sei aber grundsätzlich falsch, weil jede Verwendung von Technologie eine Rückwirkung auf ihren Verwender habe; wer etwa eine Jagdwaffe regelmäßig verwende, werde ein(e) Jäger(in) und Teil einer sozialen Gruppe der Jagenden (Feenberg 2000, S. 309). Selbst Technologien, die wir *nicht* verwenden, haben ihre Wirkungen auf uns, so Don Ihde. Ein Beispiel hierfür sind Technologien zur Verhütung, die jede Form der sexuellen Praxis seit der sexuellen Revolution der 70er verändert haben. Wenn wir sie *nicht* verwenden, hat das seitdem die Bedeutung einer schwerwiegenden, nicht nur persönlichen Entscheidung (Ihde 1990, S. 2).

Die Kritik des Instrumentalismus ist ein Schritt, den schon Martin Heidegger vollzogen hat. Ich hatte in Teil I dieses Buches mit Byung-Chul Han schon Heideggers Beispiel der Handschrift erwähnt, die wesentlich das Schreiben als Technik beeinflusst. Heideggers bekanntestes Beispiel ist sicher der Hammer aus *Sein und Zeit,* der in der Hand des geübten Zimmermanns inklusive der Nägel gar nicht mehr als Werkzeug wahrgenommen wird und so in der technischen Praxis des Zimmerns verschwindet (Heidegger 1976, S. 93). Auch der Zimmermann selber wird hier in der Praxis absorbiert – eben als *Zimmermann* (Ihde 1990, S. 33). Im Schulkontext ist das Beispiel aus Sein und Zeit schwer im Original einzusetzen, weil es reichlich phänomenologische Terminologie enthält. Das ist bei der berühmten Passage in Bezug auf Van Goghs Gemälde *Schuhe* (1886) aus Heideggers *Ursprung des Kunstwerks* anders.

An diesen Schuhen wird allein auf der beschreibenden Ebene im Unterricht schon deutlich, dass hier wohl etwas passiert sein muss, sowohl mit den Schuhen als Technologie als auch mit demjenigen, der sie trägt. So verformt wie sie sind, sind sie vielleicht bequemer geworden, oder eben gerade nicht. Insbesondere der Schuh in der linken Bildmitte, der den rechten Schuh darstellen müsste, wirkt seltsam verbogen. Die Lernenden kennen die Schuhproblematik aus ihrer Lebenswelt. Es ist wohl eine der Technologien, die jeder Mensch jeden Tag verwendet und eine von der schnell deutlich wird, dass sie uns genauso verändert, wie wir sie. Viele Schüler:innen tragen High-Tech-Sneaker, deren wesentliches Verkaufsargument der technologische Fortschritt ist. An der Passage bei Heidegger hat sich ein berühmter Streit an der Grenze von ästhetischer Theorie und Kunstgeschichte entsponnen, der über den Kontext hier weit hinausreicht (Schapiro 1968; Derrida 1992). Für das Technologieverständnis im didaktischen Einsatz ist nur wichtig, dass die Schuhe eine Wirkung auf ihre(n) Träger(in) haben und umgekehrt, gleich ob sie jetzt am Fuß einer Bäuerin ihre Form annahmen, dem Großstadtbewohner van Gogh selbst gehörten, oder doch einfach nur zwei linke Schuhe sind, wie Jacques Derrida vermutete.

M13 – Vincent Van Gogh (1886): Schuhe (Abb. 9.1) und **M14** – Martin Heidegger: Die Schuhe einer Bäuerin

Der Philosoph Martin Heidegger denkt darüber nach, was Schuhe als Technologie für uns bedeuten können. Er bezieht sich dabei auf Van Goghs Gemälde „Schuhe".

Aus der dunklen Öffnung des ausgetretenen Inwendigen des Schuhzeuges starrt die Mühsal der Arbeitsschritte. In der derbgediegenen Schwere des Schuhzeuges ist aufgestaut die Zähigkeit des langsamen Ganges durch die weithin gestreckten und immer gleichen Furchen des Ackers, über dem ein rauer Wind steht. Auf dem Leder liegt das Feuchte und Satte des Bodens. Unter den Sohlen schiebt sich hin die Einsamkeit des Feldweges durch den sinkenden Abend. In dem Schuhzeug schwingt der verschwiegene Zuruf der Erde, ihr stilles Verschenken des reifenden Korns und ihr unerklärtes Sichversagen in der öden Brache des winterlichen Feldes. Durch dieses Zeug zieht das klaglose Bangen um die Sicherheit des Brotes, die wortlose Freude des Wiederüberstehens der Not, das Beben in der Ankunft der Geburt und das Zittern in der Umdrohung des Todes. Zur Erde gehört dieses Zeug und in der Welt der Bäuerin ist es behütet. (Heidegger 1977, S. 19)

Mit dem Beispiel der Schuhe bei Van Gogh und Heidegger wird die Wechselseitigkeit der Technologie-Mensch-Beziehung spürbar und damit nicht nur der Instrumentalismus, sondern eigentlich auch schon der *Substantialismus* ausgeräumt. Substantialistische Theorien gehen davon aus, dass Technologien eine *verborgene Agenda* hätten, sie sind dann nicht sozial-deterministisch, sondern technologisch-deterministisch (Ihde 1990, S. 5). Andrew Feenberg sieht in den Beispielen Heideggers für *moderne* Technologien eine Wiederbelebung des *Substantialismus*. Heidegger gebe bestimmten Technologien wie dem Rheinstaudamm oder dem Bergbau eine Bedeutung, die sich nicht aus der konkreten Praxis erschließe und der man nicht entgehen könne (Feenberg 2000, S. 305). Ob Heidegger selbst nun Substantialist war, ist eine philologische Debatte, die wir

Abb. 9.1 Vincent Van Gogh: Schuhe. 1886 Öl auf Leinwand. Van Gogh Museum Amsterdam. Gemeinfrei. (Quelle der Bilddatei: https://de.m.wikipedia.org/wiki/Datei:Vincent_Willem_van_Gogh_118.jpg#/media/File%3ASchoenen_-_s0011V1962_-_Van_Gogh_Museum.jpg. Stand: 31.05.2022)

hier aus didaktischer Sicht nicht klären müssen. Das Beispiel der Schuhe kann tatsächlich auch gut zur Kritik am Substantialismus herangezogen werden. Wenn wir auch noch einmal Ihdes Beispiel der Waffendebatte bemühen wollen, dann liegt die typische Sicht in der deutschen Öffentlichkeit zu dieser amerikanischen Debatte oft dem Substantialismus auf. „Guns kill people" ist aus technikphilosophischer Sicht genauso falsch wie „Guns don´t kill people, people kill people". Selbst wenn es eine Waffenindustrie, eine konservative Regierung und eine Kulturgeschichte der Verteidigung des eigenen Hofes gibt, so ist der Waffengebrauch doch eine Praxis. Die Waffe zwingt nicht zu ihrem Gebrauch, sie hat keine verborgene Agenda. Dennoch gibt es gute Gründe gegen den Privatbesitz an Schutzwaffen zu sein, eben *weil* es eine Praxis ist, die als solche reguliert werden kann. Auch Technologiestudien können hierzu eine Position haben (Jasanoff 1996, 1999). So kann man an Heideggers Beispiel der Schuhe im Unterricht durchaus diskutieren, ob die Sneaker nicht aus den Kontextgründen ihrer Herstellung auf uns und die Menschen, die sie herstellen, Wirkungen haben, die stärker reguliert werden müssten.

9.4 Die soziale Konstruktion von Technologien

In der Digitalisierung ist die soziale Konstruktion von Technologie eine Erfahrung, die alle Lernenden bereits gemacht haben. Die Konstruktion reicht vom Customizing jeder App auf dem Smartphone bis zu Erfahrungen in digitalem Design, in denen sich auch die Technologien immer mit verändern. Eine Technikphilosophie im Unterricht kann hier ansetzen. Die Schule der *sozialen Konstruktion von Technologie* (SCOT) wurde in den 80er Jahren aus dem wissenschaftssoziologischen Programm der Bath-School um Harry Collins heraus entwickelt. Die Bath-School führte das wissenschaftliche Wissen der Naturwissenschaften auf die soziologisch erklärbaren Bedingungen der Entstehungszeit dieses Wissens zurück. In den 80er Jahre waren es vor allem Wiebe Bijker und Trevor Pinch, die mit ihren Arbeiten u. a. zur frühen Entwicklung des Fahrrads und Automobils diese Idee auf die Entwicklung von Technologien übertrugen (Pinch und Bijker 1987; Kline und Pinch 1996). SCOT hatte starke Wirkungen auf die empirisch arbeitende Technikphilosophie. Das gesamte Feld der *Science and Technology Studies* (STS) ist als Gegenbewegung zu einer theoretischen Sicht auf Wissenschaft und Technik zu begreifen, insofern hier mit einem minimalen Theorierahmen die Kontingenz wissenschaftlicher und technologischer Entwicklung in empirischen Einzelfällen gezeigt wurde. Diese Einzelfälle entzogen sich den gängigen Modellen innerhalb von Modernetheorien in Ost und West durch ihre theoretische Unterbestimmtheit. STS ist vor allem eine umfassende Kritik an dem Distributionsmodell von Wissenschaft, wie es etwa das Motto der Weltausstellung in Chicago im Jahr 1933 war: „Science Finds, Industry Applies, Man Conforms" (zitiert nach: Kline 2017, S. 836).

Die geisteswissenschaftlichen Zugänge zur Entwicklung von Naturwissenschaft und Technik in STS speisten sich aus den technologiekritischen Bewegungen der 70er Jahre (Bijker 1995, S. 4 f.). Der Verweis auf die generelle Kontingenz von Technologie in ihrer sozialen Konstruktion sollte auf einem „Umweg" die vermeintliche Alternativlosigkeit von Atomenergie und Rüstung in Frage stellen, indem die Herrschaft über Technologie aus den Händen des damals viel diskutierten „military-industrial complex" zurück in die Hände der Bürger gelegt wurde (Jasanoff 2017, S. 266). Die Theoretisierung technologischer Entwicklung, die in substanziellen Modernetheorien mündete, erschien so selbst als Teil des Apparats und die kontingente Beschreibung des Einzelfalls als Ausgang aus dem eisernen Käfig des technologischen Systemdenkens. Es lassen sich dennoch in den sporadischen methodischen Annäherungen und Überblicksartikeln sechs theoretische Vorannahmen ausmachen, die STS-Forschungen aufbauend auf SCOT zu technologischer Entwicklung teilen (Pinch und Bijker 1987, die ursprüngliche Konzeption von 1987 in deutscher Übersetzung: 2020, S. 143–168; zur Rolle dieser Konzepte im Forschungsprozess: Bijker et al. 2002, S. 337 f.; Bijker 2010, S. 69; Lachmund 2014, S. 146–148; Potthast 2020, S. 106–116).

1. *Technoscience:* Technologie und Wissenschaft sind nicht voneinander zu trennen.
2. *Co-Construction of Technology:* Akteure im Feld konstruieren die notwendig unterbestimmte Technologie durch bestimmte Nutzung, eigenhändige Modifikation und Zweckentfremdung mit.
3. *Situatedness of Relevant Social Groups:* Die Konstruktion von Technologie ergibt sich aus der jeweiligen komplexen sozialen Situation in einem weiteren gesellschaftlichen Kontext, in dem sich aber spezifische relevante soziale Gruppen ausmachen lassen, die der konkreten Technologie je andere Bedeutungen verleihen.
4. *Opening and Closure:* Technologien sind besonders in der Frühphase offen für Gestaltung durch soziale Akteure, erreichen aber sukzessive einen festen Zustand, in dem sie nur schwerlich noch verändert werden können.
5. *Path Dependence:* Aus den Problemen im Umgang mit Technologie ergeben sich Lösungen und aus den Lösungen neue Probleme, die Wegmarken auf einem konfliktbeladenen Pfad technologischer Entwicklung darstellen. Es gibt keinen Rückweg auf diesem Pfad.
6. *Methodological Symmetry:* Es gibt keine vorher definierbaren Kriterien erfolgreicher technologischer Entwicklung. Die grundsätzliche symmetrische Behandlung von Technologie rückt die unterrepräsentierte Studie gescheiterter Technologie in den Fokus und stellt die Heldenepen der Durchsetzung erfolgreicher Technologie in Frage.

Auch wenn die reine Kontingenz technologischer Entwicklung in SCOT das zentrale Programm ist, kann man doch eine Anbindung an einen nicht mehr vollständig kontingenten gesellschaftlichen Kontext über „sociotechnical ensembles", letztlich auf eine gesellschaftlich dimensionierte „technological culture" beobachten (Bijker 2010, S. 72). Schon in ihrer ersten Studie zur Konstruktion des Fahrrads haben Pinch und Bijker gesellschaftliche Kontextbedingungen erst vollständig vernachlässigt und dann doch noch in der finalen Veröffentlichung berücksichtigt, indem sie neben den kontingenten Interessen und Vorstellungen sozialer Gruppen bei der Konstruktion von Artefakten auch „power or economic strength" dieser Gruppen zu einer Analysekategorie machten (noch nicht in: Pinch und Bijker 1984, S. 415, dann aber in: 1987, S. 34). Feenbergs Critical Constructivism integriert heute die Kontextbedingungen der Gesellschaft (critical) mit der Kontingenz der ganz spezifischen Konstruktionssituation (constructivism): „This does not imply a return to preconstructivist realism and humanism, but it does open a bridge to the recovery of key insights of the tradition of social thought, insights, that help in understanding the tensions between subordinate social groups and a rationalized society" (Feenberg 2017, S. 51). Es sind bei ihm die sozialen Akteure in technologischen Protestbewegungen, die ihre Situation durchschauen, die Bedingungen der Technologie hinterfragen und in einem demokratischen Prozess deren Veränderung einfordern können: „Today, movements of this sort define the horizon of protest. They aim not at revolution, however, but at smaller though significant changes in modern life that I call ‚democratic rationalization'" (Feenberg 2015, S. 503). Die soziale Konstruktion von Technologie öffnete auch die Tür zum Pragmatismus. Larry Hickman schreibt, sowohl bei Feenberg als auch bei Dewey, einem Klassiker des Pragmatismus, gelte: „facts are always facts of a case, selected by individual human agents or groups of them, embodied at a particular time and place and carrying forward a particular history against a particular cultural backdrop […] there is no contextless technoscience" (Hickman 2019, S. 86).

Auch für die Postphänomenologie besitzt die Idee sozialer Konstruktion generell eine große Bedeutung, weil damit in neuerer Wendung das Zusammenspiel von Wissenschaft und Technologie in Kontingenz gesehen wird „as fully acculturated, historical, contingent, fallible, and social, and whatever it results its knowledge is *produced* out of practices" (Ihde 2009, S. 8, Herv. im Original). Das ursprüngliche Programm Ihdes konzentrierte sich zunächst eher auf konsistente Technologie. Idhe nennt zwar den Reaktorunfall im Kernkraftwerk *Three Mile Island,* um zu verdeutlichen, dass Technologie – hier die Instrumententafel des Reaktors – nicht nur anders, sondern auch falsch gelesen werden kann (Ihde 1990, S. 86 f.). Das setzt aber eine *stimmige* Lesart noch voraus, von der sich die Postphänomenologie erst in der jüngeren Generation mit der Neuinterpretation der *Multistabilität* entfernt (s. Kap. 10). Es ist vor allem die jüngere Postphänomenologie, die jene „empirical detour" der Beschreibung von sozialer Konstruktion in Kontingenz aufnimmt, um dann aber mit dem postphänomenologischen Repertoire hieraus wieder Sinn zu machen (Rosenberger und Verbeek 2015, S. 10 f.). Technologien können sich dann auch problematisch stabilisieren. Eine absolute Grundannahme in der Postphänomenologie ist die Idee von „Technoscience" in der Umkehrbewegung, die man auch in SCOT findet. Das Distributionsmodell *Wissenschaft > Technik > Nutzung* ist in der Postphänomenologie von Anfang an eher umgedreht verstanden, weil man in phänomenologischer Tradition auch die Wissenschaft in der Lebenswelt begründet sieht. Ihdes Hauptbeispiel hierfür stammt aus Husserls Appendix zur Krisisschrift *Der Ursprung der Geometrie* (Ihde 1990, S. 34–38). Dort beschreibt Husserl, wie bei Galilei und anderen frühen Geometern die mathematische Wissenschaft aus der Praxis der Messungen entstand (Husserl 1962, S. 339–356).

Im folgenden Unterrichtsbeispiel ist das klassische Beispiel von Pinch und Bijker aufbereitet. Die Darstellung der Fahrradtypen aus dem historischen Brockhaus-Artikel lässt bereits Deutungen entstehen. Die sozialen Gruppen lassen sich dann mit den Fahrradtypen verbinden. Sie werden hier aus didaktischen Gründen homogener skizziert als es bei Pinch & Bijker beschrieben ist. Auch die Kritik, die Pinch & Bijker von Seiten der Fahrrad-Historiker für ihre Darstellung erhielten (Clayton 2002, S. 355), ist hier zu vernachlässigen, weil das Beispiel trotz historischer Schwächen immer noch das zentrale Beispiel sozialer Konstruktion darstellt und das Fahrrad in der Lebenswelt der Schüler:innen eine bedeutende Mobilitätstechnologie ist. Das Unterrichtsmaterial für den Philosophieunterricht in der Mittelstufe ist hier ein sogenanntes „Mystery", Lernende lösen das Rätsel der sozialen Konstruktion des Fahrrads spielerisch (Leat und Nichols 1999). Ziel einer Stunde könnte es sein, aus den dargestellten Fahrraddesigns und den Erklärungen zu den sozialen Gruppen eine Frühgeschichte der Nutzung und Konstruktion des Fahrrads zu rekonstruieren.

M15 – Trevor Pinch und Wiebe Bijker (1987): Die sozialen Gruppen in der Entstehungszeit des Fahrrads und **M16** – Brockhaus-Lexikon (1882): Frühe Fahrräder und wer sie fuhr (Abb. 9.2)

1. Risikofreudige junge Männer: Sie waren sportbegeisterte junge Geistliche, Lehrer und Büroangestellte. Sie verdienten gut.
2. Moderne Ladies: Sie wollten Fortschritt ausdrücken, trugen aber immer noch Rock und hohe Schuhe. Ihr Einfluss war zunächst gering, wuchs aber mit der Zeit.
3. Religiös-Konservative: Sie wollten Ruhe und Ordnung bewahren. Es störte sie, dass immer Leute am Sonntag zu spät in die Kirche kamen. Frauen sollen sich, wenn es nach ihnen geht, nicht freizügig anziehen und immer gesittet verhalten. Sie hatten bleibenden Einfluss. (nach: Pinch und Bijker 1987; Bijker 1995)

9.5 Normativität

Mit der Digitalisierung ist ein pädagogischer Diskurs zum Paternalismus entstanden, in dem auch neue Formen der „benevolente(n) Gestaltung von Entscheidungskontexten", in Form von sog. *Nudges,* also Stupsern in die richtige Richtung, diskutiert werden (in Bezug auf: Sunstein und Thaler 2008; Drerup 2020, S. 250). Sunstein und Reisch nennen in einer jüngeren Typologie solcher Nudges Default-Regeln (1), Vereinfachung (2), das Offenlegen sozialer Normen (3), das Nutzen von Bequemlichkeit (4), Information (5), Warnhinweise (6), Strategien der Selbstbindung (7), Erinnerungen (8), das Appellieren an Bekenntnisse (9) und die Information über Konsequenzen früheren Verhaltens (9). Das alles seien mittlerweile reichlich erprobte Mittel der verhaltensökonomischen Steuerung (Reisch und Sunstein 2017, S. 354 f.). Wir kennen diese Formen der Normativität in digitaler Technologie mittlerweile alle gut. Mein Smartphone zählt ungefragt meine Schritte, um mich fit zu halten; die Voreinstellung meines Druckers ist beidseitiges Drucken, um die Umwelt zu schützen; Instagram gibt mir die Chance, mich auf Seiten des Bundesgesundheitsministeriums über das Coronavirus zu informieren. Die in der Digitalisierung durch die Psychologie konstatierten Rationalitätsdefizite des Menschen (Kahneman 2012) werden mittlerweile freimütig durch solch eine Verhaltensökonomie gefangen. Für Kinder und Jugendliche ist die Wirkung der Normativität von Technologie noch deutlich größer als für Erwachsene. Formen des harten und direkten Paternalismus, meist durch Zugangssperren, sind fester Bestandteil ihrer digitalen Lebenswelt. Das liegt unter anderem daran, dass hier „statusbasierte und/oder kompetenzbasierte Rechtfertigungen der Ungleichbehandlung von Kindern und Erwachsenen" möglich sind (Drerup 2020, S. 252). In besonderem Maße kommt es daher bei Kindern und Jugendlichen auch zu Momenten, in denen sie durch Technologien *ungerecht-*

Abb. 9.2 Brockhaus-Lexikon 1882: Frühe Fahrräder und wer sie fuhr. Gemeinfrei. Scan eines Buches des Museums Wahlstedt. Abgedruckt mit Genehmigung. (Quelle: http://www.museum-wahlstedt.de/wb/media/brockhaus/Brockhaus%201882%20II%20%20(11)%20Velocipede.JPG. Stand: 31.05.2022)

fertigt bevormundet werden. Insofern ist Normativität von Technologie ein zentrales, philosophisch verstehbares Problem für Kinder und Jugendliche in der Digitalisierung.

Hans Radder legt als Definition einer Norm im Zusammenhang mit Technologie folgende Definition an: „a socially embedded directive concerning what people should (or should not) say or do" (Radder 2009, S. 893). Wenn man diesen Regeln nicht folge, könne es zu sozialen Sanktionen kommen. Normativität sei dann die Anwendung von Normen, was eben auch über Technologien funktioniere. Radder argumentiert, dass *alle* Technologien *inhärent* normativ sind, dass es also keine normfreien Technologien gibt, weil jede Technologie zumindest die Bedingungen ihrer eigenen Praxis normativ voraussetze (Radder 2009, S. 897). Radders Definition setzt voraus, dass Technologien zu einem gewissen Grad geschlossen sind und den Zustand erreicht haben, der in SCOT mit „Closure" bezeichnet wird, im Critical Constructivism wird das mit der Etablierung eines „Systems" gefasst und in der Postphänomenologie mit dem Begriff der „Stability". Das ist der feste Zustand, in dem sich etwa das heute gängige, damals als „Safety" bezeichnete Fahrrad jetzt befindet. Es ist ein Transportmittel und kein Sportgerät und in diesem Sinne auch *inhärent* normativ, weil es eben nicht mehr zum Sport, sondern nur noch zum Transport auffordert (Radder 2009, S. 908).

Der Critical Constructivism und die neuere Postphänomenologie gehen davon aus, dass sich auch etablierte und verfestigte Praktiken ändern können, insofern man sie durchschaut und politisch gegen die Form der Normativität agiert. So sind dann alle normativen Settings von Technologien zumindest hypothetisch *kontingent;* allein die politische Kraft der Veränderung muss groß genug sein. Die Normativität von Technologien wird klassisch mit einem Beispiel von Langdon Winner diskutiert, in dem im Grunde auch die lokale Community die politische Kraft hätte, die nötige Veränderung zu betreiben (Winner 1980, S. 123). In diesem Beispiel ist die Normativität der Technologie aber nicht sofort durchschaubar. Gerade das macht die Technologie der sog. *Brücken Moses´* hier didaktisch interessant.

M17 – Northern State Parkway (ca. 1950): Brücke des Architekten Robert Moses (Abb. 9.3) und **M 18** – Robert Caro 1974: Die Brücken Moses´

Robert Caros 1974 erschienenes Buch „The Power Broker" ist eine Biografie des Stadtplaners Robert Moses (1888–1981), der als der „große Baumeister" von New York zu Beginn des 20. Jahrhunderts galt. Er entwarf unter anderem ab 1924 den Jones Beach State Park auf Long Island. Um dort hinzugelangen, konnte man über den Northern State Parkway fahren, der im Bild zu sehen ist. Frances Perkins war ab 1926 Präsidentin der Industriekommission von New York und ab 1933 Arbeitsministerin der USA. Sidney M. Shapiro war damals Moses´ Chefingenieur.

Hinter den überraschend strengen Sauberkeitsregeln, die Moses in seinen Parks durchsetzte, lag, wie Frances Perkins mit „Schock" realisierte, ein tiefer Ekel vor den Menschen, die sie benutzten. „Er liebt die normalen Leute nicht gerade", sagte sie, „das hat mich schockiert, weil er so viel für das öffentliche Wohlergehen getan hat... Er urteilte schrecklich über gewöhnliche Leute. Für ihn waren sie lausig und dreckig, schmissen überall auf dem Jones Beach ihre Flaschen hin. ‚Die krieg´ ich. Denen zeig ich´s!'... Er liebt die Stadt, aber nicht die Leute. Die Leute sind für ihn nur die Leute. Sie sind für ihn nur eine große unförmige Masse, die man baden muss, die Luft braucht

Abb. 9.3 Unbekannter Fotograf: Northern State Parkway auf Long Island (ca. 1950). Gemeinfrei. (Quelle der Bilddatei: Long Island Portal. Ich danke Howard Kroplick für hilfreiche Hinweise zu diesem und anderen Bildern aus der Zeit Robert Moses´)

und Erholung, aber das nicht aus irgendeinem persönlichen Grund – sie sollen der Stadt nicht zur Last fallen." Jetzt begann er Maßnahmen zu ergreifen, um die Nutzung des Parks einzuschränken. Als erstes hat er die Nutzung des Erholungsgebiets durch Familien der unteren Schichten begrenzt, indem er den Zugang zu diesen Gebieten mit schnellen Transportmitteln beschränkte; er verhinderte deshalb eine geplante Abzweigung der Long Island Eisenbahn nach Jones Beach. Jetzt begann er auch den Zugang mit Bussen einzuschränken; er wies Shapiro an, die Brücken über seine neuen Zubringerstraßen niedrig zu bauen – so niedrig, dass Busse nicht mehr durchkamen. Ausflüge mit dem Bus mussten deshalb über die lokalen Straßen kommen, das machte sie entmutigend lang und mühsam. Für Afroamerikaner, die er für besonders „dreckig" hielt, gab es zusätzliche Maßnahmen. Busse brauchten eine Genehmigung, um in das Erholungsgebiet zu fahren; und die Busse, die von dieser Gruppe gemietet wurden, hatten es sehr schwer solch eine zu bekommen, insbesondere für Moses´ geliebten Jones Beach; die meisten wurden umgeleitet zu anderen Parks, die viel weiter draußen auf Long Island waren." (Caro 1974, S. 318, eigene Übersetzung)

Die von Robert Moses gestalteten Brücken auf dem Weg zum Jones Beach wurden von Langdon Winner als relativ simple Form einer Normativität von Technologie ausgelegt, die uns heute stark auffalle, weil unsere Gesellschaft sich seitdem sozial deutlich verändert habe (Winner 1980, S. 125). Sie war damals vor dem Hintergrund gängiger Politik durchsetzbar, hat jetzt aber natürlich keinen Rückhalt mehr. In der Technologie der Brücken ist die Politik dieses Artefakts jedoch wortwörtlich *in Beton gegossen*. Ob die Brücken von Robert Moses so intendiert waren, war Gegenstand einer regen Debatte, die allerdings an dem Punkt vorbeiging, dass heute ohne Rückschau auf die Person des Architekten *die Technologie* eine deutlich sichtbare Normativität besitzt (Joerges 1999a, b; Woolgar und Cooper 1999).

Während bei Winner die Normativität objektiv bestimmt werden kann, ist mit der feministischen Technologieforschung seit den 90ern die Identifikation von *Normativität aus einer subjektiven Position* eine bedeutende Aufgabe von Technologiestudien. So könnte Normativität in Entwicklungsprozessen nur aus der Warte einer bestimmten marginalisierten Gruppe erkannt werden; auch nur sie betrifft die spätere Normativität von Technologie. Ein Beispiel liefert Nelly Oudshoorns Studie zur Antibabypille für den Mann: „The need to develop male contraceptives was never articulated by the potential users of any new technology: men. Rather, the advocates of male methods were political leaders and feminists, who spoke for, but did not necessarily represent, the demands of men" (Oudshoorn 2003, S. 23). Das Scheitern der Pille für den Mann wird so über die Normativität des Artefakts durch die aktive Nichtbeteiligung einer relevanten sozialen Gruppen, eben der Männer, in der Entwicklung erklärt. Technoscience erscheint in vielen sozialen Bewegungen, die ihrer Marginalisierung in bestimmten technologischen Kontexten entgegenwirken, heute „als entscheidender Kampfplatz und als Ort der Möglichkeiten und der Intervention für eine andere Welt" (Weber 2020, S. 349). Heute wird auch die *Intersektionalität,* d. h. die Gemengelage mehrerer Diskriminierungsformen, in diesen Studien berücksichtigt. Zunehmend komplexer werdende normative Strukturen in Technologien werden so analysierbar (Subramaniam et al. 2017, S. 423).

Die Normativität von Technologie wird im Critical Constructivism stets mitgedacht, aber insofern anders ausbuchstabiert, als es hier die gesellschaftlichen Systeme sind, d. h. Wirtschaft, Administration und Wissenschaft, die ihre Rationalität und damit auch ihre Normativität (s. Kap. 10) den Artefakten einschreiben. Während in der frühen Postphänomenologie lediglich ein generell männlich präformierter Bias der Technoscience analysiert wird (Ihde 1990, S. 216), wird in der neuen, empirisch arbeitenden Postphänomenologie die politische Dimension von Artefakten in einer „political hermeneutics of technology" analysiert. Sowohl die Relationen, die Menschen mit Technologie eingehen sind dann politisch, als auch die Bedeutungen, die sie ihnen zusprechen (Verbeek 2020, S. 141).

Ich habe Technologien als Teil der Lebenswelt, als weder instrumentell noch substantialistisch, als soziale Konstruktion und als inhärent normativ beschrieben. Dass Technologien heute in diesen Dimensionen untersucht werden können, ist recht unbestritten. Das kann für den Unterricht in der Technikphilosophie, wie ich gezeigt habe, als Basis genutzt werden. Im nächsten Teil kommen zentrale Theoreme des Critical Constructivism und der Postphänomenologie vor, an denen ein theoretischer Konsens empirisch arbeitender Technikphilosophie aufhört. Hier gehen die Positionen auseinander und können im Unterricht ein Spektrum an Deutungsmöglichkeiten zeigen.

Literatur

Achterhuis, Hans. 2001. *American Philosophy of Technology: The Empirical Turn.* Bloomington; Indianapolis: Indiana University Press.
Bantwal Rao, Mithun. 2021. The Use of Examples in Philosophy of Technology. *Foundations of Science.*https://doi.org/10.1007/s10699-021-09819-9. *Onlinepublikation 27. Sept.*

Bijker, Wiebe E. 1995. *Of Bicycles, Bakelites and Bulbs*. Cambridge, MA: MIT Press.
Bijker, Wiebe E. 2010. How is Technology Made?—That is the Question! *Cambridge Journal of Economics* 34(1):63–76.
Bijker, Wiebe E., Trevor J. Pinch, und Nick Clayton. 2002. SCOT Answers, Other Questions: A Reply to Nick Clayton. *Technology and Culture* 43(2):361–370.
Blesenkemper, Klaus. 2020. Lesen erleichtern. Nach-, Mit- und In-Texte im philosophischen Unterricht. *Zeitschrift für Didaktik der Philsophie und Ethik* 41(3):22–31.
Brey, Philip. 2010. Philosophy of Technology after the Empirical Turn. *Techné: Research in Philosophy and Technology* 14(1):36–48.
Caro, Robert. 1974. *The Power Broker: Robert Moses and the Fall of New York*. New York: Knopf.
Clayton, Nick. 2002. SCOT: Does It Answer? *Technology and Culture* 43(2):351–360.
Derrida, Jacques. 1992. *Die Wahrheit in der Malerei*. Wien: Passagen.
Drerup, Johannes. 2020. Paternalismus. In *Handbuch Bildungs- und Erziehungsphilosophie*, Hrsg. Gabriele Weiß und Jörg. Zirfas, 245–256. Wiesbaden: Springer Fachmedien.
Feenberg, Andrew. 1991. *Critical Theory of Technology*. New York [u. a.]: Oxford University Press.
Feenberg, Andrew. 1995. *Alternative Modernity. The Technical Turn in Philosophy and Social Theory*. Berkeley, Calif.: Univ. of California Press.
Feenberg, Andrew. 2000. From Essentialism to Constructivism: Philosophy of Technology at the Crossroads. In *Technology and the Good Life?*, Hrsg. Eric Higgs, Andrew Light und David Strong, 294–315. Chicago; London: University of Chicago Press.
Feenberg, Andrew. 2009. The May 1968 Archive: Anti-Technocratic Struggle in the May Events. *PhaenEx* 4(2):45–59.
Feenberg, Andrew. 2015. Lukács's Theory of Reification and Contemporary Social Movements. *Rethinking Marxism* 27(4):490–507.
Feenberg, Andrew. 2017. *Technosystem: The Social Life of Reason*. Cambridge, Mass. [u. a.]: Harvard University Press.
Franssen, Maarten, und Stefan Koller. 2016. Philosophy of Technology as a Serious Branch of Philosophy: The Empirical Turn as a Starting Point. In *Philosophy of Technology after the Empirical Turn*, Hrsg. Maarten Franssen, Pieter E. Vermaas, Peter Kroes und Anthonie W. M. Meijers, 31–61. Cham: Springer.
Franssen, Maarten, Pieter E. Vermaas, Peter Kroes, und Anthonie W. M. Meijers. 2016. Editorial Introduction: Putting the Empirical Turn into Perspective. In *Philosophy of Technology after the Empirical Turn*, Hrsg. Maarten Franssen, Pieter E. Vermaas, Peter Kroes und Anthonie W. M. Meijers, 1–10. Cham: Springer.
Habermas, Jürgen. 2011a. *Theorie des kommunikativen Handelns. Band 1. Handlungsrationalität und gesellschaftliche Rationalisierung*. Frankfurt a. M.: Suhrkamp.
Habermas, Jürgen. 2011b. *Theorie des kommunikativen Handelns. Band 2. Zur Kritik der funktionalistischen Vernunft*. Frankfurt a. M.: Suhrkamp.
Heidegger, Martin. 1976. *Sein und Zeit (1927). Gesamtausgabe Band 2*. Hrsg. Friedrich-Wilhelm von Herrmann, Frankfurt a.M.: Klostermann.
Heidegger, Martin. 1977. Der Ursprung des Kunstwerkes (1935/36). In *Holzwege. Gesamtausgabe Band 5*, Hrsg. Friedrich-Wilhelm von Herrmann, 1–74. Frankfurt a. M.: Klostermann.
Heidegger, Martin. 2000. Die Frage nach der Technik (1953). In *Vorträge und Aufsätze. Gesamtausgabe Band 7*, Hrsg. Friedrich-Wilhelm von Herrmann, 5–36. Frankfurt a. M.: Klostermann.
Hickman, Larry A. 2019. *Pragmatism as Post-Postmodernism*. New York: Fordham University Press.
Hughes, J. Donald. 1975. *Ecology in Ancient Civilizations*. Albuquerque: University of New Mexico Press.

Husserl, Edmund. 1962. *Die Krisis der europäischen Wissenschaften und die transzendentale Phänomenologie. Eine Einleitung in die Phänomenologische Philosophie. Husserliana Band VI.* Hrsg. Walter Biemel. Haag: Martinus Nijhoff.
Ihde, Don. 1990. *Technology and the Lifeworld. From Garden to Earth.* Bloomington, Ind.: Indiana University Press.
Ihde, Don. 1993. *Postphenomenology: Essays in the Postmodern Context.* Evanston, Ill: Northwestern University Press.
Ihde, Don. 2009. *Postphenomenology and Technoscience. The Peking University Lectures.* Albany: State University of New York Press.
Ihde, Don. 2010. *Heidegger's Technologies: Postphenomenological Perspectives.* New York: Fordham University Press.
Jasanoff, Sheila. 1996. Beyond Epistemology: Relativism and Engagement in the Politics of Science. *Social Studies of Science* 26(2):393–418.
Jasanoff, Sheila. 1999. STS and Public Policy: Getting Beyond Deconstruction. *Science, Technology and Society* 4(1):59–72.
Jasanoff, Sheila. 2017. Science and Democracy. In *The Handbook of Science and Technology Studies*, Hrsg. Ulrike Felt, Rayvon Fouché, Clark A. Miller, und Laurel Smith-Doerr, 259–287. Cambridge, Mass.: MIT Press.
Joerges, Bernward. 1999a. Do Politics Have Artefacts? *Social Studies of Science* 29(3):411–431.
Joerges, Bernward. 1999b. Scams Cannot Be Busted: Reply to Woolgar & Cooper. *Social Studies of Science* 29(3):450–457.
Kahneman, Daniel. 2012. *Schnelles Denken, langsames Denken.* München: Siedler.
Kline, Ronald, und Trevor Pinch. 1996. Users as Agents of Technological Change: The Social Construction of the Automobile in the Rural United States. *Technology and Culture* 37(4):763–795.
Kline, Ronald R. 2017. Humans and Machines. *Technology and Culture* 58(3):835–836.
Kroes, Peter, und Anthonie W M. Meijers. 2000. *The Empirical Turn in the Philosophy of Technology.* London: JAI-Elsevier.
Lachmund, Jens. 2014. Wiebe Bijker und Trevor Pinch: Der sozialkonstruktivistische Ansatz in der Technikforschung. In *Schlüsselwerke der Science & Technology Studies*, Hrsg. Diana Lengersdorf und Matthias Wieser, 145–154. Wiesbaden: Springer Fachmedien.
Leat, David., und Adam Nichols. 1999. *Mysteries Make You Think.* Sheffield: Geographical Association.
Misa, Thomas J. 2003. The Compelling Tangle of Modernity and Technology. In *Modernity and Technology*, Hrsg. Thomas J. Misa, Philip Brey und Andrew Feenberg, 1–30. Cambridge, Mass.: MIT Press.
Mitcham, Carl. 1994. *Thinking Through Technology.* Chicago; London: University of Chicago Press.
Moreira, Tiago. 2011. Health Care Standards and the Politics of Singularities: Shifting In and Out of Context. *Science, Technology, & Human Values* 37(4):307–331.
Oudshoorn, Nelly. 2003. *The Male Pill: A Biography of a Technology in the Making.* Durham, NC: Duke University Press.
Pinch, Trevor J., und Wiebe E. Bijker. 1984. Discussion-Paper: The Social Construction of Facts and Artefacts: Or How the Sociology of Science and the Sociology of Technology might Benefit Each Other. *Social Studies of Science* 14(3):399–441.
Pinch, Trevor J., und Wiebe E. Bijker. 1987. The Social Construction of Facts and Artifacts: Or How the Sociology of Science and the Sociology of Technology Might Benefit Each Other. In *The Social Construction of Technological Systems. New Directions in the Sociology and History of Technology*, Hrsg. Wiebe E. Bijker, Thomas P. Hughes und Trevor J. Pinch, 17–50. Cambridge, Mass.: MIT.
Pinch, Trevor J., und Wiebe E. Bijker. 2020. Die soziale Konstruktion von Fakten und Artefakten, oder: Wie Wissenschafts- und Techniksoziologie voneinander profitieren können. In *Science*

and Technology Studies. Klassische Positionen und aktuelle Perspektiven, Hrsg. Susanne Bauer, Torsten Heinemann und Thomas Lemke, 123–169. Frankfurt a. M.: Suhrkamp.

Potthast, Jörg. 2020. Einführung. Sozialkonstruktivistische Technikforschung. In *Science and Technology Studies. Klassische Positionen und aktuelle Perspektiven*, Hrsg. Susanne Bauer, Torsten Heinemann und Thomas Lemke, 99–122. Berlin: Suhrkamp.

Radder, Hans. 2009. Why Technologies are Inherently Normative. In *Philosophy of Technology and Engineering Sciences. A Volume in Handbook of the Philosophy of Science*, Hrsg. Anthonie Meijers, 887–921. Amsterdam: North Holland.

Reisch, Lucia A., und Cass R. Sunstein. 2017. Verhaltensbasierte Regulierung (Nudging). In *Verbraucherwissenschaften: Rahmenbedingungen, Forschungsfelder und Institutionen*, Hrsg. Peter Kenning, Andreas Oehler, Lucia A. Reisch und Christian Grugel, 341–365. Wiesbaden: Springer.

Rosenberger, Robert, und Peter-Paul Verbeek. 2015. A Field Guide to Postphenomenology. In *Postphenomenological Investigations: Essays on Human–Technology Relations*, Hrsg. Robert Rosenberger und Peter-Paul Verbeek, 9–42. Lanham, Md.: Lexington Books.

Schapiro, Meyer. 1968. The Still Life as a Personal Object – A Note on Heidegger and van Gogh. In *The Reach of Mind: Essays in Memory of Kurt Goldstein*, Hrsg. Marianne L. Simmel, 203–209. Berlin, Heidelberg: Springer.

Scharff, Robert C. 2012. Empirical Technoscience Studies in a Comtean World: Too Much Concreteness? *Philosophy & Technology* 25(2):153–177.

Subramaniam, Banu, Laura Foster, Sandra Harding, Deboleena Roy, und Kim TallBear. 2017. Feminism, Postcolonialism, Technoscience. In *The Handbook of Science and Technology Studies*, Hrsg. Ulrike Felt, Rayvon Fouché, Clark A. Miller, und Laurel Smith-Doerr, 407–434. Cambridge, Mass.: MIT Press.

Sunstein, Cass R., und Richard H. Thaler. 2008. *Nudge: Improving Decisions About Health, Wealth and Happiness*. New Haven, Conn.: Yale University Press.

Verbeek, Peter-Paul. 2020. Politicizing Postphenomenology. In *Reimagining Philosophy and Technology, Reinventing Ihde*, Hrsg. Glen Miller und Ashley Shew, 141–155. Cham: Springer International Publishing.

Weber, Jutta. 2020. Feministische STS. Einführung. In *Science and Technology Studies. Klassische Positionen und aktuelle Perspektiven*, Hrsg. Susanne Bauer, Torsten Heinemann und Thomas Lemke, 339–368. Berlin: Suhrkamp.

Winner, Langdon. 1980. Do Artifacts Have Politics? *Daedalus* 109(1):121–136.

Winner, Langdon. 1993. Upon Opening the Black Box and Finding It Empty: Social Constructivism and the Philosophy of Technology. *Science, Technology, & Human Values* 18(3):362–378.

Woolgar, Steve, und Geoff Cooper. 1999. Do Artefacts Have Ambivalence: Moses' Bridges, Winner's Bridges and other Urban Legends in S&TS. *Social Studies of Science* 29(3):433–449.

Analysen mit dem Critical Constructivism und der Postphänomenologie

Zusammenfassung

Der *Critical Constructivism* und die *Postphänomenologie* sind zwei Theorien der Technikphilosophie, die beide Tiefendeutungen von Technologien erlauben. Mit beiden Theorien ist die Analyse schwerer und nichtoffensichtlicher Probleme von Technologien möglich. Sie können Realabstraktionen in Technologien aufdecken, die dazu führen, dass Technologien nicht nur sinnlos sind, sondern allen in ihre Praxen eingebundenen Menschen schaden. Beim Critical Constructivism sind es die in Technologien eingeschriebenen *Rationalitäten*, sie werden an Webers klassischem Beispiel der mechanischen Gebetsmühlen vorgestellt, ebenso wie an dem für den Schulkontext besonders geeigneten Beispiel des Dosenöffners. Bei der Postphänomenologie sind es vor allem die Konzepte von *Relation* und *Multistabilität,* die man mit Rosenbergers Beispiel der Parkbänke gegen Obdachlose illustrieren kann (sog. hostile design).

Schlüsselwörter

Critical Constructivism · Postphänomenologie · Rationalität · Relation · Multistabilität

10.1 Perspektiven auf die tieferen Probleme von Technologien

In diesem Kapitel werde ich nun einen differenzierenden Blick auf den Critical Constructivism und die Postphänomenologie werfen, um die jeweiligen Stärken zu verdeutlichen und diese jeweils für eine explizite Technikphilosophie in Schule nutzbar zu machen. Nach dem vorherigen Kapitel müssen die beiden Theorien wie Brüder erscheinen, bei denen man schon sehr genau hinsehen muss, um zu erkennen, worin sie sich unterscheiden. Man könnte der Liste an Gemeinsamkeiten neben der Lebensweltorientierung, der Ablehnung des Instrumentalismus und Substantialismus, dem empirischen Blick auf Konstruktion und Konstruktionsbedingungen von Technologien und der Analyse von Normativität noch einiges hinzufügen. So sind beide Theorien pragmatische Ausgänge aus postmodernen Technologietheorien, sie beschränken sich auf begrenzte Analysefelder und sind grundsätzlich eher optimistisch in ihrer Einschätzung, dass Menschen mit der sie umgebenden Technologie und sogar der Digitalität ins Reine kommen können.

Wenn man die Debatten in der Philosophy of Technology hingegen betrachtet, so scheinen diese beiden Technologietheorien ganz unverträglich. Es wurde sich gegenseitig vorgeworfen, mit dem jeweiligen Theorierahmen Technologie *gar nicht* untersuchen zu können. Andrew Feenberg hat in einer Rezension zu Verbeeks *What Things do* die provokante These formuliert, dass Postphänomenologie mit der Analyse von Mensch-Technologie-Welt-Beziehungen die Bedeutungsebene von Technologie nicht bis ins politisch relevante Detail zurückverfolge: „I do not believe their approaches even begin to approximate the rich hermeneutical material routinely included in political and social-historical studies of technology" (Feenberg 2009a, S. 228). Eine erste Gegenreaktion Verbeeks mündete in einer ebenso generellen Kritik am Critical Constructivism. Dieser arbeite nicht an der Verbesserung von Technologien in der Lebenswelt, da seine Gesellschaftsanalyse nicht im Stande sei „to move beyond the dialectical model of oppression versus liberation" (Verbeek 2013, S. 90). Das Verhältnis von Technologie und Mensch müsse als produktiv wahrgenommen werden, wo es im Critical Constructivism als unterdrückerisch modelliert werde. Diese fundamentalen Differenzen haben mittlerweile mehrere Beschwichtigungsversuche nach sich gezogen. Bantwal Rao et al. sehen eine Gemeinsamkeit darin, dass beide Theorien Widerstand gegen Technologien untersuchen, der als demokratische Reaktion auf Machtstrukturen stattfinde (Bantwal Rao et al. 2015). Nolen Gertz hat eine Arbeitsteilung zwischen den Theorien vorgeschlagen, wenn es darum geht, Technologien wie das Internet zu untersuchen. Während der Critical Constructivism politische Potentialität erfassen kann, sei die Analyse von politischen Aktualitäten eher mit dem postphänomenologischen Instrumentarium möglich (Gertz 2020).

Ich werde in diesem Kapitel aus einer didaktischen Sicht die beiden Theorien ebenfalls als komplementär darstellen. Beide Theorien arbeiten, wie ich zeigen werde, mit ihrer Kritik an den bleibenden Problemen von Technologien, die Habermas „Realabstraktionen" genannt hat (Habermas 2011b, S. 553). In diesen Technologien sind problematische Sozialverhältnisse eingeschrieben, die auch eine problematische epistemische Dimension zeigen; sie haben innere Widersprüche. Hier kommen wir dann auch zu den tief problematischen Technologien unserer Gegenwart, die *niemandem nützen*. Aus der überholten instrumentalistischen Sicht könnte man geradezu behaupten, dass es sich gar nicht um Technologien handele, weil sie ja gar kein Werkzeug für irgendwen seien, wenn sie allen Beteiligten schaden. Im vorigen Kapitel haben wir nur Technologien gesehen, die verstanden werden und zumindest in ihrem begrenzten

Kontext und vor dem Hintergrund bestimmter Machtstrukturen erklärbar sind. Auch die Brücken Robert Moses´ können wir in diesem Sinne lesen. Der in den 1920er Jahren in den USA nicht seltene Elitismus und Rassismus ist hier ein gängiges Erklärungsmuster, das über die persönlichen Verfehlungen Moses´ hinausgeht. Eine Technologie wie diese Brücken macht vielleicht also zu einer bestimmten Zeit und für eine bestimmte soziale Gruppe durchaus Sinn, weil hier handfeste Interessen vertreten werden. Dieser Sinn ist auch nicht so verborgen, dass er nicht von anderen sozialen Gruppen inklusive der dahinter befindlichen Machtstruktur in einfacher Weise durchschaut werden kann. Nun betreten wir aber den Boden von Technologien, die so weit von der Realität abstrahiert sind, dass sie sich verselbstständigt haben. Sie haben ihre sozialen und lebensweltlichen Relata verloren und hier beginnt Technologie eigentlich erst wirklich problematisch zu werden.

Eine der bekanntesten Geschichten einer solchen technologischen Realabstraktion ist die Szene, die sich in der Nacht vom 25 auf den 26. April 1986 im Reaktor von Tschernobyl ereignet hat und die wir aus Grigoriy Medvedevs 1989 publiziertem *Chernobyl Notebook* kennen. Ich will sie hier kurz paraphrasieren:

Vom Kontrollraum von Tschernobyl aus sind Explosionsgeräusche zu hören. Proskuryakov und Kudryavtsev, zwei der Schichtarbeiter in der Nacht des Unglücks, werden zur Prüfung zum Reaktor geschickt. Sie kommen entsetzt und mit schweren nuklearen Verbrennungen im Gesicht in den Kontrollraum zurück. Dort berichten sie dem Schichtleiter Dyatlov, was sie gesehen haben: „Es gibt keine Haupthalle mehr, die Explosion hat alles fortgerissen, der Reaktor brennt". Dyatlov aber antwortet, die beiden hätten wohl nicht recht hingesehen, der Notfalltank mit dem Sauerstoff-Wasserstoff-Gemisch sei explodiert, der Reaktor sei intakt, man müsse ihn nur wieder mit Wasser kühlen. Proskuryakov und Kudryavtsev stimmen wortlos zu. (nach: Medvedev 1989, S. 31)

Diese Geschichte hat zwei Komponenten, die mit dem Critical Constructivism und der Postphänomenologie je unterschiedlich ausgedeutet werden können. Aus der Sicht des Critical Constructivism ist der Kontrollraum Tschernobyls nur in seinem Kontext zu deuten, er ist Teil eines größeren administrativen Systems der Sowjetrepublik, in dem keine Fehler passieren dürfen. Dieses System ist so von Machtstrukturen durchherrscht, dass die Menschen und auch die Technologien hier derart eingestellt sind und nur so verstanden werden können, dass sie auch noch auf den untersten Ebenen das tun, was ihnen aufgetragen wurde. Proskuryakov, Kudryavtsev und auch Dyatlov sind so abgeschnitten von der Macht in diesem Netzwerk, dass sie das System nicht verstehen können und sich nicht dagegen wehren: „knowledge from below and insider power are different from knowledge and power of individuals who have no connection to the network" (Feenberg 2017, S. 53). Die Postphänomenologie würde hingegen die Geschichte auf der Ebene von Mikro- und Makrowahrnehmung deuten. Proskuryakov und Kudryavtsev haben eine direkte verkörperlichte Verbindung mit dem Reaktor, sein nukleares Brennen fühlen sie noch auf der Haut. Auch Dyatlov kann es ihnen an der veränderten Hautfarbe im Gesicht ansehen. Auf der Ebene der Mikrowahrnehmung gibt es also keinen Zweifel. Auf der Ebene der Makrowahrnehmung sind sich aber alle einig, dass das gar nicht sein kann, dass die Instrumente und der Bericht der beiden Schichtarbeiter hermeneutisch anders gelesen werden müssen. Dieser Bericht und die Instrumente sind ja beide auch offen für technische Deutungen, die hier möglicherweise einfach fehlerhaft sind (schon: Ihde 1990, S. 86 f.). Was hier gewusst werden kann, ist in der neueren postphänomenologischen Sicht dann aber auch politisch: „Technologies help us to ‚read' the world, and therefore they mediate what comes to matter to us" (Verbeek 2020, S. 153). So gab es im Kontrollraum von Tschernobyl auch keine Anzeige für einen explodierten Reaktor. Der Grund dafür ist politisch.

Mit diesen beiden Deutungen wird Technologie in dieser Geschichte zum Problem. In der realen Geschichte des Sowjetunglücks wurde Technologie aber gar nicht hinterfragt, stattdessen wurde Dyatlov, weil er die Sicherheitsregeln nicht eingehalten hatte, zu zehn Jahren Haft verurteilt. Mittlerweile wissen wir, dass das Reaktordesign entscheidend zum Unglück beitrug. Selbst wenn man also in der klassisch philosophiedidaktischen Sicht der 1990er mit ihrer Technikfolgenabschätzung Technikkritik betreiben möchte, ist es heute wohl angezeigt, Technologien empirisch analysieren zu können. Der Critical Constructivism und die Postphänomenologie sind zwei Methodologien hierfür, deren Nutzen für einen expliziten technikphilosophischen Unterricht ich jetzt zeigen werde.

10.2 Rationalität und Rationalisierung im Critical Constructivism

Die hervorstechendste Eigenschaft digitaler Technologie ist ihre im Vergleich zu vorheriger Technologie deutlich gesteigerte *Rationalität*. Das heben wir allein schon im Sprachgebrauch ständig hervor, wenn wir von Smartphone, Smarthome oder künstlicher Intelligenz sprechen. Im Designprozess von Ingenieuren besitzt Rationalität eine intuitive Bedeutung, insofern „that there are better and worse ways – relatively systematic and relatively chaotic ways – of solving engineering-design problems and of making engineering-design decisions" (Kroes et al. 2009, S. 568). Auch hier gibt es Kroes et al. zufolge schon zwei Notationen von Rationalität, jene die im Designprozess angelegt wird und jene die man nachher an dem Artefakt rekonstruieren kann.

Im Critical Constructivism ist Rationalität die bedeutendste Analysekategorie, aber gleichzeitig ein nicht unproblematischer Terminus. Feenberg verwendet analog den Begriff des „technical bias" und Kirkpatrick argumentiert in seiner Arbeit zu Feenberg für eine vollständige Vernachlässigung des Terminus der Rationalität zugunsten des alternativen "technical bias" bei der Analyse technologischer Designprozesse: „Bias in technology design is better understood without invoking different modes of rationality, which are too broad to afford a secure grip on contemporary social phenomena" (Kirkpatrick 2020, S. 47). Technologie ist allerdings, wie Brey sagt, bei Feenberg allein schon definitorisch gar nicht von Rationalität zu trennen: „Technology is, according to Feenberg, the sum of rational means employed in a society" (Brey 2010, S. 1). Auch Feenberg selbst beschreibt sein Programm als „rational critique of rationality" (Feenberg 2008, S. 14). Der Hebel, den soziale Bewegungen an bestehenden Technologien ansetzen können, nennt Feenberg dann folgerichtig auch die „social rationality".

Rationalität ist aus philosophischer Sicht erstmal eine *menschliche Eigenschaft* und so gar nichts Technisches. Das war sie auch schon bei Jürgen Habermas im ersten Band der *Theorie des kommunikativen Handelns,* der davon ausging, „daß die Philosophie in ihren nachmetaphysischen, posthegelschen Strömungen auf den Konvergenzpunkt einer Theorie der Rationalität zustrebt" (Habermas 2011a, S. 16). Bei Habermas und auch bei Herbert Schnädelbach, der in Reaktion auf Habermas in den Folgejahren eine Typologie der Rationalität herausgearbeitet hat, ist Rationalität in dem zu suchen, was wir mit unserer Sprache tun. Rationalität kann dann aus diesen Verwendungskontexten auch wieder rekonstruiert werden (Schnädelbach 2000, S. 258). Wenn wir also darüber sprechen, dass jemand sich rational verhalten habe, dann meinen wir damit nach Schnädelbach vor allem vier Handlungen: Begründen, Argumentieren, regelbefolgendes Handeln und intentionales Handeln (Schnädelbach 2000). Wir zeigen uns also etwa dort rational, wo wir Dinge gut begründen können, andere mit Argumenten überzeugen, etwas nach einer bestimmten Regel tun und einen zu rechtfertigenden Zweck verfolgen. Ich gehe hier nicht weiter ins Detail. Diese grobe Skizze, die ich gerade mit Hilfe Schnädelbachs von Rationalität gezeichnet habe, lässt bereits zwei wichtige Schlüsse im Kontext der Digitalisierung zu. Erstens ist der klassisch seit Max Weber als *technische Rationalität* referierte Bereich des zweckrationalen Handelns auch hier noch ein wichtiger Typ der Rationalität (vgl. auch: Habermas 2011a, S. 384), zweitens werden in der Digitalisierung aber auch andere Rationalitätsformen zunehmend technologisch vermittelt. Auf der Schalttafel von Tschernobyl waren alle Knöpfe nur Mittel für Zwecke, die der Nutzer selbst verstehen musste. Diese Schalttafel war für Laien völlig undurchsichtig, sie hat sich in keiner Weise verständlich gemacht, mit ihr wurden auch keine guten Gründe für ihren Aufbau übermittelt und man kann mit ihr nicht argumentieren. Digitale Technologien tun das auch nicht immer alles, aber es gibt doch deutliche Steigerungen gegenüber der undurchsichtigen Technologie im Atomreaktor. Ich habe hier bewusst geschrieben, dass digitale Technologien etwas „tun", weil diese Technologien uns zunehmend als Akteure begegnen. Das war schon ein zentrales Argument der Akteur-Netzwerk-Theorie in den Science and Technology Studies (Latour 1987), an die Feenberg anschließt. Damals schien die Notation von Dingen der Wissenschaft und Technik als Akteure aber noch viel artifizieller als es das heute in Zeiten von Alexa und Siri ist. Ich hatte eingangs mit Floridi bereits argumentiert, warum man die Digitalisierung auch als eine Revolution sehen kann, in der wir unseren symbolischen Maschinen mehr Rationalität zutrauen als uns selbst (Floridi 2015, S. 128). Auch vor diesem Hintergrund ist Rationalität in der Digitalisierung wohl eine bedeutende Analysekategorie und Feenberg tut Recht damit, an ihr festzuhalten.

Neben der Rationalität als menschliche Eigenschaft gibt es im Critical Constructivism auch noch die Rationalität als *Systemrationalität.* Das ist die Rationalität über die Habermas im zweiten Band der *Theorie des kommunikativen Handelns* spricht und die mit dem gesellschaftlichen Prozess der *Rationalisierung* zusammenhängt. Diese Systemrationalität ist bei Feenberg von seinen frühen Schriften an, in denen er sich mit Lukács und Marx beschäftigte (Feenberg 1981), vor allem eine *ökonomische Rationalität,* die sich in unseren Technologien manifestiert und die durch den bei Weber beschriebenen Prozess der Rationalisierung in der Moderne entstanden sei. Brey sagt über Feenbergs Rationalisierungskonzept: „The technical code of a technical artifact is constituted by those features of its design that reflect the cultural horizon of the society, which in modern society is that of capitalist rationalization, i. e. it embodies hegemonic values of power and profit at the expense of workers and the environment" (Brey 2010, S. 3). Der Rationalisierungsprozess der Moderne ist dabei von der Verdinglichung von Irrationalitäten in Technologie bestimmt; ein Gedanke Feenbergs, der auf Lukács zurückgeht (vgl.: Lukács 1970, S. 174 f.). Dabei werden Irrationalitäten den Technologien eingeschrieben. Weil der Arbeitsprozess schon eine gesellschaftliche Schieflage zeigt, ist auch das Produkt der Arbeit schief. Die vielleicht bedeutendste Form solcher Irrationalität in diesem Zusammenhang ist die „Ware", die schon von Marx eben nicht als das Arbeitsprodukt der Arbeitenden definiert wurde (Marx 1962, S. 86). So halten wir auch heute noch im Digitalen Waren für wertvoll, weil sie teuer sind, auch wenn sie einfach durch Kopieren erstellt wurden; die Waren, die Arbeitende in den Hardware-Produktionsstätten in Fernost erstellen, können sie sich auch heute noch oft selbst nicht von dem Lohn leisten, den sie für Ihre Arbeit erhalten. Die Geschichte der Kritischen Theorie kennt eine ganze Reihe solcher materiellen Irrationalitäten. Für Feenberg bedeutend war hier auch Lukács´ Diskussion des „scientific management" von Frederick Taylor, in dem die Messung der Arbeitszeit, also eine Verwaltungsgröße, irrationalerweise für die Arbeit selbst genommen wurde (Lukács 1970, S. 177 f.). Bei Feenbergs späterem Lehrer Marcuse wird Irrationalität dann zu einem totalen wissenschaftlich-technischen System, in dem letztlich alles Technische rational erscheint, aber tatsächlich irrational ist. Marcuses zentrales Beispiel ist das typische amerikanische Automobil der 50er Jahre, der Cadillac, von dem eigentlich direkt klar sein kann, „daß seine Schönheit und Oberfläche billig sind, seine Kraft unnötig, seine Größe idiotisch und daß ich keinen Parkplatz finden werde" (Marcuse 2014, S. 237).

Für einen unterrichtlichen Einsatz kann an dieser Stelle ganz gut das Beispiel für technische Rationalisierung dienen, das bereits Max Weber hatte. Alle weiteren Beispiele, die ich eben genannt habe, sind zum Hintergrundverständnis des Critical Constructivism für Lehrende zwar hilfreich, aber für Schule wohl zu voraussetzungsreich. Die Gebetsmühlen, die Weber beschreibt, leuchten als Rationalitätsproblem aber auch Lernenden in Schule intuitiv ein. Max Webers Theorie der Rationalisierung geht davon aus, dass im Zuge der wissenschaftlich-technischen Gestaltung des Arbeitslebens die vorher technisch gestalteten Praktiken der Religionen auf uns irrational wirken; sie scheinen keinen Zweck mehr zu haben. Webers bis heute schlagendes Beispiel sind die „spätbuddhistischen Manipulationen mit Gebetsmaschinen" (Weber 1920, S. 266). An diesem Artefakt kann man Rationalität und Rationalisierung im Unterricht problematisieren, ohne das komplexe Konzept der Rationalität in der marxschen Tradition zu strapazieren. Es wird schnell deutlich, dass es auch alternative

Rationalisierungen geben kann, die nicht bei der prädominanten technologischen Rationalität westlicher Kulturen enden muss. Es ist eine Spezifik unserer technischen Rationalität heute, dass spirituelle Akte gerade nicht mit Hilfe von Technologie vollzogen werden (vgl.: Feenberg 1995, S. 220).

M19 – Gebetsmühlen im Kagyu Samyé Ling Kloster (Abb. 10.1)

Das Kloster nahe dem schottischen Dorf Eskdalemuir ist das erste tibetisch-buddhistische Kloster in Europa und wurde 1967 gegründet. Dort befinden sich diese Gebetsmühlen auf denen ein Mantra geschrieben steht. Ein Mantra hat ähnlich einem Gebet eine spirituelle Kraft. In der tibetisch-buddhistischen Tradition hat das Drehen der Mühlen in etwa denselben Effekt wie das Sprechen des Mantras. Die Gebetsmühlen hier werden elektrisch betrieben.

Bisher habe ich hier nur von einem Rationalisierungsprozess der Moderne und einer Form von Systemrationalität, der ökonomischen Rationalität, bei Feenberg gesprochen. Für eine Technikphilosophie im Unterricht lohnt aber auch ein Blick mit dem späteren Critical Constructivism auf die unterschiedlichen *Rationalitäten technologischer Systeme*. Mit der Digitalisierung haben Institutionalisierung, Standardisierung und der Ausbau von Infrastruktur noch einmal stark zugenommen (Slota und Bowker 2017, S. 529). Unsere Technologien sind insofern in den aller-

Abb. 10.1 Immanuel Giel: Gebetsmühlen im Kagyu Samyé Ling Kloster. Gemeinfrei. (Quelle der Bilddatei: https://upload.wikimedia.org/wikipedia/commons/a/ac/Prayer_wheels_in_Eskdalemuir_01.jpg. Stand: 31.05.2022)

meisten Fällen Teil eines weiteren Systems, das aus der Sicht Feenbergs einer je spezifischen Rationalität folgt.

Nach Feenbergs Auseinandersetzung mit Habermas kann man *drei Systemrationalitäten* im Critical Constructivism identifizieren, die man auch bei Habermas sehen kann, wenn man jeweils noch den Rahmen einer Kritik an positivistischer Wissenschaft mitdenkt, als die Habermas den gesamten zweiten Band der *Theorie des kommunikativen Handelns* verfasst hat (vgl.: Feenberg 1996, S. 58; Habermas 2011b, S. 409):

1. Die *ökonomische Rationalität,* mit der jener „march of technology" (Marcuse 1982, S. 139) in der Moderne einst begonnen hat. In dieser Logik operiert der Markt. Innovation ist hier ein Faktor.
2. Die *bürokratische Rationalität,* die Weber als „eine rein technisch gute und das heißt: eine rationale Beamtenverwaltung und -versorgung" (Weber 1980, S. 332) beschrieben hat. Hier sind Logiken der Verwaltung am Werk. Marcuse schrieb schon 1982 „adjustment and compliance" seien die Prinzipien eines solchen bürokratischen Apparates (Marcuse 1982, S. 146).
3. Die *wissenschaftliche Rationalität,* die Funktionslogiken wissenschaftlich identifiziert und dadurch erst noch setzt (Habermas 2011b, S. 552). Sie operiert in der Logik der Forschung.

Diese drei Systemrationalitäten werden an den empirischen Studien Feenbergs am deutlichsten, die ich hier zur Illustration kurz skizzieren möchte. Hier sind jeweils unterschiedliche Interpretationen der Rationalität eines Artefakts Auslöser eines Konflikts um Technologie. Die je andere Sicht von Akteuren darauf, was ein technologisches Artefakt „soll", setzt dabei immer eine durch ihre soziale Einbettung gegebene Sensitivität für die gesellschaftlichen Kontexte ihres Protestes voraus. Für Feenberg ist eine solche Sensitivität für unterschiedliche Rationalitäten seit den Studierenden- und Arbeiterprotesten der 1968er Bewegung in der Gesellschaft verbreitet, in denen sich Protest erstmals nicht gegen Herrschaft gerichtet habe, sondern gegen die Rationalität von Artefakten.

Die frühen Studien Feenbergs behandeln ausschließlich Proteste gegen *ökonomische Rationalität.* Feenberg zitiert ein Graffiti an der Sorbonne im Jahr 1968, das den anarchistischen Spruch „Ni dieu ni maître", weder Gott noch Herr, umdichtete in „Ni dieu ni mètre", weder Gott noch das Metermaß (Feenberg 2009b, S. 55 f.). Der erfolgreiche Wechsel von Rationalität des Artefakts in Bezug auf eine andere soziale Rationalisierung ist in Feenbergs empirischer Fallstudie zu dieser frühen ökonomischen Protestbewegung Indikator erfolgreichen Protestes an Technologie. Ein „conflict of codes" ist hier Ausdruck einer Pathologie des Umgangs mit Technologie (Feenberg 1995, S. 154). In Feenbergs Studie zu 1968 sind es bei den Studierenden insbesondere Uminterpretationen der Rationalität der eigenen universitären Ausbildung, die hier politisch relevant werden. Sie wurde als Bildung und nicht mehr als Ausbildung zu messbaren und wirtschaftlich effizienten Zielen begriffen. Feenbergs frühe Studie zur Etablierung von Online-Education-Formaten behandelt ebenfalls einen solchen „conflict of codes", den letztlich offen gebliebenen Streit zwischen humanistisch orientierten Dozierenden und wirtschaftlich rationalisierender Universitätsverwaltung bei der Einführung von Onlineformaten. Sollten diese wie klassische Seminare zur offenen Diskussion und sozialem Austausch dienen oder in Form von versend- und verkaufbaren Paketen den wirtschaftlichen Interessen der Universität folgen? In diesen beiden Studien analysiert Feenberg also eine *ökonomische Rationalität*.

Ein Beispiel Feenbergs für einen Protest gegen eine *bürokratische Rationalität* ist die Umfunktionierung des Télétel-Systems, einer frühen Version einer mit dem Internet vergleichbaren Informations- und Kommunikationstechnologie im Frankreich der 80er Jahre. Das zentrale Endgerät des Télétel-Systems war das sog. Minitel, das an ein Telefon mit Röhrenbildschirm erinnerte. Das Minitel sollte administrative und ökonomische Informationen in die bürgerliche Wohnung liefern, etwa Nachrichten oder Börsenkurse. So sollte die Arbeitszeit auf die Freizeit ausgedehnt werden, interpretiert Feenberg. Die Informationen, die das Minitel anzeigen konnte, waren wie das gesamte Télétel-System staatlich kontrolliert. Protest und Öffentlichkeit führten aber zu einer Öffnung der Technologie und einer Rückeroberung der Privatsphäre der eigenen Wohnung durch Umfunktionierung des Minitel. Feenberg interpretiert die Rationalität dieses durch die Nutzer veränderten Artefakts gerade im Wiederstand gegen die herrschende Rationalität: „a new form of human communication to suit the need for social play and encounter in an impersonal, bureaucratic society" (Feenberg 1995, S. 165). Die neuen Inhalte waren bewusst unnütz, profan und privat. Sie bestanden aus Chats und Erotikangeboten und liefen nach Feenbergs Interpretation so gezielt den geltenden Vorstellungen der Arbeitsmoral und öffentlichen Ordnung entgegen. Feenberg beschreibt, wie die französischen Bürger sich so den privaten Raum von ihrer Regierung im Protest zurückeroberten. Dies interpretiert er als einen Kampf gegen die *bürokratische Rationalität* öffentlicher Verwaltung.

Eine dritte empiriebezogene Fallstudie Feenbergs behandelt die *wissenschaftliche Rationalität* in der Bestimmungen von Pflege und Heilung, „caring and curing", in der Medizin (Feenberg 1995, S. 100). Feenberg bespricht diesen Zusammenhang in zwei Kontexten. Da ist einerseits der Protest von AIDS-Patienten gegen die Praxis der FDA in den Jahren 1987 bis 1989, nur langfristig getestete Medikamente freizugeben. In den Protesten wurde die Rationalität der Medikation von der Heilung hin zur Pflege verschoben. So wurden die Wirksamkeitsstudien umgangen, indem sich die Patienten freiwillig als Studienteilnehmer meldeten (Feenberg 1995, S. 110). Der zweite Kontext aus der Medizin ist die Alzheimer-Medikation durch den National Health Service (NHS) in Großbritannien. Die Wirksamkeit eines Medikaments wurde dort standardmäßig nach Messdaten zum kognitiven Zustand und nach dem Grad der Hospitalisierung bemessen, nicht aber nach der Lebensqualität (Feenberg 2017, S. 60). Grundlegend sei dabei eine standardmäßig an Heilung orientierte Interpretation von Medikation, sie könne, so Feenberg, aber genauso dem Zweck der Pflege dienen. Hier zeige sich ein „scientistic bias" (Feenberg 2017, S. 61). Im konkreten Fall haben die Patienten die weitere Medikation mit einem speziellen, wissenschaftlich vermeintlich unwirksamen Medikament dann dadurch erkämpft, dass sie persönliche Lebensgeschichten in der Presse berichteten und so in der Öffentlichkeit die Medikation mit dem Zweck der Pflege darstellten (das empirische Material bezieht Feenberg von: Moreira 2011, S. 320–324). Auch hier setzte die Möglichkeit der Kritik den Wechsel von Kontexten voraus unter den Bedingungen einer kontextgebundenen Rationalität von Medikation (Heilung vs. Pflege). Hier analysiert Feenberg also einen Protest gegen die *wissenschaftliche Rationalität,* mit der die Logik des „Curing" gesetzt wurde.

Mittlerweile dürfte deutlich geworden sein, dass die Studien Feenbergs jeweils tief in den Kontext der jeweiligen Technologien hineinreichen. Das macht das Rationalitätskonzept für den Unterricht nicht so einfach zugänglich. Ich habe aber ein Beispiel für eine Technologieanalyse im Stile Feenbergs gefunden, die noch gerade so voraussetzungslos ist, dass sie in Schule stattfinden kann. Hier wird ein kleiner technologischer Protest berichtet, der sich an einem Alltagsgegenstand, dem Dosenöffner, entfaltet. Gegen seine ökonomische Rationalität wird immer wieder protestiert. Der Dosenöffner mag als Beispiel zunächst profan wirken, tatsächlich ist er aber alles andere als das, weil kaum ein anderes Werkzeug des Haushalts uns so durchdacht, entwickelt, zweckgerichtet und „clever" erscheint. Mittlerweile sei jedoch der Dosenöffner zu einer Lösung ohne Problem geworden, wie das folgende journalistische Material nahe legt, das gleichzeitig einen aktiven Protest gegen Technologie im Sinne Feenbergs darstellt (vgl. auch: Hartkopf 2008).

M20 – Dose mit Lasche (Abb. 10.2) und **M21** – Kaleigh Rogers (2016): Warum sind Dosenöffner immer noch ein Ding?

Kaleigh Rogers ist eine amerikanische Politik- und Technologiereporterin. Der Artikel erschien in 2016 im Jugendmagazin VICE.

Ich esse viele Bohnen. Ich bin Vegetarierin und viel beschäftigt, also sind Bohnen in Dosen ein fester Bestandteil meines Ernährungsplans. Und nichts macht mir größere Freude, als wenn ich solch ein feines Ding wie oben im Bild auf dem Deckel finde, wenn ich die Dose aus dem Regal ziehe. Das ist *mein* Ding. Warum würde man einen Dosenöffner rauskramen wollen, mit ihm einmal um den Rand der Dose herumkratzen und dabei auch noch riskieren, sich zu schneiden, wenn man die Dose auch in zwei Sekunden mit so einer Lasche aufziehen kann? [...]

Aber die Dosen mit Lasche sind immer noch sehr selten, das macht den Dosenöffner zu einem Küchenwerkzeug, das selbst der einfachste Koch benötigt. Man kann nicht einmal eine Suppe öffnen, ohne irgendeinen Typ von Dosenöffner zu haben. Dieses mechanische Werkzeug wurde in den 1850er Jahren erfunden (seltsamerweise ganze 50 Jahre nachdem die Dose erfunden wurde) und abgesehen von einigen kleinen Verbesserungen, die in den anderthalb Jahrhunderten danach gemacht wurden, ist es eigentlich immer noch dasselbe Gerät. Wir haben die Technologie, Dosen mit Lasche zu machen, warum also gibt es noch Dosenöffner? [...]

Das Design mit der Aufzieh-Lasche wurde schon in den 1980er Jahren für ganze Dosendeckel entwickelt. Ja genau, wir brauchten eigentlich schon seit mehr als 30 Jahren keine Dosenöffner mehr! Trotzdem knacken wir uns immer noch durch die Dose wie Idioten.

Das ist teilweise wegen der Kosten so. Die Laschen-Öffner sind teurer in der Produktion. Aber es ist auch nicht so als würden Konsumenten dafür nicht mehr bezahlen wollen. Ein Marktforschungsunternehmen hat herausgefunden, dass junge Menschen nicht gerne Dosen öffnen. In der Gruppe der 25 bis 34-Jährigen sagten 28 Prozent, dass Dosen schwer zu öffnen seien.

Abb. 10.2 Tomomarusan: Dose mit Lasche. CC BY 3.0. (Quelle der Bilddatei: https://upload.wikimedia.org/wikipedia/commons/5/57/Can%28Easy_Open_Can%29. Stand: 31.05.2022)

Es ist wahrscheinlicher, dass die Hersteller selbst nicht bereit sind, etwas zu verändern. Ein Trend-Report des Dosen-Hersteller-Instituts von 2005 sagt, dass die Marktforschung zeige, die Konsumenten wünschen sich einfach zu öffnende Dosen. Man müsse aber „den Herstellern noch zeigen, dass man diesem Wunsch nachkommen kann mit verlässlicher Technologie, die auf Wissenschaft basiert, nicht auf Meinungen". In anderen Worten: man versucht wohl immer noch die Lebensmittelhersteller zu überzeugen.

Die Lebensmittelhistorikerin Meredith Sayles Hughes hat mir gesagt, dass sie nicht glaube, dass Dosenöffner je verschwinden werden. Die Dosen mit Laschen könnten für weniger geschickte Menschen tatsächlich schwerer zu öffnen sein – bei den herkömmlichen Dosen gibt es für sie Dosenöffner, die man ohne Hände bedienen kann. Und auch das Laschen-Design sei nicht ohne Fehler, sagte Hughes, die Lasche kann abreißen und dann brauche man auch einen Öffner. (Rogers 2016, eigene Übersetzung)

10.3 Relation und Multistabilität in der Postphänomenologie

Die große Stärke postphänomenologischer Technologiestudien ist es, die direkten *Relationen* aufzuschlüsseln, die wir mit Technologien eingehen. Es mag als ein besonderes Charakteristikum gerade der digitalen Technologien gelten, dass sie uns *näher* sind als vorherige Technologien. Das bekannteste Beispiel für diese neuen Nahverhältnisse sind *Augmented Reality* Technologien, wie sie vielfach am Beispiel des im Entwicklungsstadium gebliebenen GoogleGlass diskutiert wurden (Kudina und Verbeek 2018). Der Punkt der Postphänomenologie ist aber, dass die menschliche Beziehung zur Technologie und zur Welt nie eine von Subjekt (Mensch) und Objekt (Technologie) war, sondern wir immer bereits *durch* Technologien mit der Welt in Relation treten. Das macht dann unsere Ontologie im phänomenologischen Sinne aus, die immer in Relation praktisch entsteht. Ihde hat dafür eine Symbolsprache entwickelt. Ihre einfachste Notation lautet:

„I---relation---World" (Ihde 1990, S. 23)

Bei der polynesischen Navigation, auf dem Fahrrad oder beim Tragen von Schuhen wird nicht nur die Relation im Sinne eines Mediums verändert, sondern – das ist das einzige Mal, an dem ich hier nicht um Heideggers Terminologie herumkomme – unser menschliches Dasein als In-der-Welt-Sein in immer schon bedeutungsvollen praktischen Situationen (Ihde 1990, S. 27). Diese Situationen haben immer auch eine Stimmung, in der wir in spezifischer Weise durch eine je andere *Mikrowahrnehmung* unserer Lebenswelt direkt ausgesetzt sind, es gibt also ein „plenum of the microperceptual world" (Ihde 1990, S. 52). Wir lesen uns aber auch immer in dieser Situation und machen hieraus Sinn, das nennt Ihde die *Makrowahrnehmung,* in der dann „the ways in which cultures *embed* technologies" eine Rolle spielen (Ihde 1990, S. 124).

Ihdes grundlegender Beitrag zur Postphänomenologie war es nun, diese technologischen Relationen zu typologisieren. Verbeek und Rosenberger sagen, dass hiermit spezifische Formen der Mediation von Welt durch Technologie ausgearbeitet wurden: „the mediation is the source of the specific shape that human subjectivity and the objectivity of the world can take in this specific situation" (Rosenberger und Verbeek 2015, S. 12). Verbeek geht davon aus, dass man sowohl in Ihdes Terminologie, als auch mit der Akteur-Netzwerk-Theorie hier sagen kann, dass Technologien als Akteure diese Mediation leisten und somit Subjekt und Objekt in spezifischer Weise konstituieren (Verbeek 2005). Wenn Technologien also Welt vermitteln, dann ergibt sich nach Ihdes Symbolsprache:

„I-technology-world" (Ihde 1990, S. 85).

Aus dieser Grundform der technologisch-menschlichen Weltrelation entwickelte schon Ihde eine Typologie technologischer Formen (Ihde 1990, S. 72–123), die Verbeek und Rosenberger in ihrem „Field Guide" für empirische Forschung in die folgenden vier Notationen weiterentwickelt haben.

1. Embodiment Relation: (I – Technology) → World,
das ist eine *Verkörperungsrelation,* in der Technologie dem Körper eingeschrieben ist und man durch sie die Welt wahrnimmt. Ihdes Hauptbeispiel ist hier das Tragen einer Brille (Ihde 1990, S. 73). Die unterschiedlichen Formen der Point of Views (POV), mit denen man Avatare durch virtuelle Welten steuert, können ebenfalls in dieser Relation analysiert werden (Ihde 2012, S. 138).

2. Hermeneutic Relation: I → (Technology – World),
das ist eine *Relation des Verstehens,* in der Technologien ausgelesen werden. Dieses Lesen muss erlernt werden, wird aber bei Experten dann zu einer Fähigkeit, in der die technologische Mediation ebenfalls nicht mehr wahrgenommen wird. Ein Beispiel ist eine Expertin in der Medizin, die sich ein Bild aus der funktionellen Magnetresonanztherapie ansieht und direkt das Syndrom erkennt (Rosenberger und Verbeek 2015, S. 17).
3. Alterity Relation: I → Technology – (– World),
das ist *Relation des Anderen,* in der Technologien uns als Gegenüber begegnet, mit dem wir interagieren können. Hier sind alle Formen von Interfaces gefasst, die eine Dialogbox öffnen, mit uns sprechen etc. (Rosenberger und Verbeek 2015, S. 18). In dieser Relation wollen wir z. B. etwas durch Maschinen in der Welt verändert haben (z. B.: Geldautomat) oder sie sollen uns eine Information geben (z. B. Alexa). Der Grad der Menschenähnlichkeit der Maschinen spielt hier nur auf der makroperzeptuellen Ebene eine Rolle, etwa wenn wir uns ärgern, dass die Maschine nicht tut, was wir wollen und sie anschreien.
4. Background Relation: I (–Technology/World),
das ist eine *Hintergrundrelation,* in der Technologien in den Fugen der Welt verschwindet und dabei einen problematischen Aspekt der Welt behebt. Damit sind alle technischen Automatismen gefasst. Ihdes Beispiele sind der Thermostat und die Vogelscheuche (Ihde 1990, S. 108 f.). Wir bemerken in diesen Fällen die Technologien oft nur durch das Fehlen eines Problems in der Welt. Die Absenz, etwa von Kälte oder Vogelkrächzen, ist aber gerade phänomenal dann auch präsent (Rosenberger und Verbeek 2015, S. 19). Die grafische Notation habe ich in diesem Fall einer neueren Veröffentlichung Verbeeks entnommen (Bergen und Verbeek 2021, S. 328); der *Field Guide* enthielt sie noch nicht. In der Digitalisierung sind es vor allem die Produkte der Industrie 4.0, die damit analysiert werden können.

Technologien sind insofern in all diesen vier Konstellationen Agenten, als dass sie in diesen Situationen als Mediator auftreten. In der Postphänomenologie – anders als in der Akteur-Netzwerk-Theorie – ist die Erfahrung dieser Beziehungen zur Welt spezifisch menschlich, sie können „from within" artikuliert und analysiert werden (Rosenberger und Verbeek 2015, S. 20). Diese Relation müssen jedoch nicht immer stimmig sein, sie können politisch problematisch werden. Das ist der Punkt, an dem auch die Postphänomenologie zu einem technologiekritischen Werkzeug und für den Unterricht in der Fächergruppe Philosophie/Ethik interessant wird.

Robert Rosenberger hat zwei Konzepte in das Analyserepertoire der Postphänomenologie mit eingebracht, die beide jenen Prozess betreffen, in dem durch technologische Mediation bestimmte Wahrnehmungen hervortreten und andere ausblenden: *Feldkomposition* und *Sedimentation.* Unsere Aufmerksamkeit kann durch Technologien dadurch gelenkt werden, dass das Feld unserer Wahrnehmung beschränkt wird. In stetig wiederholter technologischer Praxis setzen sich Muster menschlicher Wahrnehmung fest, mit denen diese Muster zu unseren

Intuitionen werden, sie *sedimentieren* und beschränken unser Feld der Wahrnehmung: „*For phenomenology, intuitions are constituted, not given*. Only already constituted intuitions are ‚given' *within an already sedimented context*" (Ihde 1998, S. 121, Herv. im Original). Rosenberger hat zusammen mit Jesper Aagard eine ganze Reihe an Phänomenen im digitalen Zeitalter untersucht, in der diese Sedimentation durch *Feldkomposition* mehr oder weniger von Entwickler:innen von Technologie intendiert und so einer Technologie quasi mit auf den Weg gegeben wurde: „classroom distraction of laptop computers, the driver distraction of smartphones, in-person conversation etiquette, phantom vibration syndrome, the nature of e-reading, and technology addiction" (Rosenberger 2021, S. 30). In diesen Fällen gibt es oft nur eine rudimentäre Makroperzeption der eigenen Situation und es ergibt sich ein oft auch politisch relevantes Problem, wenn die Wirkungen der Technologie bewusst verschleiert werden. Dieses Problem kann durch philosophische Aufklärung und Information gelöst werden.

Ein gewichtigeres politisches Problem ergibt sich aus postphänomenologischer Sicht durch *doppelte Feldkomposition,* wie ich es hier nennen möchte, wenn also nicht nur die Mikrowahrnehmung, sondern auch die Deutung der Situation in der Makrowahrnehmung durch technologische Gestaltung bewusst beeinflusst wird. Es gilt nämlich nicht nur, dass „learned bodily habituations are a crucial part of political occlusion" (Rosenberger 2017, S. 56). Auch eine hermeneutische Deutung auf der Makroebene, *was* eine Technologie ist und wozu sie da ist, kann technologisch verstellt sein. Das geht nur vor dem Hintergrund eines älteren Konzepts von Ihde, das ebenfalls in heutiger Postphänomenologie zentral ist. Menschen können durch Technologien nur getäuscht werden, wenn die Relationen, die sie mit Technologien eingehen, für unterschiedliche Personen oder in unterschiedlichen Situationen andere sind. Dazu müssen Technologien *mehr als eine* stabile Relation haben.

Dieses Konzept der *Multistabilität* wird in der Postphänomenologie konstant weiterentwickelt (de Boer 2021). Multistabilität hat zwei Ebenen. Erstens können *verschiedene Technologien aus derselben Praxis heraus entstehen,* wie die europäische und die polynesische Navigation oder die unterschiedlichen Bögen, die sich in verschiedenen Kulturen gebildet haben (Ihde 2009, S. 16–18). Zweitens kann *dieselbe Technologie verschiedene Praxen* in Form von unterschiedlichen Arten der Nutzung etablieren. Das demonstriert Ihde ebenfalls am Bogen, der in einem Kontext eine Waffe, in einem anderen Kontext ein Musikinstrument sein kann: „in a new context if one holds the bow in a horizontal position instead, and plucks the powstring – we are transforming the bow from its usual use, into a new use, as a sort of stringed instrument!" (Ihde 2007, S. 13). Unterschiedliche soziale Gruppen wie Musiker:innen und Krieger:innen können unterschiedliche Stabilitäten eines Artefakts in Praxis konstituieren. Diese Multistabilitäten kann man nun analysieren, indem man eine Analyse der Variationen von Technologien betreibt. *Multistabilitäten* werden zu einem Problem, wenn die eigene Sicht es verhindert, andere Sichten auf Technologie einzunehmen. Und das kann von Entwickler:innen von Technologie durchaus so gewollt sein.

10.3 Relation und Multistabilität in der Postphänomenologie

Das folgende Beispiel von Robert Rosenberger ist ein in der politischen Öffentlichkeit viel diskutiertes Beispiel einer solchen politisch problematischen Multistabilität von Technologie, die Lernenden in der Regel schon einmal in ihrer Lebenswelt begegnet ist. Mittlerweile ist solches Design, dass eine Nutzung durch Obdachlose verhindern soll, auch in Deutschland nicht nur in Großstädten vorhanden.

> **M22** – Bild einer Bank an der Haltestelle Gesundheitscampus in Bochum (Abb. 10.3) und **M23** – Robert Rosenberger (2017): Design gegen Obdachlose
>
> *Die Bank im Bild steht an der Bochumer Haltestelle Gesundheitscampus. Sie hat im Juli 2018 für heftige Debatten im Netz gesorgt, nachdem ein User auf Facebook ein Foto von ihr geteilt hat. Auch die Zeitung „Der Westen" berichtete. Der Text unten stammt von Robert Rosenberger. Er ist ein amerikanischer Technikphilosoph, der unter anderem solche Bänke als Technologien näher analysiert.*
>
> Die öffentliche Bank, wie jede andere Technologie auch, ist multistabil. Die vorherrschende Stabilität ist der Zweck, für den sie designt, hergestellt, gekauft und an einem öffentlichen Ort aufgebaut wurde: sie bietet einen Ort zum Sitzen. Die Bank im öffentlichen Raum vermittelt uns diese Nutzererfahrung, die diesen Ort in der Welt zu einem Platz macht, der uns dazu auffordert, uns hinzusetzen. Natürlich ist es möglich an andere Stabilitäten zu denken. Fahrradfahrer benutzen Bänke manchmal als Fahrradständer. Jogger stretchen sich manchmal an solchen Bänken. Ich habe selbst manchmal so eine Bank zu einem Tisch umfunktioniert und mein Essen darauf ausgebreitet; ich schwöre, das war eine ganz saubere Geschichte, ich hatte eine Unterlage und habe danach alles wieder weggeräumt.

Abb. 10.3 Bank an der Haltestelle Gesundheitscampus in Bochum. Foto: Jürgen von Polier für „Der Westen". Abgedruckt mit freundlicher Genehmigung der Zeitung. (Quelle der Bilddatei: https://www.derwesten.de/staedte/bochum/foto-bank-bochum-facebook-diskussionen-obdachlos-id214821397.html. Stand: 24.06.2022)

Aber natürlich ist die alternative Stabilität der Parkbank, die hier zum Problem wird, ihre potenzielle Nutzung als Bett und besonders ihre allgegenwärtige Nutzung für nur diesen Zweck durch Obdachlose. Für jene, die keinen Unterschlupf haben, ist eine Bank im Standarddesign ein Ding, das zum Schlafen auffordert. Das tut es nicht nur, weil die Bank zufällig so designt wurde, dass man das kann, sondern auch wegen ihrer Verortung im öffentlichen Raum. Wenn zum Beispiel die Bank an einem Ort aufgestellt ist, an dem viele andere Bürger vorbeikommen und sie so von vielen Menschen gesehen werden kann, dann kann das eine Sicherheit bieten, die in einem städtischen Raum sonst nur schwer gefunden werden kann. (Rosenberger 2017, S. 7 f., eigene Übersetzung)

Der Text mit dem Bild löst im Unterricht meist direkt die Diskussion aus. In diesem Zuge kann man auch auf die Interessen verschiedener sozialer Gruppen an der Bank eingehen, um zu zeigen, dass solch ein Design im Kern niemandem nutzt. Wichtig ist dabei, dass man am Ende auch noch zu dem kommt, was Rosenberger *alternative Stabilitäten* nennt – ganz andere kulturelle Konstellationen, in denen Technologien nicht in diesem Sinne *hostile designs* sein müssen (Rosenberger 2017, S. 77–81). In der Digitalität sind Multistabilitäten natürlich ebenfalls weit verbreitet und es ist noch viel undurchsichtiger, wie andere Menschen die Technologien verwenden. Nur ein Beispiel: der *Tor*-Browser kann einerseits Privatsphäre und Freiheit der Bürger vor dem Zugriff von Staaten und Unternehmen schützen, indem er die IP-Verfolgung beim Surfen im Internet verhindert. Damit arbeitete Edward Snowden, dieser Browser ermöglicht aber auch erst den Zugriff auf Darkweb-Seiten wie *Silk Road* und *AlphaBay*. Hier wird dieselbe Technologie in einer anderen Stabilität für Schwarzmarktgeschäfte verwendet. In manchen Staaten wird ein Verbot des Browsers diskutiert, das geschieht aber meist allein vor dem Hintergrund der kriminellen Stabilität.

Literatur

Bantwal Rao, Mithun, Joost Jongerden, Pieter Lemmens, und Guido Ruivenkamp. 2015. Technological Mediation and Power: Postphenomenology, Critical Theory, and Autonomist Marxism. *Philosophy & Technology* 28(3): 449–474.
Bergen, Jan Peter, und Peter-Paul. Verbeek. 2021. To-Do Is to Be: Foucault, Levinas, and Technologically Mediated Subjectivation. *Philosophy & Technology* 34(2):325–348.
de Boer, Bas. 2021. Explaining Multistability: Postphenomenology and Affordances of Technologies. *AI & Society*. https://doi.org/10.1007/s00146-021-01272-3.
Brey, Philip. 2010. *Feenberg on Modernity and Technology*. Twente. https://www.sfu.ca/~andrewf/books/Feenberg_Modernity_Technology.pdf.
Feenberg, Andrew. 1981. *Lukács, Marx and the Sources of Critical Theory*. Totowa, NJ: Rowman and Littlefield.
Feenberg, Andrew. 1995. *Alternative Modernity. The Technical Turn in Philosophy and Social Theory*. Berkeley, Calif.: Univ. of California Press.
Feenberg, Andrew. 1996. Marcuse or Habermas: Two Critiques of Technology. *Inquiry* 39(1):45–70.
Feenberg, Andrew. 2008. From Critical Theory of Technology to the Rational Critique of Rationality. *Social Epistemology* 22(1):5–28.
Feenberg, Andrew. 2009a. Peter-Paul Verbeek: Review of „What Things Do". *Human Studies* 32(2):225–228.

Feenberg, Andrew. 2009b. The May 1968 Archive: Anti-Technocratic Struggle in the May Events. *PhaenEx* 4(2):45–59.
Feenberg, Andrew. 2017. *Technosystem: The Social Life of Reason*. Cambridge, Mass. [u. a.]: Harvard University Press.
Floridi, Luciano. 2015. *Die 4. Revolution. Wie die Infosphäre unser Leben verändert. Aus dem Englischen von Axel Walter*. Berlin: Suhrkamp.
Gertz, Nolen. 2020. Democratic Potentialities and Toxic Actualities. Feenberg, Ihde, Arendt, and the Internet. *Techné: Research in Philosophy and Technology* 24(1/2): 178–194.
Habermas, Jürgen. 2011a. *Theorie des kommunikativen Handelns. Band 1. Handlungsrationalität und gesellschaftliche Rationalisierung*. Frankfurt a. M.: Suhrkamp.
Habermas, Jürgen. 2011b. *Theorie des kommunikativen Handelns. Band 2. Zur Kritik der funktionalistischen Vernunft*. Frankfurt a. M.: Suhrkamp.
Hartkopf, Herbert. 2008. Dosenöffner. Der lange Weg ans Eingemachte. In *Zipp und Zu! 50 Erfindungen, die unser Leben wirklicht veränderten*, Hrsg. Franz Metzger, 21–24. Stuttgart: Theiss.
Ihde, Don. 1990. *Technology and the Lifeworld. From Garden to Earth*. Bloomington, Ind.: Indiana University Press.
Ihde, Don. 1998. *Expanding Hermeneutics: Visualism in Science*. Evanston, Ill.: Northwestern University Press.
Ihde, Don. 2007. Technologies—Musics—Embodiments. *Janus Head* 10(1):7–24.
Ihde, Don. 2009. *Postphenomenology and Technoscience. The Peking University Lectures*. Albany: State University of New York Press.
Ihde, Don. 2012. *Experimental Phenomenology, Second Edition: Multistabilities*. Albany: State University of New York Press.
Kirkpatrick, Graeme. 2020. *Technical Politics: Andrew Feenberg's Critical Theory of Technology*. Manchester, UK: Manchester University Press.
Kroes, Peter, Maarten Franssen, und Louis Bucciarelli. 2009. Rationality in Design. In *Philosophy of Technology and Engineering Sciences. A Volume in Handbook of the Philosophy of Science*, Hrsg. Anthonie Meijers, 565–600. Amsterdam: North Holland.
Kudina, Olya, und Peter-Paul. Verbeek. 2018. Ethics from Within: Google Glass, the Collingridge Dilemma, and the Mediated Value of Privacy. *Science, Technology, & Human Values* 44(2):291–314.
Latour, Bruno. 1987. *Science in Action: How to Follow Scientists and Engineers Through Society*. Cambridge, Mass.: Harvard University Press.
Lukács, Georg. 1970. *Geschichte und Klassenbewusstsein. Studien über marxistische Dialektik. Sonderausgabe Sammlung Luchterhand. Textgleich mit Werke Band 2*. Neuwied und Berlin: Luchterhand.
Marcuse, Herbert. 1982. Some Social Implications of Modern Technology. In *The Essential Frankfurt School Reader*, Hrsg. Andrew Arato und Eike Gebhardt, 138–162. New York: Continuum Publishing.
Marcuse, Herbert. 2014. *Der eindimensionale Mensch. Studien zur Ideologie der fortgeschrittenen Industriegesellschaft*. Hrsg. Peter-Erwin Jansen. Springe: zu Klampen.
Marx, Karl. 1962. *Das Kapital. Kritik der politischen Ökonomie. Erster Band. Buch 1: Der Produktionsprozeß des Kapitals. MEW Band 23*. Berlin: Dietz.
Medvedev, Grigoriy. 1989. *Chernobyl Notebook*. Arlington, VA: Joint Publications Research Service Arlington.
Moreira, Tiago. 2011. Health Care Standards and the Politics of Singularities: Shifting In and Out of Context. *Science, Technology, & Human Values* 37(4):307–331.
Rogers, Kaleigh. 2016. Why Are Can Openers Still a Thing? We have the technology to just peel cans open, so why don't we use it? *VICE*, 20. Mai https://www.vice.com/en/article/qkjjvm/why-are-can-openers-still-a-thing-tin-cans-invented-history-peel-easy-off.
Rosenberger, Robert. 2017. *Callous Objects: Designs against the Homeless*. Minneapolis, MN: University of Minnesota Press.

Rosenberger, Robert. 2021. The Politics of the Passive Subject. *Social Epistemology Review and Reply Collective* 10(9):29–35.
Rosenberger, Robert, und Peter-Paul Verbeek. 2015. A Field Guide to Postphenomenology. In *Postphenomenological Investigations: Essays on Human–Technology Relations*, Hrsg. Robert Rosenberger und Peter-Paul Verbeek, 9–42. Lanham, Md.: Lexington Books.
Schnädelbach, Herbert. 2000. Rationalitätstypen. In *Philosophie in der modernen Kultur*, 256–281. Frankfurt a. M.: Suhrkamp.
Slota, Stephen C., und Geoffrey C. Bowker. 2017. How Infrastructure Matter. In *The Handbook of Science and Technology Studies*, Hrsg. Ulrike Felt, Rayvon Fouché, Clark A. Miller und Laurel Smith-Doerr, 529–554. Cambridge, Mass.: MIT Press.
Verbeek, Peter-Paul. 2005. *What Things Do. Philosophical Reflections on Technology, Agency, and Design.* University Park: Pennsylvania State University Press.
Verbeek, Peter-Paul. 2013. Resistance Is Futile: Toward a Non-Modern Democratization of Technology. *Techné: Research in Philosophy and Technology* 17(1): 72–92.
Verbeek, Peter-Paul. 2020. Politicizing Postphenomenology. In *Reimagining Philosophy and Technology, Reinventing Ihde*, Hrsg. Glen Miller und Ashley Shew, 141–155. Cham: Springer International Publishing.
Weber, Max. 1920. Die Wirtschaftsethik der Weltreligionen. In *Gesammelte Aufsätze zur Religionssoziologie. Bd. 1*, 237–573. Tübingen: J.C.B. Mohr (Paul Siebeck).
Weber, Max. 1980. Parlament und Regierung im neugeordneten Deutschland (Mai 1918). In *Gesammelte politische Schriften*, 306–443. Tübingen: Mohr.

Fallstudie: Die Digitalisierung von Schule 2011 bis 2021

Zusammenfassung

In dieser Fallstudie werden beispielhaft einige der in deutschen Schulen in den Jahren 2011 bis 2021 verwendeten Technologien mit Hilfe des *Critical Constructivism* und der *Postphänomenologie* analysiert. Die Studie zeigt so, wie technikphilosophisches Wissen für Prozesse des Forschenden Lernens und zur Reflexion und Verbesserung von technologiebezogenen Schulentwicklungsprozessen herangezogen werden kann. Mit dem Constructivism werden die Zweckentfremdung von Unterhaltungsapps als didaktisches Arbeitsmittel, das Classroom Management in den Tablet-Pilotklassen und die Verschickung von Notfallpaketen im Distanzunterricht philosophisch analysiert. Die jeweiligen Rationalitäten der Technologien werden herausgearbeitet. Mit der Postphänomenologie wird das Videokonferenz-Tool *Zoom* und die an frühe Computerspiele erinnernde Lernumgebung *Gather* auf Mensch-Technologie-Welt-Relationen und Stabilitäten hin aufgeschlüsselt.

Schlüsselwörter

Schulentwicklung · Tablet · App · Distanzunterricht · Zoom · Gather

11.1 Schulentwicklungsprozesse mit Technikphilosophie begleiten

Ich hatte in den vorigen beiden Kapiteln 9 und 10 einige Vorschläge mit Praxisbeispielen gemacht, die zeigen, wie ein Unterricht zur Analyse digitaler Technologie mit den Mitteln der neuen empirisch arbeitenden Technikphilosophie im Unterricht aussehen könnte. Die Technikphilosophie nach dem Empirical Turn ist gleichzeitig *technikphilosophisches Wissen* als auch *Methodologie für eigene empirische Technikstudien.* Die methodologische Seite dieses Wissen hat in schulischen Entwicklungsprozessen eine zusätzliche *implizite* Bedeutung. Mit diesem Wissen können sie auch den gegenwärtigen Entwicklungsprozess digitaler Technologien an Schule kritisch begleiten.

Lehr-Lerntechnologie gab es dabei immer schon. Die Räume unseres Lernens entsprechen gerade *nicht* den Visionen der Reformpädagogen. In Rousseaus *Émile* ist der eigentliche Lehr-Lern-Raum die Natur des Waldes von Montmorency. Technologien, wie die damals beliebte mechanische Ente, werden auf einem Jahrmarkt dem Émile nur vorgeführt, um an ihnen die Gesellschaftskritik zu entfalten, die das eigentliche Ziel von Rousseaus Reformpädagogik darstellt (vgl.: Rousseau 2001, S. 166). Allein die Existenz solch einer romantischen Gegenbewegung zeigt schon, wie *Technologien auch in vergangenen Zeiten in Lehr-Lern-Arrangements genutzt wurden.* Beeindruckende Zeugnisse hierfür sind hochtechnologischen Lehr-Lern-Räume aus der Geschichte der Pädagogik, wie etwa die Naturalienkabinette der frühen Neuzeit oder die Denklehrerzimmer der Aufklärung (vgl.: Schmitt 1999). Es ist vor diesem Hintergrund völlig falsch anzunehmen, dass erst mit der Digitalisierung Technologien in Schule eine Rolle spielen. Man kann aber mit Sicherheit sagen, dass die Digitalisierung als Bildungsreform eine *Dynamik* der technologischen Entwicklung mit sich brachte, ebenso wie die Anforderung an Lehrkräfte, an dieser Dynamik aktiv mitzuarbeiten. Gleichzeitig existiert eine gesteigerte Sensibilität für die Problematik technologischer Entwicklungen.

Ich werde in diesem Kapitel das eben dargelegte Instrumentarium des Critical Constructivism und der Postphänomenologie exemplarisch auf einige zentrale Technologien in der Digitalisierung von Schule in den Jahren 2011 bis 2021 anwenden, um zu demonstrieren, wie Technikphilosophie insbesondere im Forschenden Lernen im Praxissemester als *Methodologie* für Technologiestudien von Lehrkräften eingesetzt werden könnte. Hieran wird deutlich werden, dass die Digitalisierung von Schule nicht aus einem Guss ist und dass diese Entwicklung viele sehr unterschiedliche Technologien hervorgebracht hat. Umso wichtiger scheint es mir, dass Lehrkräfte im Studium etwas über Technikphilosophie lernen. Ich werde jetzt nacheinander einen Satz von stark in technologische Systeme eingebundenen Technologien, sog. *distalen* Technologien, mit Hilfe des Critical Constructivism analysieren und dann einen Satz von kulturell in der Lebenswelt ausdeutbaren Technologien, sog. *proximalen* Technologien, mit Hilfe der Postphänomenologie (zu dieser Unterscheidung: Bohlmann 2022). Das mache ich hier nur so weit, dass deutlich wird, wie solche Analysen aussehen können. Die folgenden Entwicklungen habe ich selbst erlebt, ich war in fast jeder der erwähnten sozialen Gruppen irgendwie involviert oder stand in direktem Austausch mit ihnen. Ich habe an zwei Gymnasien in Westfalen die Tabletprogramme begleitet, die HPI-Schul-Cloud eingesetzt und stand im Austausch mit den Entwickler:innen dieser Plattform in Potsdam. Noch kurz vor dem Corona-Lockdown organisierte ich Lehrkräftefortbildungen. Dennoch ist diese kurze Geschichte der Digitalisierung kein Bericht einer teilnehmenden Beobachtung. Ich analysiere Technologien mit philosophischem Instrumentarium. Diese Technologien gab es an vielen anderen Schulen im deutschsprachigen Raum auch; meist gibt es sie immer noch.

11.2 Technologien in Systemen – ein Blick mit dem Critical Constructivism

Die Digitalisierung hat in Schule einige Technologien hervorgebracht, die aus der Sicht des Critical Constructivism eine starke Bindung an die Logik bestimmter gesellschaftlicher Systeme hatte, die in das institutionell stark eingebundene Bildungswesen hineinwirkten. In diesen Systemen folgten die Akteure bestimmten Logiken, die durch die Technologien hervorgebracht wurden. Und es gab Konflikte um Technologien, in denen sich soziale Akteure gegen die jeweilige Rationalität im Zusammenhang des Lehrens und Lernens wehrten. Im Gegensatz zu der gängigen politischen Sicht, dass erst die Ausstattung der Schulen, insbesondere durch den Digitalpakt, die Digitalisierung von Schule vorangebracht habe, ist die Digitalisierung in dieser Geschichte hier ein Grassroots-Movement, das durch Engagement von Lehrenden zur technologischen Veränderung betrieben wurde. Die Entwicklung begann mit den frühen *Bricoleuren* in Schule, etwa im Jahr 2011 als das Appangebot für Apples *IPad2* ausgeweitet wurde und meine Erzählung endet im langen Lockdown des Jahres 2021. Diese Entwicklung war immer eine Entwicklung durch soziale Gruppen. Abb. 11.1 zeigt die jeweiligen Gruppen mit einigen wichtigen Technologien, die sie verwendeten, den Rationalitäten, die ihr technologisches Handeln bestimmten und der institutionellen Ebenen, auf denen die Entwicklung sich vollzog.

Auch vor diesem Prozess der Digitalisierung gab es schon eine soziale Gruppe, die eine feste technologische Praxis mit digitaler Technologie verfolgte, die ich hier die *Rechercheure* nennen möchte. Sie nutzten die Computerräume in den

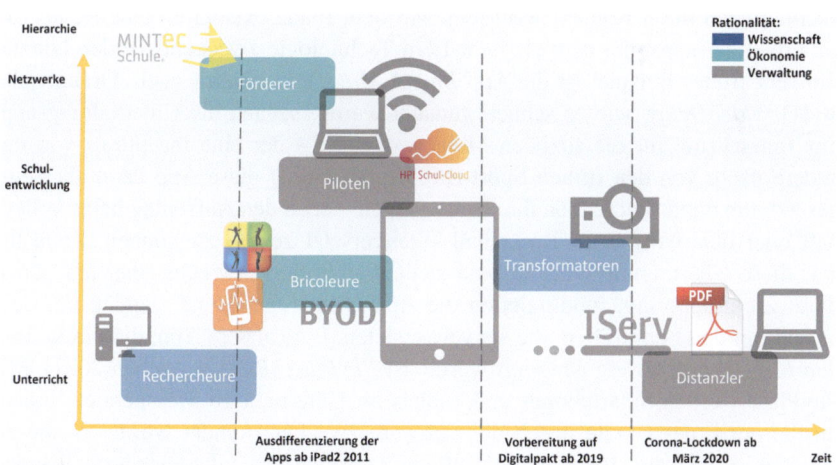

Abb. 11.1 Soziale Gruppen in der Digitalisierung von Schule. Eigene Darstellung. Einige Ressourcen, die verwendet wurden, tragen die Lizenz CC BY 3.0 und stammen von flatiron.com. Die Logos der Apps und Verbände sind hier als wissenschaftliche Referenz angegeben. Ihr Copyright bleibt bei den jeweiligen Eigentümern

Schulen, die wartungsintensiv und stationär waren. Klassen und Kurse machten im Schulalltag gelegentliche Ausflüge in den Computerraum, um dort fachdidaktisch erschlossenen Praktiken nachzugehen. Im Philosophieunterricht waren das vor allem die Tätigkeiten des Informierens und Recherchierens inklusive wissensreflexiver Formen, sowie einfache Textpraktiken, etwa das Erstellen von Blogeinträgen (Schmidt und Schütze 2015, 2016). Die Digitalisierung von Schule seit 2011, die nun beschrieben wird, etablierte sich auch als Gegenbewegung zu dieser Praxis.

11.2.1 Innovation: Förderer und Bricoleure mit Tablet-Apps

Die gegenwärtige Dynamik der Digitalisierung von Schule hatte zwei Ausgangspunkte. Da war erstens die Technologie der Apps auf Tablets, zweitens die zunehmende Etablierung einer Gruppe von Förderern in mathematisch-naturwissenschaftlichen Netzwerken (MINT). Das waren an mancher Stelle lokale Industrieunternehmen, ökonomisch orientierte Teile öffentlicher Verwaltung oder schlicht der Förderverein der Schule. Am sichtbarsten waren aber die im Zuge der Neuen Steuerung etablierten Schulnetzwerke zur Schärfung insbesondere des naturwissenschaftlich-technischen Profils wie das *MINT-EC Netzwerk*. Das Engagement in diesen Netzwerken hatte einen innovativen Impuls für die Schulentwicklung, insofern es zur Profilbildung beitrug. Man konnte recht einfach an Gelder für technische Ausstattung gelangen. So entstand die Gruppe der *Bricoleure* als frühe technische Innovatoren von Schule.

Bricolage – ein Terminus der auf den Ethnologien Lévi-Strauss zurückgeht – bezeichnet einen Prozess der Zweckentfremdung von Technologie, in dem Technologien ihren Kontext wechseln. Mit dem IPad2 existierten eine Reihe von Unterhaltungsapps, die man als Lehr-Lern-Technologie zweckentfremden konnte. Ein sehr frühes Beispiel ist die App *Bust A Move Video Delay* (vgl.: Orangeqube 2021). *VideoDelay,* wie es schnell genannt wurde, begann als Unterhaltungsapp, um Tanzschritte für die sozialen Medien zu üben – der eine machte es vor, der andere nach. Von den frühen Sport-Bricoleuren wurde diese App dann aber eingesetzt, um damit Lernenden ihre Bewegungen – etwa den Aufschlag beim Volleyball oder den Wurf beim Basketball – zeitversetzt zeigen zu können. Zunächst war diese Übertragung wild; alsbald stellten sich die Entwickler aber auf genau diese Zielgruppe ein, modifizierten die App entsprechend und standen im Austausch mit den Lehrkräften, die sie verwendeten. Eine andere App, die direkt über den MINT-Förderzweig generiert wurde, ist *PhyPhox* (RWTH Aachen 2021). Mit PhyPhox wurden Smartphones und Tablets im Unterricht zu Messgeräten, indem die Sensorik der Geräte durch die Software zweckentfremdet wurde. In diesen Geräten ist etwa ein Gyroskop verbaut, ein Kreiselinstrument, welches das Kippen des Bildschirms registriert, aber auch Bewegungen des Geräts für Navigation, Schrittzähler etc. nachzeichnet. Mit dieser Sensorik wurden im Physikunterricht dann Bewegungsanalysen möglich. Schnell gab es ein Wiki; die Lehrkräfte gaben den Entwicklern in Aachen Feedback und diese legten den Quellcode offen, so dass die Bastler in den Schulen sich selbst eigene Zweckentfremdungen der Sensorik ausdenken konnten. Im Philosophieunterricht wurde die App *ComicLife3* eingesetzt, um theatrales Philosophieren (vgl.: Gefert 2002) in Bildsequenzen zu ermöglichen. Die Schüler:innen mussten dann gestalterische Entscheidungen zu den Comics treffen, die den philosophischen Gehalt ihrer Darstellung noch einmal anreicherten. Die Beispiele für solche Zweckentfremdungen waren so zahlreich wie die Apps. Mit der Praxis des Einsatzes dieser Apps als Arbeitsmittel im Unterricht fingen Schulen an, Bestände an Tablets und Apps aufzubauen. Es entwickelten sich Ausleihsysteme; ähnlich wie bei der Buchung eines Computerraumes konnten sich Lehrkräfte Tablet-Sets für einzelne Stunden reservieren und trugen dann – meist mit Hilfe der Lernenden – die Tablets in die Klassen. Die Organisation dieser Systeme, die Wartung der Geräte und die Auswahl der Apps erforderten enorme Initiative der frühen Bricoleure. Ihr Stundendeputat wurde durch Schulentwicklungsmittel selten ganz entlastet. Diese Bricoleure trieb eine Logik der Innovation an, von der schon Marcuse festgestellt hatte, dass sie eine wesentliche Eigenschaft des ökonomischen Systems ist und der auf Reproduktion basierenden Logik der Verwaltung, wie sie sonst in Schule herrscht, widerspricht (Marcuse 1982). Diese Lehrkräfte transformierten ihren bestehenden Unterricht nicht; es ging vielmehr darum etwas möglichst *Neuartiges* im Unterricht zu machen. Je waghalsiger die Bricolage, desto überzeugender war der Innovationsimpuls. Auch die Lernenden stellten sich auf diese Innovation ein, sie freuten sich über die Abwechslung. Die digitalen Geräte übten im Unterricht allein dadurch auch immer eine innovative Funktion aus, weil sie sonst im Schulalltag für die Schüler:innen meist verboten waren. Ein Konflikt um Technologie im Sinne Feenbergs ergab sich erst in Beziehung zum Regelunterricht. Lehrkräfte, die Tablets und Apps nicht einsetzten, empfanden hier durchaus einen Druck, auch ihren Unterricht technologisch neu zu gestalten. Sie stellten entweder eine wissenschaftlich-didaktische Logik gegen die Innovationslogik der Apps oder sie argumentierten über ihre administrative Aufgabe, Inhalte zu vermitteln, die sie sonst zeitlich nicht bewältigen konnten. Den nächsten technologischen Schritt kann man sich auch als Reaktion auf diesen Konflikt erklären.

11.2.2 Classroom-Management: Die Piloten in der Schul-Cloud

Der Tabletbestand einiger Schulen wuchs durch die frühe Bricolage und damit wurde dort auch überlegt, wie man weitere Lehrkräfte erreichen konnte; erste Fortbildungen wurden organisiert. Gleichzeitig entstand in Antizipation des Digitalpaktes Schule, der milliardenschweren Förderung durch den Bund, auch ein äußerer Anreiz an den Schulen bereits im Vorfeld zu demonstrieren, dass man dort Konzepte für die Digitalisierung bereithielt. Diese Konzepte konnten nicht mehr nur einzelne Arbeitsphasen betreffen. Es ging darum alle an Bord zu holen; die *Piloten* entstanden als soziale Gruppe. An vielen Schulen wurden Pilotprojekte eingerichtet, mit denen demonstriert werden sollte, dass ein möglichst weitergehender digitalisierter Unterricht möglich war. Es waren fast immer auch hier noch Tabletsets, mit denen diese Pilotklassen und ihre Lehrkräfte hantierten. Die technologische Praxis war aber eine völlig andere. Die Tablets in den Pilotklassen waren entweder im Besitz der Lernenden, von der Schule bereitgestellt oder von Eltern gekauft; oder sie wurden von der Schule exklusiv einer Klasse permanent zur Verfügung gestellt. Ganze Klassen und ein guter Teil der sie unterrichtenden Lehrkräfte stellten einen nicht unerheblichen Teil ihres Unterrichts auf diese Pilotprojekte um. Allein deshalb konnte die bisherige Praxis des Einsatzes von Apps in Arbeitsphasen hier auch schon nicht mehr stattfinden. Stattdessen wurde eine andere Funktion der digitalen Endgeräte stark gemacht, die in Programmen zur *Organisation der Arbeit* schon bereitstand. Die Tablets wurden nun für das Classroom-Management einer gesamten Klasse eingesetzt. Oft wurden jene Lösungen hier verwendet, die allemal auf den Geräten vorhanden waren, um in organisatorischen Zusammenhängen in Unternehmen Dateien auszutauschen, Termine zu verwalten oder sich gegenseitig Feedback und Informationen zukommen zu lassen. Das herausragende Beispiel für die neue technologische Rationalität, die mit den *Piloten* in die Schulen kam, ist aber wohl die eigens für diesen Kontext entwickelte *HPI Schul-Cloud,* die oft auch „Bundes-Cloud" genannt wurde, weil sie direkt vom Bund finanziert wurde (vgl.: Hasso Plattner Institut 2021). Diese Cloud wurde von den in den Pilotklassen agierenden Lehrkräften in Design-Thinking-Workshops mitkonstruiert; die Lehrkräfte fuhren hierzu regelmäßig nach Potsdam zu den Entwicklern. Mit dem neuen sozialen Kontext der Technologie im Unterricht änderte sich hier auch sehr deutlich die technologische Praxis. Die Schul-Cloud bildete Stundenplan, die Reihenstruktur mit den jeweiligen Unterrichtsthemen, einzelne Unterrichtsstunden mit Aufgaben und die Möglichkeit eines Lehrerfeedbacks ab. Wenn man sie vollständig verwendete, konnten Lernende damit sämtliche Schulhefte, ihren Schulplaner und ihren Stundenplan ersetzen. Auch Lehrkräfte konnten ihre Unterrichtsorganisation, die vorher teils mit Apps wie dem *TeacherTool* oder noch analog mit handschriftlichen Lehrplanern wie dem *Timetex* organisiert war, nun weitgehend über die Cloud abwickeln. Der stetig beworbene Vorteil war die permanente Verfügbarkeit des Systems, so dass leere Stunden im Bus oder Zug mit schulischem Lernen gefüllt werden konnten; ein klarer Vorteil der Arbeitsorganisation. Mit solchen Managementsystemen etablierte sich aber auch eine *Logik der Verwaltung* in den Pilotklassen, die teilweise von Schüler- und Lehrer:innen als direkt problematisch eingeschätzt wurde und die sich im Laufe der Entwicklung erst noch konflikthaft austarieren musste. So hatten Lehrkräfte prinzipiell die Möglichkeit, ständig jede Abgabe der Lernenden in der Cloud zu sehen – so als hätte man permanent Einblick in jedes Heft. Auf der anderen Seite gab es die Möglichkeit, jedem/jeder Schüler:in individuelles Feedback zu jeder Abgabe zukommen zu lassen, ganz im Sinne des neuseeländischen Bildungsforschers John Hattie (vgl.: Hattie 2012). Das machte Druck auf die Lehrkräfte, sich mit den Produkten der Lernenden in ausferndem Maße zu beschäftigen. Auch die Aufgabe, die erst einmal leere Reihenstruktur zu befüllen und den Lernenden den Aufbau des Unterrichts damit transparent zu machen, war erst einmal mit einiger zusätzlicher Arbeit verbunden. Die Rationalität der modernen technologischen Verwaltung in diesen Verwaltungsprogrammen regte Lernende und Lehrende gleichzeitig zur Struktur und Offenlegung der eigenen Arbeit an.

11.2.3 Im Austausch mit der Wissenschaft: Die Transformatoren mit Wifi und Beamer

Mit den Mitteln des Digitalpakts Schule wurde eine rudimentäre Infrastruktur Zug für Zug in jeder Schule und in jeder Klasse etabliert, die wesentlich aus der Installation von Wifi und Projektionstechnologien bestand. An vielen Schulen war das alles auch schon vor dem Digitalpakt durch Eigeninitiative oder städtische Initiative vorhanden. Aus technikphilosophischer Sicht ist hier bedeutend, dass damit nicht mehr der Einsatz der Technologie ins Auge fällt, sondern ihr *Nichteinsatz*. Vorher ermöglichten oft erst transportable Laptop-Beamer-Kombinationen oder ein Raumwechsel die Verwendung digitaler Technologien im Unterricht. Mit der Grundausstattung jedes Raumes fällt der Beamer aber ins Auge, wenn er ausbleibt. Mit der Internetanbindung jedes Klassenraumes hat Wissenschaft einen vorher nicht gekannten direkten Zugang zum Unterricht. In den Schulstunden, die auf diesem Weg schon mit Materialien aus dem Internet bestritten werden, werden Quizformate wie *Kahoot,* aber auch Seiten, die bereits von den Fachdidaktiken konzipiert sind, verwendet. Diese sind aber in aller Regel *nicht nur* für den direkten Einsatz im Unterricht gedacht. Ich hatte eingangs dieses Buchteils schon *Segu-Geschichte* erwähnt (Pallaske 2016). Diese Plattform ist für das selbstgesteuerte Lernen gedacht, etwa zur Vorbereitung auf eine Klausur. Logiken der Internetpublikation von Inhalten für das Fach Philosophie umfassen die Wissenschaftskommunikation neuer gesellschaftlich relevanter Themen wie der Genschere CRISPR-Cas9 (Dietrich 2021), die unterrichtliche Vorbereitung der Lehrenden im Vorfeld des Unterrichts durch Erleichterung der Materialsuche zu neueren wissenschaftlichen Themen (Burkard 2021), oder die Information einer weiteren Bevölkerung über politisch aktuell relevante Themen in Form eines Blogs (Applis 2021). Bei fachwissenschaftlichen Inhalten direkt aus dem Internet, die ebenfalls seitdem gerne verwendet werden, weicht die spezifisch *wissenschaftliche Logik* der Technologien noch viel deutlicher von dem ab, was direkt im Unterricht damit gemacht werden kann. So können heute im Physikunterricht etwa auch Remote-Experimente an Universitäten oder Remote-Sternwarten gesteuert werden. Seit der Transformation der Räume in Schule kann bei der Erstellung solcher Formate immer auch die Möglichkeit des direkten Einsatzes im Unterricht mitgedacht werden. Die Logik der Forschung, aus der jener Zugang über das Internet einmal entstanden ist, versperrt sich aber oft der didaktischen Einsatzmöglichkeit. Mit der technologischen Transformation der Schulen entstand deshalb eine neue soziale Gruppe, die sich in Fortbildungen, aber auch in den einzelnen Fachschaften in besonderem Maße darin engagierte, frei zugängliche Inhalte im Internet auf den didaktischen Einsatz im Unterricht herunterzutransformieren. Diese Gruppe nenne ich die *Transformatoren.* Diese Transformatoren waren in aller Regel erst einmal damit beschäftigt, die technische Seite der

Installationen in vielen internen und externen Fortbildungen zu vermitteln. Sie hatten immer fachdidaktische Ziele, beschäftigten sich aber dann oft mit den technisch-wissenschaftlichen Problemen der Technologien.

11.2.4 Notversorgung: Distanzler mit Schulserver- und Mailingsystemen

Ohne den Corona-Lockdown, der die Schulen im Frühjahr 2020 traf, würde dieser Abschnitt in dieser Rekonstruktion von Schultechnologien mit dem Critical Constructivism wohl fehlen. Schon vor dem Lockdown hatten viele Schulen eine Schulserver- und Mailinglösung, das bekannteste System ist *IServ* (IServ GmbH 2021). Diese Software war einst ein *rein administratives Programm* auf dem Daten der Schulrechner hinterlegt, Softwareupdates administriert und die Lernenden über ein Mailsystem erreicht wurden. Hierüber erhielt auch jede in Schule beteiligte Person eine Schul-Mailadresse. Am ersten Tag des Lockdowns waren diese Systeme die einzige Möglichkeit, Unterricht aufrechtzuerhalten. Die Cloud-Systeme aus den Pilotklassen waren bei weitem nicht für alle zugänglich. Unter den gegebenen Kontaktbeschränkungen war es oft unmöglich, hierzu noch Fortbildungen zu organisieren. Systeme wie *IServ* waren die einzige Möglichkeit, eine Grundversorgung bereitzustellen. So wurden vielerorts erst einmal PDFs oder Scans in Bildformaten von Arbeitsblättern herumgeschickt, damit die Schüler:innen selbstständig von Zuhause weiterarbeiten konnten. Diese Technologie folgte einer Logik der Verwaltung, die aber ganz anders war als in Management-Systemen wie der *Schul-Cloud*. Diese hatte alle Beteiligten zu einer extensiven zeitlichen Beschäftigung mit dem System verleitet, während hier eine Grundversorgung wie in humanitären Notlagen Ziel der technologischen Praxis war. Lehrkräfte bastelten *Care-Pakete* aus Lernmaterialien und sandten sie den Schülern; der direkte Kontakt war vielerorts unmöglich. Es war dann aber ein gewichtiges Problem von jedem Lernenden in irgendeiner Form eine Rückmeldung der Lernsituation zu erhalten. Mit der zunehmenden technologischen Normalisierung des Distanzunterrichts wurden weitere Funktionen in Systeme wie IServ eingebaut, etwa Messengerdienste und Videochats, die auf diese Rückmeldungsproblematik speziell ausgerichtet waren. Die grundlegende Funktionsweise als Mailingsystem schuf aber eine Praxis, die man durch technologische Veränderungen nicht so schnell aus dem System bekam. Die *Logik der Versorgung* wurde so vielerorts auch zu einer *Logik der Unterversorgung*.

11.2.5 Fazit zur Analyse mit dem Critical Constructivism

Keine der genannten Rationalitäten ist unumgänglich, Technologien können verändert werden. Diese kurze Geschichte zeigt, dass Technologien pfadabhängig sind und dass soziale Gruppen mit ihnen entstehen und sie wesentlich tragen. Sie zeigt aber auch die schnelle Veränderung ganzer technologischer Kontexte in nur wenigen Jahren. Der Critical Constructivism kann bei der alltäglichen Technologienutzung auf mögliche Realabstraktionen hinweisen. Solche Realabstraktionen wären hier:

- die spektakuläre Zweckentfremdung einer Unterhaltungsapp, nur um die bloße Innovation des Unterrichts zu demonstrieren
- das ständige Feedback in der Cloud, das zum Selbstzweck wird
- das Remote-Teleskop, das nur verwendet wird, weil es erstmals im Unterricht möglich ist und Wissenschaft erlebbar macht
- die PDF, die per Mail versendet wird, um aus der Distanz zu unterrichten, aber nie gelesen wird

Der Critical Constructivism macht auf diese Probleme aufmerksam, aber auch auf die Möglichkeiten der technologischen Veränderung. Im Übergang von 2021 zu 2022 erleben Schulen den massiven Ausbau des Tabletbestands und vielerorts den starken Einsatz von *MicrosoftTeams*, einer Classroom-Management Lösung. Auch diese Entwicklung ist noch sehr pfadoffen und kann mit dem Constructivism kritisch begleitet werden.

11.3 Analyse der Videoformate in der Pandemie mit der Postphänomenologie

Auch im nicht-digitalen Klassenzimmer ist die Lebenswelt immer schon technologisch vermittelt. Dort gibt es eine Vielzahl an Technologien in allen von Ihde beschriebenen technologischen Mediationen selbst in vermeintlich nicht-technologischen Situationen. Schüler:innen verkörpern ihre Stifte und Geodreiecke, sie gehen hermeneutische Relata mit der schwer zu entziffernden Handschrift der Lehrerin an der Tafel ein, für sie kann das einfache Experiment auf dem Tisch und das Nachschlagewerk in Buchform ein phänomenal Anderer sein, der die richtige Antwort ausspucken soll. Heizung und Licht werden zu einem Hintergrund des Lehrens und Lernens. Sie fallen nur auf, wenn sie sich verändern, etwa dadurch, dass eine Lehrkraft Stoßlüften für eine ebenfalls technologisch notwendige Praxis hält.

Mit der völlig neuen didaktischen Sicht im Lockdown haben sich auch Technologien fast aus dem Nichts in Schule etabliert, deren Einsatz im Klassenzimmer wohl immer noch undenkbar wäre. Das sind einerseits Videochattechnologien wie etwa die in *MicrosoftTeams* integrierte Funktion oder die Software *Zoom*. Das sind andererseits aber auch jene Technologien, die eine Immersion in eine virtuelle Lernwelt ermöglichen; Beispiele hier sind *Wonder* oder *Gather*. Mit postphänomenologischem Repertoire kann man sich an dieser Stelle erstens fragen, welche Relation wir in diesen Fällen mit der Technologie eingehen, welche Stabilitäten die Technologie jeweils hat und welche politische Hermeneutik hier möglicherweise aktiv ist. Mit der letzten Frage wird dann auch die normative Dimension solcher Interface-Technologien problematisierbar. Verbeek schlägt hierfür drei Dimensionen vor: a) „how *power relations* are technologically mediated", b) „how political *interaction* takes shape in technologically mediated way" und c) „how technology helps to shape the character of political *issues*" (Verbeek 2020, S. 142 Hervorhebungen im Original). In diesem Zuge werde ich auch die kritische Frage an Technologien von Rosenberger aufgreifen „how systems of bias can go unnoticed, especially by those not targeted by them" (Rosenberger 2020, S. 83). Ich denke, in diesen Interfaces gibt es jeweils eine verborgene Stabilität, die aber gerade das System aufrechterhält, ich nenne das eine *subversive Stabilität.*

11.3.1 Videochat-Systeme am Beispiel von Zoom

Alle Videochatsysteme haben eine so große Ähnlichkeit mit dem Marktführersystem *Zoom,* dass ich mich in diesem Abschnitt hierauf berufe, auch wenn viele Schulen andere Lösungen bereithielten. Zu Zoom gibt es bereits eine Studie im edukativen Kontext, die von Galit Wellner, einer israelischen Hochschullehrerin, vorgelegt wurde (Wellner 2021). Wellners Grundthese ist erst einmal, dass wir in Zoom eine *embodiment relation* erfahren, so dass uns das Programm transparent wird und wir die Personen im Display sehen als säßen sie mit uns im Raum an einem Tisch, in Ihdes Nomenklatur der Relata also:

(I – Technology) → World (Wellner 2021, S. 4).

Tatsächlich standen auch einige Lehrer:innen oder bauten gar eine Tafel hinter sich auf. Das bekräftigt Wellners These. Wellner argumentiert weiter, dass auch die *hermeneutic relation* ein wichtiger Bestandteil von Zoom ist. Das ist wohl am besten deutlich im Modus des Bildschirmteilens, in dem man anderen Konferenzteilnehmern etwas zeigen kann; meist in Form von PowerPoint-Folien:

I → (Technology – World) (Wellner 2021, S. 4).

In diesen Momenten wechseln wir von einem Gespräch zu einer Lesung des bildlich Dargestellten. Die Lehrenden vollzogen diesen Wechsel performativ, indem sie einen Text live über das Bild sprachen.

Wellner verfolgt nun weiter, wie es zu der weithin festgestellten Lethargie kommen kann, die landläufig heute die Bezeichnung *Zoom-Fatigue* (Zoom-Erschöpfung) trägt, Wellner nennt es das Zoom-bie-Syndrom: „digitally present as an empty ‚box', they fail to constitute well-functioning embodiment relations with Zoom and the course" (Wellner 2021, S. 5). Ich denke, dass es hier auch eine Rolle spielt, dass man sich bei abgeschalteter Kamera tatsächlich als leerer Kasten *selbst sieht,* während man ansonsten ständig sein eigenes Erscheinungsbild gespiegelt bekommt.

Nun kritisiert Wellner im Folgenden vier Punkte an der technologischen Gestaltung bei Zoom:

- Die Verkörperung im Meeting sei abgetrennt von der eigenen sinnhaften Wahrnehmung der Anwesenheit – man lese so z. B. seinen Namen im Meeting, ohne einen hermeneutischen Bezug aufbauen zu können.

11.3 Analyse der Videoformate in der Pandemie mit der Postphänomenologie

- Der einseitige Vortrag in Zoom führe dazu, dass sich Lernende die Inhalte nicht aneignen.
- Die Alteritätserfahrung in einem Raum mit anderen Lernenden sei nicht gegeben und so sei es unmöglich seine Aufmerksamkeit *gemeinsam* auf einen ebenfalls *gemeinsamen* Lerngegenstand zu richten.
- Der tatsächliche Raum am heimischen Küchentisch, der Trubel der Familienwohnung und die oft instabile Technik machen ein Abtauchen der Technologie im Hintergrund oft unmöglich (Wellner 2021, S. 5–7).

Wellner diskutiert hier also das *Nicht-Funktionieren* von Zoom. Ich denke hingegen, die politische Dimension der Software sehen wir erst, wenn wir uns *gutes Funktionieren und etwaige Multistabilitäten* ansehen. In den Dimensionen von Verbeek (s. o. a-c) und dem auch stabilen anderen (a-c alt) ergibt sich dann:

a) Machtrelationen ergeben sich erst einmal durch einen stetigen Vortrag ohne Gegenrede. Hierauf deuten schon die Steuerung des Fokus des Programms auf die redende Person und die Praxis des Ausschaltens des Mikrofons hin. Das mag man durch die Herkunft der Software aus Unternehmenskonferenzen oder mit den häufigen technischen Defekten störender Mikrofone in den Anfangszeiten erklären. Auch der Warteraum ist hierarchisch, es ist eine generell gängige Form der Ausübung von Herrschaft, Menschen im Warteraum ohne Angabe von Zeit sitzen zu lassen (vgl.: Göttlich 2018). Im Warteraum von Zoom ist Kommunikation nur einseitig möglich, um Trollen keine Möglichkeit der Störung zu gewähren.

a alt) Anders als im Klassenzimmer kann niemand kontrollieren, was Teilnehmende jenseits des Kameraausschnittes tun. Wenn sie die Kamera ausschalten, brauchen sie noch nicht einmal im Bild sein. Diese Form der Tarnung wirkt auf der anderen Seite bedrohlich. So ist es eine andere Stabilität von Macht, in Zoom durch Unnahbarkeit die Redenden unter Druck zu setzen.

b) politische Interaktion läuft ebenfalls nach festen Regeln ab. Hier ist das Heben einer virtuellen Hand Zeichen des Redebeitrags, der dann meist in fester Abfolge einer Redekette stattfindet. Das Gespräch mit dem Tischnachbarn ist nicht möglich, auch kein kurzes Murmeln oder ein Kommentar zur Seite, um die eigene Meinung abzusichern.

b alt) Der Textchat bietet permanent die Möglichkeit anderen Teilnehmern Nachrichten zu senden, was wegen der Position von Kamera und Tastatur unbemerkt stattfinden kann. Hier kann sich völlig ungesehen vom Redenden über den Vortrag und Anderes ausgetauscht werden.

c) Die eigene Erscheinung und das eigene Auftreten sind in Zoom politisiert. So setzen sich Lehrende gerne vor ein Bücherregal. Man ist ständig verleitet, sich beim Vortrag nicht nur gelegentlich selbst im Spiegelbild des eigenen Zoomfensters zu kontrollieren – oft erwischt man sich dabei, wie man sich selbst beim Vortragen anschaut. Über den ständig sichtbaren Nametag in

Zoom sind selbstgewählte genderspezifische Attribute wie "(she/her)" vor dem Namen ein politisches Statement. Solch eine Politisierung der eigenen Erscheinung trifft auch die Zuhörer durch den unweigerlichen Aufforderungscharakter zur Partizipation.

> c alt) Raum hat keine politische Dimension mehr; ich kann den Hintergrund beliebig verändern und verbergen. Es ist kein Zeichen der Wertigkeit mehr, ob man physisch anwesend ist, man kann bei einer Vielzahl an sozialen Ereignissen als Zaungast teilnehmen, wirkt aber als vollständiges Mitglied. Teilnehmer aus dem Urlaub oder in Sportkleidung auf dem Fahrrad werden akzeptiert, weil mit dem physischen Raum auch ein Raum an Konventionen fällt.

So denke ich, muss man Wellners postphänomenologische Analyse hier entscheidend erweitern. Was wie ein Defekt von Zoom wirkt, ist an vielen Stellen Zeichen einer anderen, *subversiven Stabilität* der Software. Nur deshalb konnte sie sich wahrscheinlich auch so schnell etablieren, weil jene „geheimen Kräfte" (Bernfeld 1973, S. 28), die auch in der Schule in Präsenz ein Unterrichtsgeschehen über das didaktische Programm hinaus ermöglichen, sich hier entfalten können.

11.3.2 Immersionstechnologien am Beispiel von *Gather*

Gather knüpft auf den ersten Blick mit seiner Pixelgrafik eher an frühe Abenteuerspiele auf PC-Systemen wie *Amiga* und *Commodore* an als an Videochat-Software. Dennoch sind *Wonder* und *Gather* gerade in der Möglichkeit der Immersion in einer virtuellen Welt als Alternativen zu Zoom gestaltet. Auf der Wonder-Website heisst es in Bezug auf ein dort abgebildetes Bild eines Zoom-Meetings: „One person talks, everybody else has to listen. They all watch passively and don't get together" (Wonder 2021). Und bei Gather: „a better way to Gather, work, host events, learn, hang out" (Gather Presence Inc. 2021). Die nostalgische Pixelgrafik von Gather dürfte dabei eher die Generation der Lehrenden als der Lernenden direkt ansprechen. Als Lehrkraft kann man hier ganze Lernarrangements mit Räumen, Möbeln und Medien gestalten. Ein Rednerpult ermöglicht einseitige Kommunikation zu jedem Teilnehmer in der Welt. Der Normalfall ist aber, dass man nur diejenigen *in persona* im Videochat sieht, die mit ihrem digitalen Avatar in der Computerspielewelt *in der Nähe* sind. Ab einem bestimmten Radius blendet das Videochatfenster ein oder aus.

Gather ermöglicht es, Gruppenphasen ähnlich wie in der Schule zu gestalten, weil die Lehrkraft nicht ständig dabei ist und man die Figur der oder des Lehrenden nahen kommen sieht, bevor sie oder er im Bild auftaucht. Auch ist die Medienintegration derart möglich, dass sich Formen des Stationenlernens online gestalten lassen.

Auch in Gather finden wir eine Form verkörperter Technologie, die für Ihde immer zwei Dimensionen hat, einerseits den direkt wahrgenommen eigenen Körper auf Mikroebene, andererseits die immer schon kulturalisierte Interpretation des eigenen Körpers auf Makroebene, das ist die hier herrschende *embodiment relation* (Ihde 2002, S. 17). Das in Gather der eigene Charakter in einer bestimmten Distanz gezeigt wird, macht ihn aber gleichzeitig zu einer Figur in einer Geschichte, die wir hier nur in hermeneutischer Hinsicht lesen, die *hermeneutic relation* erhält ein Narrativ (vgl.: Ihde 2012, S. 139). Mit seiner Figur in Gather kann man eine Relation durch persönliche Gestaltung eingehen, man kann Aussehen, Kleidung, Geschlecht und Namen bestimmen, nimmt sich fortan aber hier eher distanziert war und schaut sich beim Lernen zu. Bringt das eine Form der Reflexivität für das eigene Lernverhalten oder führt es zu einer teilnahmslosen Distanz?

Mit Gather sind ethisch relevante Formen der Aggression in der Spielewelt möglich, die aus Computerspielen bekannt sind. So können die Teilnehmer andere Figuren durch ständiges Rein- und Rauslaufen aus dem Sprachradius oder Kritzeleien auf dem virtuellen Whiteboard nerven (*Griefing*), oder bestimmte Orte in der Spielewelt durch ihre Anwesenheit für andere blockieren (*Camping*). Gather könnte außerdem zur Praxis des *Idlings* führen, in der Spielende in einer virtuellen Welt ihre Zeit verbringen, während sie sich in der realen Welt mit anderen Dingen beschäftigen. Die Praxis von Gather kann aber auch zu einer Multiplayer-Erfahrungen analog zu Rollenspielen beitragen, wenn man gemeinsam eine Aufgabe löst etc. Wie genau sich diese Technologie hier ausgestalten wird, ist noch offen. Sie ist im edukativen Bereich noch neu und hat sich wohl noch gar nicht richtig im Kontext des Lehrens und Lernens stabilisiert. Es zeichnet sich hier aber wohl schon deutlich ab, dass die Analyse der *subversiven Stabilität* von Gather eine bisher ungesehene Dimension der Gamification zeigt. Bisher wird Gamification gerade in den *Game Studies* als problematischer Begriff gesehen, während Computerspiele an sich als edukativ unproblematisch gefasst werden. Raczkowski und Schrape schreiben: „Der umfassenden Ablehnung des Gamification-Begriffs in der Computerspielforschung steht allerdings eine Rhetorik der Relevanz und des Potenzials digitaler Spiele gegenüber, die teils von den Designerinnen und Wissenschaftlerinnen betrieben wird, die Gamification besonders entschieden zurückweisen" (Raczkowski und Schrape 2018, S. 323). In der Analyse hier zeigt sich ein möglicherweise problematischer sozialer Gehalt von Videospielen gerade in der *Dimension des Spiels,* insofern Aktionen des Griefings, Campings oder Idlings zumindest vor einer aristotelischen Tugendethik den Spielern zugeschrieben werden können (vgl. Ulbricht 2020, S. 65), aber möglicherweise auch gerade der Spielstruktur angelastet werden kann. Die Gamification ist dann wegen ihres Gehalts *als Videospiel* problematisch, während sie sonst gerade deshalb oft als positiv und motivierend gedeutet wird.

11.3.3 Fazit zur Analyse mit der Postphänomenologie

Stabilitäten von Technologien können sich bei *Zoom* gerade in vermeintlichen Defekten zeigen, wie dem Zoom-bie-Syndrom oder der Zoom-Fatigue. Was auf den Redner wie ein Problem der Software wirkt, ist für den Zuhörer aber oft genau die Praxis, mit der jener überhaupt mit der Technologie umgehen kann. Hier gilt es wohl beide Stabilitäten zu sehen und in der Praxis weiterzuentwickeln. Das kann man durch sprachliche Regeln tun oder mit der Hilfe technologischer Einstellungen, die es in *Zoom* schon gibt; oft hilft aber wohl auch schon gegenseitiges Verständnis.

Bei *Gather* sehen wir, wie sich Technologie erst langsam in stabile Praxen manifestiert. Hier ist noch nicht leicht zu sagen, wo die Stabilität dieser Software im edukativen Bereich liegen könnte. Weitere empirische Untersuchungen sind hier notwendig, insbesondere mit Blick auf den möglicherweise problematischen Aspekt der Gamification.

Offensichtlich ist aber bereits jetzt schon, dass solche Lösungen für bestimmte edukative Zwecke auch nach der Pandemie bleiben werden. Technologien sind pfadabhängig. Sie sind in der Welt persistent, gerade auch weil sie *eine Welt im phänomenologischen Sinn erst konstituieren.* Wir werden mit Sicherheit weiter zoomen, vielleicht werden wir auch gathern, diese Praxen werden sich mit unserer technologischen Kultur verändern.

Die hier im Kap. 11 vorgestellten Technologiestudien sollten vor allem eines zeigen: Es macht Sinn, wenn Lehrkräfte ihr eigenes technologisches Handeln technikphilosophisch auch empirisch reflektieren können. Mit einem weiteren Skopus technikphilosophischer Theorien wäre hier noch viel mehr möglich. Die möglichen Reflexionspotentiale der Technikphilosophie sind tatsächlich viel größer als hier gezeigt.

Insgesamt habe ich in diesem zweiten Buchteil, eine empirisch arbeitende Technikphilosophie für ein Lehrerwissen, aber auch für eine explizite Behandlung in der Schule vorgeschlagen. Dabei stellen die in Kap. 9 und 10 am didaktischen Material entwickelten Philosopheme keine Ganzheit dar; sie könnten auch einzeln im Unterricht Verwendung finden. Ich habe in diesem Teil des Buches die These untermauert, dass eine empirisch ausgerichtete Technikphilosophie Möglichkeiten bietet, die digitalen Technologien unseres Alltags zu hinterfragen. Wir stehen unseren Technologien nicht hilflos gegenüber.

Ich möchte mit einer kleinen Anekdote diesen zweiten Teil schließen. Im berühmten Spiegel-Interview mit Martin Heidegger von 1976 – dem letzten vor seinem Tod – steht als eine Zwischenüberschrift der bis heute viel zitierte Satz: „Nur noch ein Gott kann uns retten". Das wurde oft als letzter technikpessimistischer Beitrag des Vaters der Technikphilosophie zum Wesen der Technik gedeutet. Im Zusammenhang sagte Heidegger dort aber: „Ich sehe die Lage des Menschen in der Welt der planetarischen Technik nicht als ein unentwirrbares und unentrinnbares Verhängnis, sondern ich sehe gerade die Aufgabe des Denkens darin, in seinen Grenzen mitzuhelfen, daß der Mensch überhaupt erst ein zureichendes Verhältnis zum Wesen der Technik erlangt" (Heidegger et al. 1976, S. 214). Die damalige Ausgabe des Spiegels titelte interessanterweise gar nicht mit dem Interview Heideggers, sondern mit dem Thema „Schulangst" – die beiden Themen der Technologie und der Schule hatten in der Ausgabe natürlich gar nichts miteinander zu tun. Vielleicht war gerade das aber auch der Fehler im Denken, den Heidegger das ganze Interview über suchte: Technikphilosophie und Bildung haben nie zueinander gefunden. Das kann sich jetzt ändern.

Literatur

Applis, Stefan. 2021. Doing Geo & Ethics. Ethische Fragen im Unterricht behandeln. https://doinggeoandethics.com/. Zugegriffen: 9. Oktober 2021.

Bernfeld, Siegfried. 1973. *Sisyphos oder die Grenzen der Erziehung*. Frankfurt a. M.: Suhrkamp.

Bohlmann, Markus. 2022. Distale und proximale Technologien der Krise im Distanzunterricht. Critical Theory of Technology und Postphänomenologie. In *Technologien der Krise. Die Covid-19-Pandemie als Katalysator neuer Formen der Vernetzung*, Hrsg. Dennis Krämer, Joschka Haltaufderheide und Jochen Vollmann, 21–44. Bielefeld: transcript.

Burkard, Anne. 2021. Philovernetzt. Bausteine für den Philosophie- und Ethikunterricht. http://www.philovernetzt.de/impressum/. Zugegriffen: 9. Oktober 2021.

Dietrich, Julia. 2021. Genome Editing am Menschen. Die Ethik-Lernplattform. https://userblogs.fu-berlin.de/genome-editing/. Zugegriffen: 9. Oktober 2021.

Gather Presence Inc. 2021. Gather Website. https://www.gather.town/.

Gefert, Christian. 2002. *Didaktik theatralen Philosophierens. Untersuchungen zum Zusammenspiel argumentativ-diskursiver und theatral-präsentativer Verfahren bei der Texteröffnung in philosophischen Bildungsprozessen*. Dresden: Thelem.

Göttlich, Andreas. 2018. Warten und Warten-Lassen: Reflexionen zur sozialen Auferlegung von Zeit. *Sozialer Sinn* 19(2):281–308.

Hasso Plattner Institut. 2021. HPI Schul-Cloud. https://hpi-schul-cloud.de/. Zugegriffen: 9. Oktober 2021.

Hattie, John. 2012. *Visible Learning for Teachers. Maximizing Impact on Learning*. London: Routledge.

Heidegger, Martin, Rudolf Augstein, und Georg Wolff. 1976. Nur noch ein Gott kann uns retten. *Der Spiegel* 30(23):193–219.

Ihde, Don. 2002. *Bodies in Technology. Electronic Mediations Volume 5*. Minneapolis; London: University of Minnesota Press.

Ihde, Don. 2012. *Experimental Phenomenology, Second Edition: Multistabilities*. Albany: State University of New York Press.

IServ GmbH. 2021. IServ. https://iserv.de/. Zugegriffen: 9. Oktober 2021.

Marcuse, Herbert. 1982. Some Social Implications of Modern Technology. In *The Essential Frankfurt School Reader*, Hrsg. Andrew Arato und Eike Gebhardt, 138–162. New York: Continuum Publishing.

Orangeqube. 2021. Bust A Move Video Delay. https://www.orangeqube.com/bustamove/.

Pallaske, Christoph. 2016. segu Geschichte | Konzeptionsmerkmale und Statements | Projektvorstellung beim OER Festival #OERde16. *Historisch Denken | Geschichte machen*. https://historischdenken.hypotheses.org/3550.

Raczkowski, Felix, und Niklas Schrape. 2018. Gamification. In *Game Studies*, Hrsg. Benjamin Beil, Thomas Hensel, und Andreas Rauscher, 313–329. Wiesbaden: Springer.

Rosenberger, Robert. 2020. „But, That's Not Phenomenology!" A Phenomenology of Discriminatory Technologies. *Techné: Research in Philosophy and Technology* 24(1/2):83–113.

Rousseau, Jean-Jacques. 2001. *Emil oder Über die Erziehung*. Hrsg. Ludwig Schmidts. Paderborn: Schöningh.

RWTH Aachen. 2021. PhyPhox Physical Phone Experiments. https://phyphox.org/de/home-de/. Zugegriffen: 9. Oktober 2021.

Schmidt, Donat, und Mandy Schütze. 2015. Digitale Medien im philosophischen Unterricht. In *Handbuch Philosophie und Ethik: Bd. 1: Didaktik und Methodik*, Hrsg. Julian Nida-Rümelin, Irina Spiegel, und Markus Tiedemann, 300–308. Paderborn: Schöningh/utb.

Schmitt, Hanno. 1999. Vom Naturalienkabinett zum Denklehrerzimmer. Anschauende Erkenntnis im Philantropismus. In *Die Leidenschaft der Aufklärung. Studien über Zusammenhänge von bürgerlicher Gesellschaft und Bildung*, 103–124. Weinheim [u. a.]: Beltz.

Schütze, Mandy. 2016. Digitale Medien. In *Neues Handbuch des Philosophie-Unterrichts*, Hrsg. Peter Zimmermann und Jonas Pfister, 353–374. Bern: Haupt.

Ulbricht, Samuel. 2020. Ethik des Computerspielens. Eine Grundlegung. Berlin: J.B. Metzler.

Verbeek, Peter-Paul. 2020. Politicizing Postphenomenology. In *Reimagining Philosophy and Technology, Reinventing Ihde*, Hrsg. Glen Miller und Ashley Shew, 141–155. Cham: Springer International Publishing.

Wellner, Galit. 2021. The Zoom-bie Student and the Lecturer: Reflections on Teaching and Learning with Zoom. *Techné: Research in Philosophy and Technology* 25(1): 1–25.

Wonder. 2021. Wonder Website About us. https://www.wonder.me/about-us. Zugegriffen: 9. Oktober 2021.

Konklusion: Digitalisierung als soziale Praxis

12

Zusammenfassung

Wir können die technologische Moderne gestalten, so dass wir weder an den Technologien scheitern müssen, noch die Technologien an uns. Es gibt nach Feenberg immer alternative Modernen. Eine Aufgabe von Bildung ist es daher heute, Digitalisierung als soziale Praxis zu gestalten. Ein prospektiv-realistisches Bild von digitaler Technologie ist die Grundlage dafür, die Digitalisierung kritisch zu reflektieren und digitale Technologien philosophisch zu analysieren.

Schlüsselwörter

Moderne · Virtualität · Medium · Martin Heidegger · Kybernetik

In einer der heute fortschrittlichsten digitalen Kulturen der Welt, in Indien, wird in *Puri* im Staat *Odisha* im *Shree Jagannāth* Tempel auch heute noch jedes Jahr im Juni ein Fest gefeiert, in dem auf einem riesigen Prozessionswagen das Idol des Gottes *Jagannātha* in Bewegung gesetzt wird. Die europäischen Beobachter im 17. Jahrhundert berichteten, wie dieser Wagen eine unaufhaltsame Kraft entwickelte. Sie erzählten davon, dass er auch die beistehenden Gläubigen überrollte. Dabei war unklar, ob es sich dabei um einen Unfall handelte, oder sie sich selbst in religiösem Eifer unter den Wagen schmissen. Aus dieser – sicherlich durch den Kolonialismus grausam ausgeschmückten – Geschichte wurde das englische Wort „Juggernaut", eine Metapher für einen Mechanismus mit nicht mehr zu stoppender zerstörerischer Kraft. Diese frühe kultische Technologie machte der Soziologe Anthony Giddens dann zu einem der wirkmächtigsten Bilder der Moderne (Giddens 1995, S. 173).

Als Quintessenz meiner Darstellung des Spannungsfeldes *Bildung – Philosophie – Digitalisierung* in diesem Buch kann festgehalten werden, dass die technologische Moderne zwar in Bewegung ist – das ist ihr wesentliches Merkmal als Moderne. Sie ist aber, mit Andrew Feenberg gesprochen, nicht ohne Alternativen, denn wir können sie verändern (vgl.: Feenberg 1995). Ich bin in allen Teilen meiner Ausführung von Anforderungen an den Schulunterricht in Philosophie ausgegangen, denen man sich nur schwer verweigern kann. Das liegt gar nicht an den politischen Rahmenbedingungen der anstehenden Bildungsreform, sondern an den Imperativen der Digitalisierung, die sich der Philosophie *als Philosophie* stellen. Der *Imperativ der Kritik* steht durch die lange Geschichte der Medien- und Technikkritik insbesondere in der Kritischen Theorie im Raum. Es ist für alle anderen in der Digitalisierung beteiligten offensichtlich, dass Kritik etwas ist, das die Philosophie kann. Der *Imperativ der Technologie* artikuliert sich hingegen stumm. Die Technologien sind jetzt da und es gibt Mittel in der empirisch arbeitenden Technikphilosophie, sie zu hinterfragen. Ich habe argumentiert, dass deshalb eine Reform des Curriculums für den Philosophieunterricht und teilweise auch für die Lehrkräftebildung im Fach notwendig wird. Die beiden Teile *Die Digitalisierung kritisch reflektieren* und *Digitale Technologien philosophisch analysieren* sind direkte Reformvorschläge für die Unterrichtseinheiten zu Medienkritik und Technikphilosophie im Philosophie- und Ethikunterricht.

Digitalisierungskritik muss dabei nicht mehr einzelne Technologien fokussieren, sondern die Modi der Kritik selbst thematisieren. Nicht *was* an der Digitalisierung problematisch ist, wird so zum Unterrichtsinhalt, sondern *wie*, d. h. in welcher Kritikform, es problematisch ist. Diese Modi der Kritik habe ich die *Standardmodelle der philosophischen Digitalisierungskritik* genannt, weil sie nicht nur Rekurrenzfiguren philosophischer Kritik darstellen, sondern als philosophische Gehalte in der Lebenswelt der Lernenden bereits sedimentiert vorkommen. Sie begegnen den Lernenden etwa in alltäglichen Taktiken der Entnetzung, in der Kritik an Lebensformen durch Eltern, Lehrkräfte und sich selbst, oder in der Kulturkritik an Technologien, wie sie in den sozialen Bewegungen heute betrieben wird. So muss man den Lernenden Kritik nicht erst beibringen. Es geht vielmehr darum, die Kritik, die schon da ist, mit den Mitteln der Philosophie hinterfragbar zu machen.

Die Technikphilosophie wurde nie als solche im Unterricht verhandelt, auch das muss sich ändern. Bisher wurden verantwortungsethische oder anthropologische-differenzierende Bezüge zur Technologie aufgestellt. Die Frage nach der Technik wurde aber nie gestellt, sondern stets nur ethische Fragen in Bezug auf Technologien. Hier schlage ich die Philosopheme der neueren empirisch arbeitenden Technikphilosophie für eine empirische Analyse konkreter Technologien im Unterricht vor. Mit dieser Methodologie können Lernende Technologien im Unterricht philosophisch analysieren. So können sie erstmals Technologien tatsächlich kritisch untersuchen und nicht nur das Handeln von Techniker:innen und Wissenschaftler:innen hinterfragen. Technologien sind – und waren immer schon – wesentlicher Teil der Lebenswelt. Mit der Digitalisierung geht eine rasante Entwicklung von Lehr-Lern-Technologien einher. Daher halte ich es für sinnvoll, dass insbesondere Philosophielehrkräfte technikphilosophisches Wissen nicht nur explizit im Unterricht einsetzen, sondern auch implizit zur Gestaltung von Technologien nutzen. Lehrkräfte wenden Technologien nicht nur an, sie konstruieren sie mit. Das habe ich im zweiten Teil des Buches abschließend in einer Fallstudie gezeigt, die gleichzeitig auch das technikphilosophische Instrumentarium in Anwendung auf Lehr-Lern-Technologien vorführt.

Dabei habe ich aber im Sinne von Feenbergs *alternativen Modernen* immer versucht, ein weites Spektrum der Möglichkeiten zu zeigen. Das hier ist kein Schulbuch, sondern eine *Curriculumtheorie*. Die didaktischen Entscheidungen bleiben innerhalb des gesetzten theoretischen Rahmens offen. Die Materialien, an denen ich diese Theorie entwickelt habe, bieten Interpretationsspielräume, die im unterrichtlichen Einsatz in divergente theoretische Richtungen führen können. Ich habe zur Digitalisierungskritik zwei unterschiedliche soziologische Gesellschaftstheorien, den Strukturfunktionalismus und die Kritische Theorie, als Gegensätze dargestellt. Sie bieten je unterschiedliche Tiefendeutungen der Digitalisierungskritik. So ist auch nicht festgelegt, ob die Kulturkritik an der Digitalisierung aus einer eher liberalen oder einer eher sozialdemokratischen Perspektive stattfinden muss. Viele gegenwärtige didaktische Vorschläge, insbesondere zur Digitalisierungskritik, positionieren sich hier allzu deutlich politisch im Unterricht. Auch zur Technikphilosophie habe ich zwei sehr unterschiedliche theoretische Zugänge gewählt. Der Critical Constructivism analysiert hier eher den gesellschaftlichen Kontext von Technologien, während die Postphänomenologie die lebensweltlichen Relationen erfasst. Auch hier ist die Art und Weise und der Ton der Kritik in einem Spektrum gegeben und nicht festgelegt. Dieser Teil ist also auch kein Handbuch der technologischen Analyse. In beiden Buchteilen zeige ich nicht das ganze Spektrum der Möglichkeiten, das Spannungsfeld *Bildung – Philosophie – Digitalisierung* aufzuschlüsseln. Solch ein enzyklopädisches Unterfangen würde den Rahmen jedes Werkes sprengen. Ich habe daher durchgängig versucht, mich zu bescheiden auf einen einzigen, in sich geschlossenen, aber in wichtigen Punkten doch offenen Vorschlag. Sowohl zur Digitalisierungskritik als auch zur Technikphilosophie ist im Unterricht sicher noch viel anderes möglich. Ich habe durchgängig aber dafür argumentiert, dass die hier vorgeschlagenen Wege und Materialien angesichts der Digitalisierung curricular Sinn machen.

Von hier aus gibt es viele Möglichkeiten, an der Problematik der Digitalisierung philosophiedidaktisch weiterzuarbeiten. Während die Struktur wichtiger Digitalisierungskritik in der Lebenswelt und einiger bedeutender technologiebezogener Philosopheme damit theoretisch für den Unterricht erschlossen sind, ist noch weitgehend unklar, wie Lernende Digitalisierungskritik argumentieren und welche Präkonzepte sie zu Technologien mit in den Unterricht bringen. Es ist nicht davon auszugehen, dass Lernende in der hier dargestellten Form Kritik argumentieren, auch wenn sie diese aus ihrer Lebenswelt kennen. Insbesondere der argumentationstheoretische Formalismus dürfte auf Schulniveau eine hohe Stufe der Argumentationskompetenz darstellen, weil z.B. Enthymeme oft erst noch gefunden werden müssen. Man könnte aber an dieser Kritik einige „entry-level competences" des Argumentierens näher untersuchen und in *Argumentmaps* festhalten (vgl.: Burkard et al. 2021, S. 78). In der Technikphilosophie bietet sich die Untersuchung von Präkonzepten der Lernenden zur Technologie an. Insbesondere wurden mit dem Instrumentalismus und dem Substantialismus hier zwei landläufige Missverständnisse zur Technologie herausgestellt. Es ist aber eher fraglich, ob die in Wissenschaft als falsch herausgestellten Konzepte sich so eins zu eins als Präkonzepte der Lernenden finden lassen (zu dieser Problematik: Bohlmann 2017; Martena und Burkard 2018; Thein 2020). Das könnte empirisch erforscht werden. Mit den Mitteln der empirisch arbeitenden Technikphilosophie öffnet sich ein weites Forschungsfeld für die Philosophiedidaktik. Bei der Untersuchung von Lehr-Lern-Technologien mit den Mitteln der Postphänomenologie oder des Critical Constructivism ist ein extensiver fachphilosophischer Rahmen genauso gefragt wie didaktisches Wissen über Inhalt und Einsatz der Technologien. Didaktiker:innen haben hier außerdem meist den Feldzugang in die Schulen. Hier besteht reichlich Forschungsbedarf; kleineren Technologien kann sich auch das Forschende Lernen von Studierenden im Praxissemester widmen. Die hier und an anderen Stellen von mir vorgestellten Analysen sind nur ein Anfang (vgl. auch: Bohlmann 2022). In den Schulen werden ständig neue Technologien konstruiert; die Entwicklung nimmt jetzt erst so richtig Fahrt auf und technikphilosophische Analysen sind dringend geboten.

Die hier vorgelegte Curriculumtheorie muss in den kommenden Jahren sehr wahrscheinlich noch um eine Theorie der *Virtualität* ergänzt werden. Die hiermit umfassten ontologischen Fragen sind deutlich verschieden von dem typischerweise in Schule verhandelten Gegensatz von Schein und Wirklichkeit aus der klassischen Erkenntnistheorie. Realität, Fiktionalität und Virtualität werden im aufkommenden Metaverse zu grundlegenden ontologischen Dimensionen, in denen sich Lernende selbstverständlich bewegen werden (vgl. hierzu schon: Noller 2021, sowie die bald in dieser Reihe erscheinende Monografie Nollers). Auch habe ich hier die Digitalisierung vom Technologiebegriff aus aufgeschlüsselt, eine Auslegung als mediales Phänomen ist aber ebenso schlüssig und hier würde eine positive *Theorie der Medien* im Philosophieunterricht Sinn machen, die ebenfalls das Curriculum ergänzen kann (grundlegend: Krämer 2008). Die Bedeutung von *Computerspielen* und einer Philosophie des Spiels im Unterricht könnte möglicherweise auch curricular mehr Nachhall finden. Gänzlich unberührt habe ich hier jede *Lehr-Lern-Theorie des Digitalen* gelassen. Wie eingangs beschrieben werden Veränderungen des Lesens, Gamification, Feedbackmöglichkeiten, neue Wege der Veranschaulichung und Erklärung und letztlich auch die Veränderungen der Fachphilosophie als Teil der *Digital Humanities* hier einige Wirkung auch auf den Schulunterricht im Fach Philosophie haben. Das gilt es aus didaktischer und bildungsphilosophischer Sicht weiter zu beobachten.

Ich habe diese Konklusion mit dem Bild des außer Kontrolle geratenen Juggernaut-Wagens begonnen und ich möchte mit einer anderen technologischen Katastrophe enden: dem *Untergang der Kybernetik*. Die Kybernetik ist tatsächlich wesentlich auch in den Schulen gescheitert. In dem von mir am Ende des zweiten Teils bereits erwähnten Spiegel-Interview mit Martin Heidegger, das erst postum veröffentlicht wurde, ging dieser vom Untergang der Philosophie und vom Aufstieg der Kybernetik aus: „HEIDEGGER: Die Philosophie löst sich auf in Einzelwissenschaften: die Psychologie, die Logik, die Politologie. SPIEGEL: Und wer nimmt den Platz der Philosophie jetzt ein? HEIDEGGER: Die Kybernetik" (Heidegger et al. 1976, S. 212). Der Lyriker Gottfried Benn formulierte schon 1949 sehr ähnlich, als die Kybernetik mit ihrem Programm der neuen Universalwissenschaft noch in den Kinderschuhen steckte. In dem kurzen Prosastück "Der Radardenker" lässt er seinen Protagonisten den universellen Ersatzanspruch des maschinellen Denkens in wirren Worten vorformulieren: „Haben Sie sich schon einmal klargemacht, daß nahezu alles, was die Menschheit heutigen Tages noch denkt, denken nennt, bereits von Maschinen gedacht werden kann, hergestellt von der Kybernetik, der neuen Schöpfungswissenschaft?" (Benn 1958, S. 265). Benns wahnhafter Bewusstseinsstrom des Radardenkers wirkt gar nicht einmal so überzeichnet, wenn man die späteren Ideen der Kybernetischen Pädagogik zur Automatisierung des Lehrens und Lernens dagegenhält. Schauderhaft sind im Rückblick insbesondere die Formalisierungen der sozialen Form des Lehrens und Lernens: „Das lehrende System kann ein Mensch oder ein technisch erzeugtes Medium (z. B. ein Lehrautomat) sein. Das Medium M schränkt die möglichen Lehrstrategien ein, d. h. die ‚Lehralgorithmen' Λ, nach welchen die Verhaltensweisen des Lernenden (des ‚Adressaten') klassifiziert (nämlich als Elemente der Menge der zu unterscheidenden Adressatenreaktionen erkannt) und durch je einen passenden Lehrschritt aus der Menge möglicher Lehrschritte beantwortet werden" (Frank 1968, S. 114). Die Pädagog:innen der klassischen Bildungstheorie hielten dieser Sozialtechnik ein humanistisches Bildungsideal entgegen (Blankertz 1975, S. 51–88; Pongratz 1978, S. 13–15). Als kybernetische Technologie in den Schulen stach vor allem das sog. Sprachlabor hervor. Im Sprachlabor saßen die Schüler:innen in Kabinen voneinander getrennt. Mit Kopfhörer und Mikrofon wurden sie mit Sprachlernprogrammen beschallt, die Lehrkraft steuerte die Programme vom Pult aus und konnte sich wie eine Telefonzentrale auf jeden Kopfhörer der Lernenden aufschalten. Diese Sprachlabore scheiterten letztlich aber an der sozialen Praxis des Unterrichts. Ein Bericht der Kommission zur Koordination der Sprachlaboratorien in der Schweiz aus dem Jahr 1974 nennt „Aggression" und „Sabotageakte" der Schüler als Hauptproblem der Nutzung, der man mit der Einstellung von Feinmechaniker:innen für ständige Reparaturen zu begegnen suchte (zitiert nach: Bosche und Geiss 2010, S. 134). Der Bildungshistoriker Jürgen Oelkers sagt, letztlich wäre „der Schluß von kybernetischen Modellen auf soziale Wirklichkeiten der Erziehung" zu weit gewesen, die kybernetische Pädagogik wäre so auf die beiden Deutschlands begrenzt geblieben und ließe sich heute historisch aus dem Systemwettbewerb des kalten Krieges erklären (Oelkers 2018, S. 222). Die Geschichte der kybernetischen Pädagogik war eine Geschichte von großen Idealen und technischen Automatismen, die aber gerade keine *Geschichte der Praxis* im Unterricht war. Sie zeigt, dass Technologie nicht zwangsläufig wie der eingangs dargestellte Juggernaut-Wagen über die Menschen hinwegfährt, sondern auch krachend an ihnen scheitern kann. Die Digitalisierung hat etliche Humanisierungspotentiale in der ganzen Gesellschaft, die mittlerweile auch gesehen werden (z. B.: Stalder 2016). Auch sie kann aber an der Praxis scheitern. Vor diesem Hintergrund mag die wichtigste Erkenntnis im Hintergrund der hier vorgelegten Curriculumtheorie sein, dass Technologie, ihre Kritik und ihre Analyse soziale Praxen im kulturellen Kontext einer Gesellschaft sind, die von Menschen in einer technologischen Lebenswelt betrieben werden. Als solche sollten wir die Digitalisierung lehren.

Literatur

Benn, Gottfried. 1958. Der Radardenker. In *Prosa und Szenen. Gesammelte Werke in vier Bänden. Zweiter Band.*, 258–274. Wiesbaden: Limes.

Blankertz, Herwig. 1975. *Theorien und Modelle der Didaktik*, 2. Aufl. München: Juventa.

Bohlmann, Markus. 2017. Die experimentelle Erforschung philosophischer Konzepte – Aufriss eines fachdidaktischen Forschungsprogramms. In *Empirische Forschung in der Philosophie- und Ethikdidaktik*, Hrsg. Johannes Rohbeck, Julia Dietrich, und Cordula Brand, 51–71. Dresden: Thelem.

Bohlmann, Markus. 2022. Distale und proximale Technologien der Krise im Distanzunterricht. Critical Theory of Technology und Postphänomenologie. In *Technologien der Krise. Die Covid-19-Pandemie als Katalysator neuer Formen der Vernetzung*, Hrsg. Dennis Krämer, Joschka Haltaufderheide, und Jochen Vollmann, 21–44. Bielefeld: transcript.

Bosche, Anne, und Michael Geiss. 2010. Das Sprachlabor – Steuerung und Sabotage eines Unterrichtsmittels im Kanton Zürich, 1963–1976. In *Jahrbuch für Historische Bildungsforschung [2010]. [Schwerpunkt Schulgeschichte]*, Hrsg. Sektion Historische Bildungsforschung der DGfE in Verbindung mit der Bibliothek für Bildungsgeschichtliche Forschung des Deutschen Instituts für Internationale Pädagogische Forschung (DIPF), 119–139. Bad Heilbrunn: Julius Klinkhardt.

Burkard, Anne, Henning Franzen, David Löwenstein, Donata Romizi, und Annett Wienmeister. 2021. Argumentative Skills: A Systematic Framework for Teaching and Learning. *Journal of Didactics of Philosophy* 5(2):72–100.

Feenberg, Andrew. 1995. *Alternative Modernity. The Technical Turn in Philosophy and Social Theory*. Berkeley, Calif.: Univ. of California Press.

Frank, Helmar. 1968. Kybernetische Pädagogik. In *Information und Kommunikation. Referate und Berichte der 23. Internationalen Hochschulwochen Alpbach 1967*, Hrsg. Simon Moser, 111–120. München, Wien: Oldenbourg.

Giddens, Anthony. 1995. *Konsequenzen der Moderne*. Frankfurt a. M.: Suhrkamp.

Heidegger, Martin, Rudolf Augstein, und Georg Wolff. 1976. Nur noch ein Gott kann uns retten. *Der Spiegel* 30(23):193–219.

Krämer, Sybille. 2008. *Medium, Bote, Übertragung. Kleine Metaphysik der Medialität*. Frankfurt a. M.: Suhrkamp.

Martena, Laura, und Anna Burkard. 2018. Zur Erforschung von Schülervorstellungen im Philosophieunterricht: Eine programmatische Skizze. *Zeitschrift für Didaktik der Philosophie und Ethik* 39(3):80–86.

Noller, Jörg. 2021. Philosophie der Digitalität. In *Was ist Digitalität? Philosophische und pädagogische Perspektiven*, Hrsg. Uta Hauck-Thum und Jörg Noller, 39–54. Berlin: J.B. Metzler.

Oelkers, Jürgen. 2018. Kybernetische Pädagogik: Eine Episode oder ein Versuch zur falschen Zeit? In *Die Transformation des Humanen. Beiträge zur Kulturgeschichte der Kybernetik*, Hrsg. Erich Hörl und Michael Hagner, 196–228. Frankfurt a. M.: Suhrkamp.

Pongratz, Ludwig A. 1978. *Zur Kritik kybernetischer Methodologie in der Pädagogik. Ein paradigmatisches Kapitel szientistischer Verkürzung pädagogisch-anthropologischer Reflexion*. Frankfurt a. M.: Peter Lang.

Stalder, Felix. 2016. *Kultur der Digitalität*. Frankfurt a. M.: Suhrkamp.

Thein, Christian. 2020. From Pre-Concepts to Reasons. Empirically-Based Reconstruction of a Philosophical Learning Scenario. *Journal of Didactics of Philosophy* 4(1):5–13.

MIX
Papier aus verantwortungsvollen Quellen
Paper from responsible sources
FSC® C105338

If you have any concerns about our products,
you can contact us on
ProductSafety@springernature.com

In case Publisher is established outside the EU,
the EU authorized representative is:
**Springer Nature Customer Service Center GmbH
Europaplatz 3, 69115 Heidelberg, Germany**

Printed by Libri Plureos GmbH
in Hamburg, Germany

TEUBNERS
TECHNISCHE LEITFÄDEN
In Bänden zu 8—10 Bogen. gr. 8.

Die Leitfäden wollen zunächst dem Studierenden, dann aber auch dem Praktiker in knapper, wissenschaftlich einwandfreier und zugleich übersichtlicher Form das Wesentliche des Tatsachenmaterials an die Hand geben, das die Grundlage seiner theoretischen Ausbildung und praktischen Tätigkeit bildet. Sie wollen ihm diese erleichtern und ihm die Anschaffung umfänglicher und kostspieliger Handbücher ersparen. Auf klare Gliederung des Stoffes auch in der äußeren Form der Anordnung wie auf seine Veranschaulichung durch einwandfrei ausgeführte Zeichnungen wird besonderer Wert gelegt. — Die einzelnen Bände der Sammlung, für die vom Verlag die ersten Vertreter der verschiedenen Fachgebiete gewonnen werden konnten, erscheinen in rascher Folge.

Bisher sind erschienen bzw. unter der Presse:

Analytische Geometrie. Von Geh. Hofrat Dr. R. Fricke, Prof. a. d. Techn. Hochschule zu Braunschweig Mit 96 Fig. [VI u. 135 S.] 1915. M. 2.80. (Bd. 1.)

Darstellende Geometrie. Von Dr. M. Großmann, Professor an der Eidgenössischen Technischen Hochschule zu Zürich. Band I. Mit 134 Fig. [IV u. 84 S.] 1917. M. 2.— (Bd. 2.)

Darstellende Geometrie. Von Dr. M. Großmann, Professor an der Eidgenössischen Technischen Hochschule in Zürich. Band II. 2. Aufl. Mit 145 Figuren. 1921. (Bd. 3.)

Differential- und Integralrechnung. Von Dr. L. Bieberbach, Professor an der Universität Frankfurt a. M. I. Differentialrechnung. Mit 32 Figuren. [VI u. 130 S.] 1917. Steif geh. M. 2.80. II. Integralrechnung. Mit 25 Figuren. [VI u. 142 S.] 1918. Steif geh. M. 3.40. (Bd. 4.5.)

Funktionenlehre. Von Dr. L. Bieberbach, Prof. a. d. Univ. Frankfurt a/M.

Praktische Astronomie. Geograph. Orts- u. Zeitbestimmung. Von V. Theimer, Adjunkt a. d. Montanistischen Hochschule zu Leoben. (Bd. 13.)

Feldbuch für geodätische Praktika. Nebst Zusammenstellung der wichtigsten Methoden und Regeln sowie ausgeführten Musterbeispielen Von Dr.-Ing. O. Israel, Prof. an der Techn. Hochschule in Dresden. Mit 46 Fig. [IV u. 160 S.] 1920. Kart. M. 8.—. (Bd. 11.)

Erdbau, Stollen- und Tunnelbau. Von Dipl.-Ing. A Birk, Prof. a. d. Techn. Hochschule zu Prag. Mit 110 Abb [V u. 117 S.] 1920. Kart. M. 3.80. (Bd. 7.)

Landstraßenbau einschließlich Trassieren. Von Oberbaurat W. Euting, Stuttgart. Mit 54 Abb. i. Text u. a. 2 Taf. [IV u. 100 S.] 1920. Kart. M. 5.60. (Bd. 9.)

Hochbau in Stein. Von Geh. Baurat H. Walbe, Prof. an der Tech. Hochsch. zu Darmstadt. Mit 302 Fig. i. Text. [VI u. 110 S.] 1920. Kart. M. 6.40. (Bd. 10.)

Veranschlagen, Bauleitung, Baupolizei, Heimatschutzgesetze. Von Stadtbaurat Fr. Schultz, Bielefeld. (Bd. 12.)

Mechanische Technologie. Von Dr. R. Escher, Professor an der Eidgenössischen Technischen Hochschule zu Zürich. 2. Aufl. Mit 418 Abb. [VI u. 164 S.] 1921. Kart. M. 8.—. (Bd. 6.)

Grundriß der Hydraulik. Von Hofrat Dr. Ph. Forchheimer, Professor an der Technischen Hochschule in Wien. Mit 114 Fig. i. Text. [V. u. 118 S.] 1920 Kart. M. 8.20. (Bd. 8)

Auf sämtl. Preise Teuerungszuschläge des Verlags 120% (Abänder. vorbeh.) u. teilw. der Buchh.

In Vorbereitung befinden sich:

Höhere Mathematik. 2 Bände. Von Dr. R. Rothe, Professor an der Technischen Hochschule Berlin.